高等职业教育系列教材

机电设备装配安装与维修

主　编　杨　菊　徐建亮

副主编　张新星　周凌华

参　编　方坤礼　饶楚楚　胡志福

主　审　何　伟

机械工业出版社

本书根据机电一体化专业从业人员典型岗位工作任务，按照所需知识、能力、技能、素质等要素，进行科学合理的序化后，采用项目化的结构，构建七个学习情境。内容包括：学习情境一，固定联接的装配与安装；学习情境二，典型传动机构的装配与安装；学习情境三，轴承的装配与安装；学习情境四，电动机的装配安装与维修；学习情境五，电气控制线路故障诊断与维修；学习情境六，可编程序控制器维修；学习情境七，变频器的使用与维修。

本书在内容上贯彻理论与实践相结合的原则，在每个学习情境中都有基础知识及装配、维修方法的介绍，并配有实训项目。本书既可作为高职高专院校和中等职业学校机电一体化等相关专业的教材，还可作为高级机电设备维修工的技术参考书。

本书配有微课视频，可扫描书中二维码直接观看，还配有授课电子课件等资源，需要的教师可登录机械工业出版社教材服务网www.cmpedu.com 免费注册后下载，或联系编辑索取（微信：15910938545，电话：010-88379739）。

图书在版编目（CIP）数据

机电设备装配安装与维修/杨菊，徐建亮主编 .—北京：机械工业出版社，2015.6（2025.2 重印）
高等职业教育系列教材
ISBN 978-7-111-51824-2

Ⅰ.①机… Ⅱ.①杨… ②徐… Ⅲ.①机电设备—设备安装—高等职业教育—教材②机电设备—维修—高等职业教育—教材 Ⅳ.①TH17②TH182

中国版本图书馆 CIP 数据核字（2015）第 241154 号

机械工业出版社（北京市百万庄大街 22 号　邮政编码 100037）
策划编辑：曹帅鹏　责任编辑：曹帅鹏　王　荣
版式设计：霍永明　责任校对：刘秀芝
责任印制：刘　媛
涿州市般润文化传播有限公司印刷
2025 年 2 月第 1 版第 9 次印刷
184mm×260mm・13.5 印张・331 千字
标准书号：ISBN 978-7-111-51824-2
定价：39.80 元

电话服务　　　　　　　　　网络服务
客服电话：010-88361066　　机　工　官　网：www.cmpbook.com
　　　　　010-88379833　　机　工　官　博：weibo.com/cmp1952
　　　　　010-68326294　　金　书　网：www.golden-book.com
封底无防伪标均为盗版　　机工教育服务网：www.cmpedu.com

二维码清单

名称	二维码图形	名称	二维码图形
知识点 1　三相交流异步电动机的结构与原理		知识点 2　三相交流异步电动机铭牌及参数	
知识点 3　三相交流异步电动机的拆卸与装配		知识点 4　三相交流异步电动机定子绕组故障的排除	
知识点 5　三相交流异步电动机定子绕组的拆换		知识点 6　三相交流异步电动机修复后的试验	
知识点 7　单相交流异步电动机的结构与原理		知识点 8　单相异步电动机的起动	
知识点 9　单相异步电动机的反转		知识点 10　单相异步电动机的调速	
知识点 11　单相异步电动机的控制		知识点 12　小功率三相异步电动机改为单相异步电动机运行	
知识点 13　直流电机的结构和原理		知识点 14　步进电动机的结构和原理	

名称	二维码图形	名称	二维码图形
知识点 15　伺服电动机的结构和原理		知识点 16　低压电器的检测与维修	
知识点 17　电气控制线路的故障检修		知识点 18　车床故障排查	
知识点 19　铣床电气控制线路的故障排查		知识点 20　PLC 控制系统的维护	
知识点 21　变频器的结构和分类		知识点 22　变频器的电路分析	
知识点 23　变频器的安装和接线		知识点 24　变频器的基本配线	
知识点 25　变频器的操作面板		知识点 26　继电器与变频器的组合控制	
知识点 27　变频器的多段速控制		知识点 28　恒压供水变频控制系统接线调试和维护	
知识点 29　工业洗衣机变频调速控制		知识点 30　变频器维护与维修	

前　言

本书以技能训练为核心，将"机械零部件的装配与安装""电动机维修""机床电气控制""可编程序控制器"及"变频器"等课程进行有机整合，全面系统地介绍了常见机电设备的安装、使用和维修知识。在讲解基础知识的同时，突出强化专业技能的培养，注重综合应用能力和分析能力的训练。

全书共分七个学习情境，并附有相关实训项目。内容包括：固定联接的装配与安装、典型传动机构的装配与安装、轴承的装配与安装、电动机装配安装与维修、电气线路故障诊断与维修、可编程序控制器维修、变频器的使用与维修。

参加本书编写的有武汉交通职业学院的杨菊、周凌华，衢州职业技术学院的徐建亮、张新星、方坤礼、饶楚楚，浙江常山南方水泥有限公司的高级工程师胡志福。全书由武汉交通职业学院的杨菊和衢州职业技术学院的徐建亮主编，武汉交通职业学院机电工程学院教授何伟主审。徐建亮编写学习情境一、二、三，杨菊编写学习情境四和七；周凌华编写学习情境五和六，张新星、饶楚楚、方坤礼、胡志福编写学习情境一、二、三的相关实训项目。

因编者水平有限，书中错误和不足之处在所难免，敬请读者批评指正。

编　者

目　　录

二维码清单

前言

学习情境一　固定联接的装配与安装 ……………………………………………… 1

任务 1.1　装配前的准备 …………………………………………………………… 1

1.1.1　装配零件的清理和清洗 …………………………………………………… 1

1.1.2　旋转件的平衡 ……………………………………………………………… 2

任务 1.2　螺纹联接及其装配 ……………………………………………………… 3

1.2.1　螺纹联接的装配技术要求 ………………………………………………… 4

1.2.2　螺纹联接的装配工艺过程 ………………………………………………… 4

实训 1　螺纹联接的拆卸与安装 …………………………………………………… 7

任务 1.3　键联接及其装配 ………………………………………………………… 10

1.3.1　松键联接 …………………………………………………………………… 10

1.3.2　紧键联接 …………………………………………………………………… 11

1.3.3　花键联接 …………………………………………………………………… 11

实训 2　键联接的拆卸与安装 ……………………………………………………… 13

任务 1.4　销联接及其装配 ………………………………………………………… 16

1.4.1　圆柱销的装配技术要求 …………………………………………………… 16

1.4.2　圆锥销的装配技术要求 …………………………………………………… 17

实训 3　销联接件的拆卸与安装 …………………………………………………… 18

习题 ………………………………………………………………………………… 21

学习情境二　典型传动机构的装配与安装 …………………………………… 22

任务 2.1　齿轮传动机构的装配与安装 …………………………………………… 22

2.1.1　齿轮传动装配工艺过程 …………………………………………………… 22

2.1.2　齿轮传动的装配精度要求 ………………………………………………… 23

实训 1　减速器的拆卸、安装与检修 ……………………………………………… 25

任务 2.2　蜗轮蜗杆传动机构的装配与安装 ……………………………………… 29

2.2.1　蜗杆箱体的精度检验 ……………………………………………………… 29

2.2.2　蜗轮蜗杆传动装配工艺过程 ……………………………………………… 30

实训 2　CA6140 型车床刀架的拆卸与安装 ……………………………………… 31

实训 3　蜗轮蜗杆减速器的拆卸、安装及检修 …………………………………… 33

任务 2.3　带传动机构的装配与安装 ……………………………………………… 34

2.3.1　带轮的装配工艺过程 ……………………………………………………… 35

2.3.2　带传动装配技术要求 ……………………………………………………… 35

任务 2.4　链传动机构的装配与安装 ……………………………………………… 36

2.4.1　链传动的装配技术要求 …………………………………………………… 36

2.4.2　链传动的布置 ……………………………………………………………… 37

实训 4　链传动的拆卸与安装 ……………………………………………………… 37

任务 2.5　丝杠螺母传动机构的装配与安装 ……………………………………………………… 39
　　2.5.1　丝杠螺母传动机构的精度检查 ………………………………………………………… 39
　　2.5.2　丝杠直线度误差的检查与校直 ………………………………………………………… 39
　　2.5.3　丝杠螺母副配合间隙的测量及调整 …………………………………………………… 40
实训 5　滚珠丝杠机构的拆卸与安装 …………………………………………………………… 42
实训 6　台虎钳的拆卸与安装 …………………………………………………………………… 43
习题 ……………………………………………………………………………………………… 44

学习情境三　轴承的装配与安装 ………………………………………………………………… 45
任务 3.1　滚动轴承的装配与安装 ………………………………………………………………… 45
　　3.1.1　滚动轴承装配工艺过程 ………………………………………………………………… 45
　　3.1.2　支承部位的刚度和同轴度检查 ………………………………………………………… 46
　　3.1.3　滚动轴承的润滑 ………………………………………………………………………… 46
　　3.1.4　滚动轴承的密封 ………………………………………………………………………… 47
　　3.1.5　轴承的维护 ……………………………………………………………………………… 47
实训 1　滚动轴承的拆卸与安装 ………………………………………………………………… 48
任务 3.2　滑动轴承的装配与安装 ………………………………………………………………… 49
　　3.2.1　整体式滑动轴承（或称轴套）装配工艺过程 ………………………………………… 49
　　3.2.2　剖分式滑动轴承装配工艺过程 ………………………………………………………… 50
　　3.2.3　多支承轴承精度检查 …………………………………………………………………… 52
实训 2　滑动轴承的拆卸与安装 ………………………………………………………………… 53
习题 ……………………………………………………………………………………………… 54

学习情境四　电动机的装配安装与维修 ………………………………………………………… 55
任务 4.1　三相交流异步电动机的拆卸与装配 …………………………………………………… 55
　　4.1.1　三相交流异步电动机的基础知识 ……………………………………………………… 55
　　4.1.2　三相交流异步电动机的拆卸与装配方法 ……………………………………………… 56
实训 1　Y 系列笼型三相交流异步电动机的拆卸与装配 ……………………………………… 60
任务 4.2　三相交流异步电动机定子绕组故障的排除 …………………………………………… 61
　　4.2.1　三相交流异步电动机定子绕组故障的基础知识 ……………………………………… 61
　　4.2.2　三相交流异步电动机定子绕组故障的检修方法 ……………………………………… 61
　　4.2.3　三相交流异步电动机定子绕组故障的排除方法 ……………………………………… 63
任务 4.3　三相交流异步电动机定子绕组的拆换 ………………………………………………… 66
　　4.3.1　三相交流异步电动机定子绕组的基础知识 …………………………………………… 66
　　4.3.2　三相交流异步电动机定子绕组的拆换方法 …………………………………………… 66
实训 2　Y 系列笼型三相交流异步电动机定子绕组的拆换 …………………………………… 74
任务 4.4　三相交流异步电动机修复后的试验 …………………………………………………… 76
　　4.4.1　三相交流异步电动机修复后试验的基础知识 ………………………………………… 77
　　4.4.2　三相交流异步电动机修复后试验方法 ………………………………………………… 77
实训 3　Y 系列笼型三相交流异步电动机修复后的检查 ……………………………………… 80
任务 4.5　单相交流异步电动机的故障检修 ……………………………………………………… 82
　　4.5.1　单相交流异步电动机的基础知识 ……………………………………………………… 82
　　4.5.2　单相交流异步电动机故障的检修方法 ………………………………………………… 83
　　4.5.3　单相交流异步电动机常见故障的判断与检修 ………………………………………… 86
任务 4.6　直流电动机的维修 ……………………………………………………………………… 88

4.6.1 直流电动机的基础知识 ·············· 88
4.6.2 直流电动机的拆卸和装配方法 ·············· 89
4.6.3 直流电动机换向器及电刷装置的基础知识 ·············· 90
4.6.4 直流电动机换向器及电刷装置的检修方法 ·············· 90
实训 4 小型直流电动机的拆卸与装配 ·············· 93
实训 5 直流电动机换向器及电刷装置的修理 ·············· 93
习题 ·············· 94

学习情境五 电气控制线路故障诊断与维修 ·············· 95
任务 5.1 电气控制线路图的绘制原则与识图方法 ·············· 95
5.1.1 电气控制线路图 ·············· 95
5.1.2 电气控制线路图的识图方法与绘制原则 ·············· 97
实训 1 根据电气原理图绘制电气安装图 ·············· 100
任务 5.2 低压电器元件的检测与维修 ·············· 101
5.2.1 低压电器的基础知识 ·············· 101
5.2.2 低压电器元件的常见故障与维修 ·············· 104
实训 2 绘制电器布置图 ·············· 107
任务 5.3 电气控制线路布线 ·············· 107
5.3.1 电气控制线路布线的基础知识 ·············· 107
5.3.2 电气控制系统的软布线 ·············· 110
实训 3 电气控制系统软布线 ·············· 111
实训 4 电气控制箱的制作 ·············· 112
任务 5.4 电气控制线路的故障排除 ·············· 114
5.4.1 电气控制线路的故障检修基础知识 ·············· 114
5.4.2 电气控制线路的故障检修方法 ·············· 115
实训 5 电气控制线路模拟故障与排除 ·············· 120
任务 5.5 典型机床电气控制线路的故障与排除 ·············· 121
5.5.1 CW6140 型车床电气控制线路的基础知识 ·············· 121
5.5.2 CW6140 型车床电气控制线路的故障与排除 ·············· 122
5.5.3 X62W 型铣床电气控制线路的基础知识 ·············· 125
5.5.4 X62W 型铣床电气控制线路的故障与排除 ·············· 129
实训 6 CW6140 型车床电气线路模拟故障与排除 ·············· 131
实训 7 X62W 型铣床电气线路模拟故障与排除 ·············· 132
习题 ·············· 133

学习情境六 可编程序控制器维修 ·············· 135
任务 6.1 PLC 的认识与操作 ·············· 135
6.1.1 PLC 概述及 FX_{2N} 系列 PLC 的认识 ·············· 135
6.1.2 SWOPC-FXGP/WIN-C 编程软件的使用 ·············· 137
6.1.3 PLC 的接线 ·············· 142
实训 1 SWOPC-FXGP/WIN-C 编程软件的基本操作 ·············· 148
实训 2 FX_{2N}—40MT 型 PLC 的简单编程操作 ·············· 150
任务 6.2 PLC 控制系统的维修 ·············· 150
6.2.1 PLC 控制系统的日常维护 ·············· 150
6.2.2 PLC 控制系统故障的检查与处理 ·············· 152

6.2.3　PLC 控制系统的故障自诊断技术 ································ 157

任务 6.3　PLC 的维修 ·· 160

6.3.1　PLC 硬件的封装与电路板功能 ································ 160

6.3.2　PLC 故障的排查与维修 ··· 163

6.3.3　PLC 故障维修实例 ··· 166

习题 ··· 171

学习情境七　变频器的使用与维修 ·· 172

任务 7.1　变频器操作与认识 ·· 172

7.1.1　变频器的初步认识 ··· 172

7.1.2　变频器的安装与接线 ··· 181

7.1.3　变频器的操作面板与操作 ·· 184

实训 1　变频器的主电路接线 ··· 185

实训 2　变频器的外接控制端子接线 ··· 186

实训 3　变频器的全部清除操作 ··· 186

任务 7.2　变频器基本功能训练 ··· 187

7.2.1　变频器 PU 运行的操作 ·· 188

7.2.2　变频器外部运行的操作 ·· 188

7.2.3　变频器的组合操作 ··· 189

7.2.4　继电器与变频器的组合控制 ···································· 190

实训 4　外部信号控制变频器的电动机的正反转连续运行 ················ 194

实训 5　变频器的组合操作 ·· 195

任务 7.3　变频器的维修 ·· 196

7.3.1　变频器的检测与试验 ··· 196

7.3.2　变频器损坏的常见原因 ·· 198

7.3.3　变频器故障码释义 ··· 199

7.3.4　变频器故障修理与流程 ·· 200

任务 7.4　西门子 G120C 变频器参数设定与应用（网络电子资源） ······ 204

习题 ··· 204

参考文献 ··· 205

学习情境一　固定联接的装配与安装

本章要点

● 机电设备装配安装前的准备工作

● 螺纹联接及其装配

● 键联接及其装配

● 销联接及其装配

机电设备或产品的制造过程，要经过设计—零件制造—装配三个过程。按照规定的技术要求，将若干个零件组合成组件、部件或将若干个组件、部件组成产品的过程，称为装配。装配是机电设备（产品）制造过程中的最后一个阶段，在这一阶段中，要进行装配、调整、检验和试验等工作。因此，装配在机电产品制造过程中占有非常重要的地位，装配工作的好坏，对产品质量起着决定性作用。

任务 1.1　装配前的准备

任务要求：掌握机电设备拆卸与装配的方法、步骤，能够检查与校正机械零部件静平衡等。

1.1.1　装配零件的清理和清洗

在装配过程中，零件的清理和清洗工作对提高装配质量，延长产品使用寿命具有重要的意义，特别是对轴承、精密配合件、液压元件、密封件以及有特殊要求的零件更为重要。例如，装配主轴部件时，若清理和清洗工作不严格，将会造成轴承发热和过早丧失其精度，也会因为污物和毛刺划伤配合表面而加速磨损，甚至会发生咬合等严重事故。

1. 清理

1）装配前要清除零件上残存的型砂、铁锈、切屑、研磨剂、油污，要清洁孔、沟槽等易存污垢的部位。

2）将所有待装的零部件按图号分别进行清点和放置。

3）在装配后，清除装配中因配做钻孔、攻螺纹等补充加工所产生的切屑。

4）试运转后，必须清洗因摩擦而产生的金属微粒和污物。

2. 清洗

（1）清洗方法　单件小批量生产时，常将零件放于洗涤槽内用棉纱或泡沫塑料进行手工擦洗或冲洗；成批大量生产时，则采用洗涤机进行清洗。可采用气体清洗、浸酸清洗、喷淋清洗、超声波清洗等。清洗零部件，可以用柴油、煤油、汽油或化学清洗液。这些清洗液的性能及用途如下：

1）工业汽油主要用于清洗油脂、污垢和一般黏附的机械杂质，适用于钢铁和有色金属的工件。航空汽油则用于清洗质量要求高的零件。汽油易燃，使用时要注意防火。

2）煤油和柴油的用途与汽油类似，对油封等机件有腐蚀性，清洗能力也不及汽油，清洗后干燥较慢，但比汽油安全。

3）化学清洗液又称乳化剂清洗液，含有表面活性剂，对油脂、水溶性污垢具有良好的清洗能力。这种清洗液配制简单，具有较好的稳定性、缓蚀性，无毒，不易燃，使用安全，以水代油，成本低，具有很强的去污能力。常用的有：三乙醇胺油酸皂，6501、6503 和 105 清洗剂，金属清洗剂，保洁用清洗剂，664 清洗剂，金属水溶性切削液，消泡剂，防锈水，9118 清洗剂，8112 清洗剂，低泡清洗剂等。

3. 清洁度的检测

清洁度是指经过清理和洗涤后的零部件以及装配完成后的整机含有杂质的程度。杂质包括金属粉屑、铁锈、棉纱头及其他任何污垢。检测时要对主要零件的孔、槽、内外表面及零件的工作面，以及机械传动、液压、电气系统等都要进行检测。

1.1.2 旋转件的平衡

1. 静不平衡

如图 1-1a 所示为静不平衡形式，图 1-1b 所示为静不平衡状态。消除旋转件静不平衡的方法称为静平衡法。静平衡只能平衡旋转体重心的不平衡（即消除力矩），而不能消除不平衡力偶。静平衡可在圆柱形或菱形等平衡支架上进行，如图 1-2 所示。

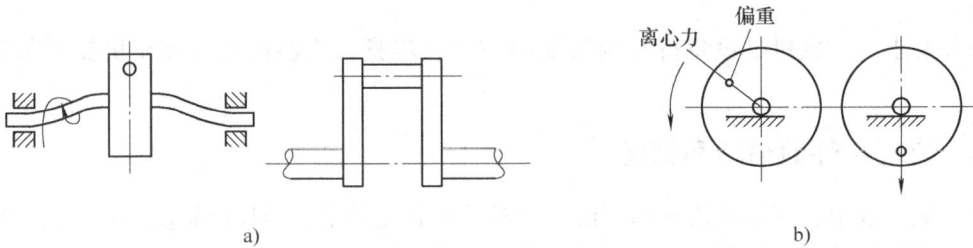

图 1-1 静不平衡
a）静不平衡形式　b）静不平衡状态

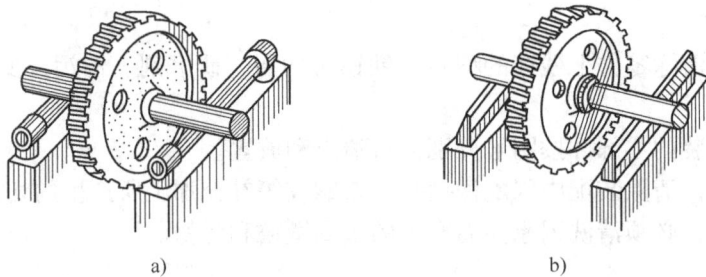

图 1-2 静平衡支架
a）平衡支架（圆柱形）　b）平衡支架（菱形）

静平衡的具体步骤如下：

1）将待平衡件装在心轴上后，放在平衡支架的支承面上。静平衡支架的支承面应坚硬、光滑，并有较高直线度、平行度，准确调至水平。两个支承面必须同时处于同一水平面内，以保证静平衡能达到较高的精度。

2) 用手轻推旋转件，使其在平衡架上缓慢滚动；待自动停止后，在旋转件正下方做标记，重复转动若干次，如所做记号位置不变，则此方向为不平衡量的方向。

3) 在与标记相对部位粘上一质量为 m 的橡皮泥，使橡皮泥重量对旋转中心产生的力矩恰好等于不平衡量 G 对旋转中心产生的力矩，即 $mr = Gl$，如图 1-3 所示。这样，旋转件便可获得静平衡。

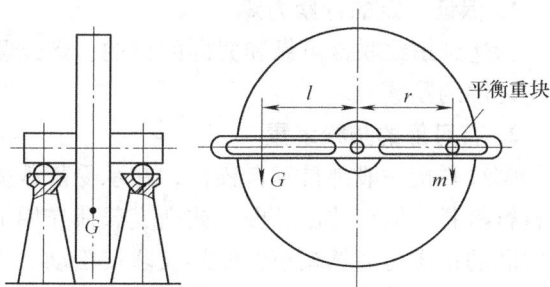

图 1-3 静平衡法

4) 去掉橡皮泥，在不平衡量处（与 m 相对直径上 l 处）去除一定质量 G 或在原橡皮泥所在部位附加一个相当于 m 的重块（配重法）。旋转件在任意角度均能在平衡支承架上停留时，即表示达到静平衡。校正静平衡的方法有增重法和减重法，见表 1-1。

表 1-1 校正静平衡的方法

增 重 法	减 重 法
焊接、铆接、胶结、喷镀、旋螺钉，加装垫圈、铅块和铁块等	刨削、铣削、钻孔、打磨、抛光、激光熔化金属等

2. 动不平衡

旋转件在径向各截面上有不平衡量，且这些不平衡量产生的离心力将形成不平衡的力矩，所以旋转件在旋转时不仅会产生垂直于轴线的振动，而且还会使旋转轴线产生沿轴线倾斜的力矩，这种不平衡称为动不平衡，如图 1-4 所示。

消除动不平衡的方法称为动平衡法。动平衡一般是在动平衡机上进行的。对于长径比较大的旋转件要进行动平衡，对转速不高的旋转件，可进行低速动平衡，一般为 150r/min，对转速较高的旋转件要进行高速动平衡。动平衡不仅可以平衡掉不平衡质量所产生的离心力（惯性力），而且可以平衡离心力所产生的转矩，因此动平衡条件包括了静平衡条件。但在动平衡试验之前应该先进行静平衡试验，以去除较显著的不平衡质量，防止发生因振动过大而损坏机件。

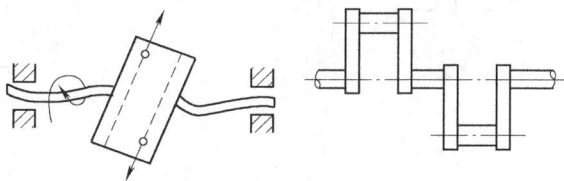

图 1-4 动不平衡

任务 1.2 螺纹联接及其装配

任务要求：掌握机电设备螺纹联接的拆卸与装配的方法，能够正确拆卸与安装滑动轴承座。

1.2.1 螺纹联接的装配技术要求

1. 保证一定的拧紧力矩

为达到螺纹联接可靠和紧固的目的，螺纹联接装配时应有一定的拧紧力矩，使螺纹牙间产生足够的预紧力。

2. 有可靠的防松装置

螺纹联接一般都具有自锁性，在承受静载荷的工作条件下以及工作温度变化不大时，不会自行松脱，但在冲击、振动或交变载荷作用下或在工作温度较高或变化较大时，会使螺纹牙之间的正压力突然减小，使螺纹联接松动。为避免螺纹联接松动，螺纹联接应有可靠的防松装置。

3. 保证螺纹联接的配合精度

旋合长度是指两个相配合的螺纹的配合长度，新国标将同一直径螺纹的旋合长度分为短、中、长三组，其螺纹旋合长度分别用代号 S、N 和 L 表示。一般情况下尽可能采用中等旋合长度。螺纹精度由公差带和旋合长度共同组合而定，可分为精密、中等和粗糙三种。

1.2.2 螺纹联接的装配工艺过程

1. 双头螺柱的装配

1）应保证双头螺柱与机体螺纹的配合紧固性。因此，双头螺柱与机体螺纹联接时其紧固端应当采用过渡配合，保证配合后中径有一定的过盈量。双头螺柱紧固端的紧固方法，如图 1-5 所示。

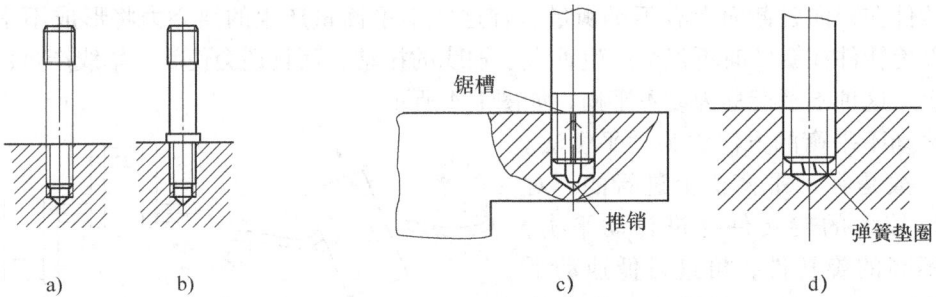

图 1-5　双头螺柱紧固端的紧固形式
a）具有过盈的配合　b）带有台肩的紧固　c）锥销紧固　d）弹簧垫圈紧固

2）装配时应注意保证螺柱轴心线与机体表面相垂直，可用 90°角尺进行检查。当轴心线与机体表面有少量倾斜时，可用丝锥校正螺孔或用安装的双头螺柱校正，以免影响联接的可靠性。

3）装入双头螺柱时必须先用润滑油将螺栓螺孔的间隙进行润滑，以免旋入时产生咬住现象，也便于以后的拆卸。常用的拧紧双头螺柱的方法，如图 1-6 所示。

2. 螺栓、螺母和螺钉的装配

1）螺栓、螺母或螺钉端面与零件贴合的表面应光洁、平整，贴合处的表面应当经过加工，否则容易使联接件松动或使螺钉弯曲。

2）螺孔内的脏物应清理干净。

4

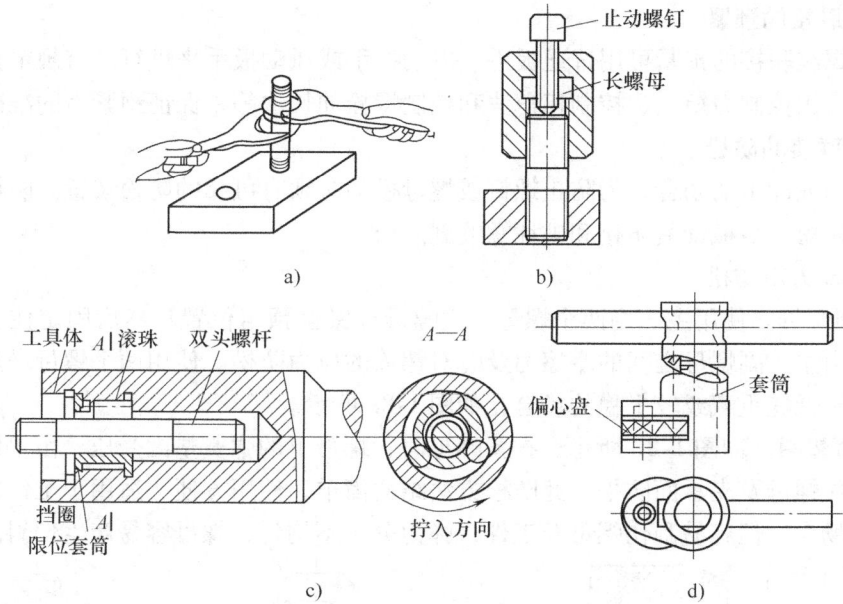

图 1-6　双头螺柱拧紧的方法
a）双螺母拧紧　b）长螺母拧紧　c）、d）专用工具拧紧

3）被联接件应互相贴合，受力均匀，联接牢固。

4）拧紧成组多点螺纹联接时，必须按照一定的顺序分次逐步拧紧（一般分 2~3 次拧紧），以免使零件或螺杆产生松紧不一致，甚至变形。在拧紧长方形布置的成组螺栓或螺母时应从中间逐渐向两边对称地扩展，如图 1-7a、b 所示，在拧紧圆形或长方形布置的成组螺母时，必须对称地进行（如有定位销，应从靠近定位销的螺栓开始），以防止螺栓受力不一致，按图 1-7c、d 所示标注的序号逐次拧紧。

5）装配在同一位置的螺栓或螺钉，应保证受压均匀。

6）主要部位的螺钉，必须保持一定的拧紧力矩。

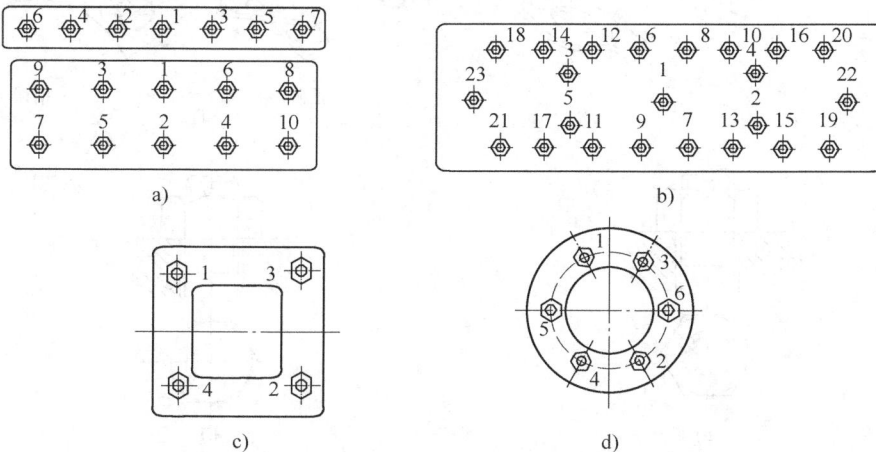

图 1-7　成组螺母的拧紧顺序

3. 螺纹联接的预紧

一般的螺纹联接的预紧可用普通扳手、电动扳手或风动扳手来进行。有规定预紧力的螺纹联接，则常用控制力矩法、控制扭角法和控制螺栓伸长法等来保证预紧力的准确性。

4. 螺纹联接的防松

在有振动或冲击的场合，为防止螺钉或螺母松动必须有可靠的防松装置。防松的种类分为摩擦力矩防松、机械锁紧防松和破坏螺纹副防松。

（1）摩擦力矩防松

1）对顶螺母。使用主、副两个螺母，主螺母拧紧至预定位置，然后固定住主螺母，拧紧副螺母，由主、副螺母之间的摩擦力及时对螺栓的拉力防松。使用两个螺母增加了结构尺寸，一般用于低速重载或较平稳的场合，如图1-8a所示。

2）弹簧垫圈。如图1-8b所示，拧紧螺母时，螺母下的弹簧垫圈受压，由垫圈的弹力和斜口楔角顶住螺母及支承面防松。此防松方法结构简单，使用方便，适用于工作较平稳，不经常装拆的场合。但容易刮伤螺母及工件，弹力分布不均匀，螺母容易产生偏斜。

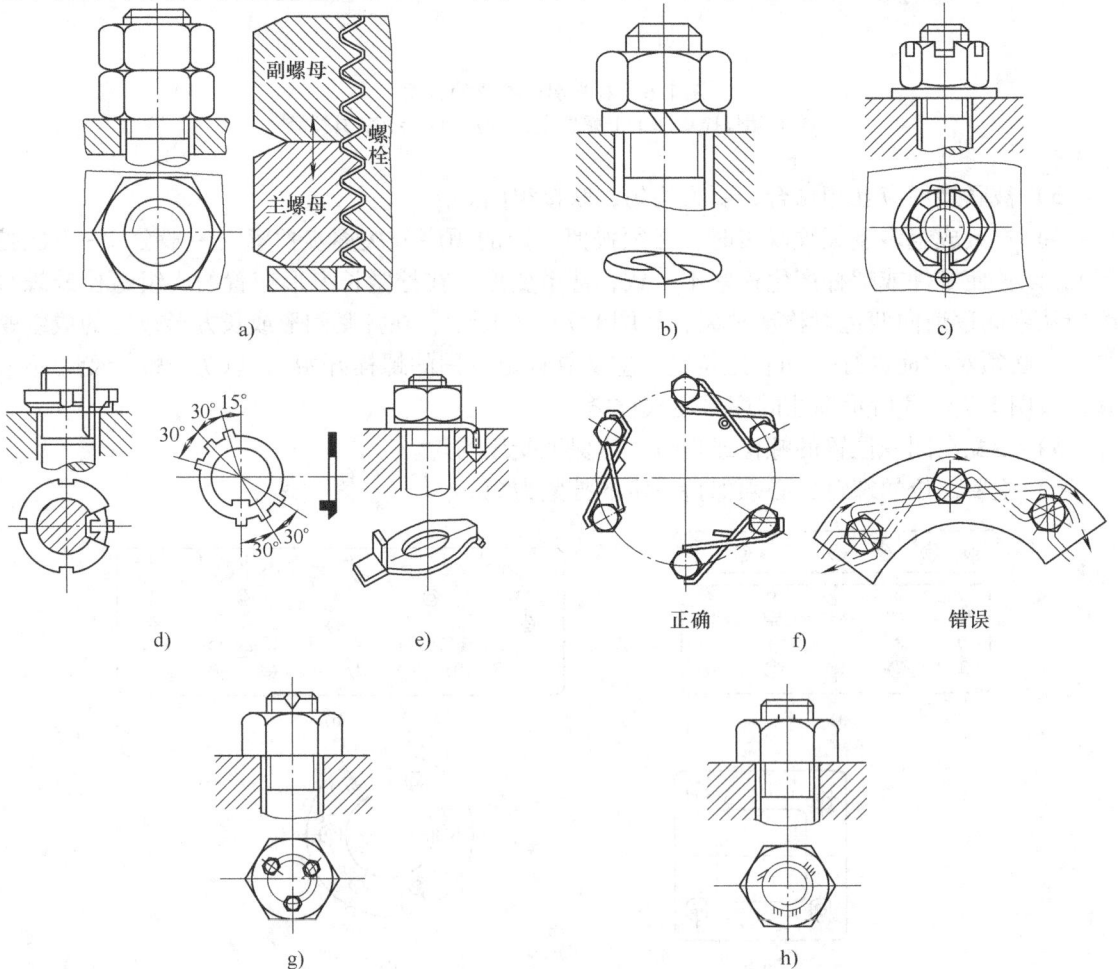

图1-8　螺纹联接的防松设计

a）对顶螺母　b）弹簧垫圈　c）开口销与槽形螺母　d）圆螺母止动垫圈
e）六角螺母止动垫圈　f）串联钢丝　g）、h）冲点和点焊

（2）机械防松

1）开口销与槽形螺母。用开口销将螺母直接固定在螺栓上，其防松可靠，但螺杆上销孔位置不易与螺母最佳锁紧位置的槽口吻合，可靠地限制螺母的松动范围，适用于交变载荷和振动的场合，如图1-8c所示。

2）圆螺母止动垫圈。装配时，先把垫圈的内翅插入螺杆的槽中，然后拧紧螺母，再把垫圈的外翅弯入圆螺母的外缺口内，用于受力不大时的螺母防松，如图1-8d所示。

3）六角螺母止动垫圈。垫圈耳部分别与联接件和六角螺钉或螺母紧贴防止回松。这种方法防松可靠，但只能用于联接部分可容纳弯耳的场合，如图1-8e所示。

4）串联钢丝。用钢丝连续穿过一组螺栓或螺母的径向小孔，以钢丝的牵制作用防松，结构紧凑，操作较复杂。装配时应注意钢丝的穿绕方向，适用于布置较紧凑的成组螺纹联接，如图1-8f所示。

（3）破坏螺纹副运动关系的防松

1）冲点和点焊。当螺母拧紧后，在螺钉或螺栓与螺母的结合处冲点或点焊。防松较可靠，操作时对径向空间要求不高，防松效果很好，用于不再拆卸的场合，如图1-8g所示。

2）粘结。用粘结剂涂于螺纹旋合表面，拧紧螺母待粘结剂自行固化，防松效果较好，且具有密封作用，但不便拆卸。

5. 螺纹联接的损坏形式及修复

1）如果螺栓拧断，若螺栓断处在孔外，可在螺栓上锯槽、锉方或焊上一个螺母后再拧出。如果断处在孔内，可用比螺纹小的钻头将螺柱钻出，再用丝锥修整内螺纹。

2）如果螺纹损坏，一般更换新的螺钉、螺柱。

3）如果螺孔损坏使配合过松，可将螺孔钻大，攻制大直径的新螺纹，配换新螺栓。当螺孔螺纹只损坏端部几扣时，可将螺孔加深，配换稍长的螺栓。

4）如果螺纹联接因锈蚀难以拆卸，可加注煤油，待煤油渗入后即可拆卸；也可轻微敲击螺钉或螺母，使铁锈脱落后将螺柱拧出。

实训1　螺纹联接的拆卸与安装

1. 实训目的

1）正确选择和规范使用拆装用机械设备及工具。

2）熟悉执行拆装安全操作规程。

3）读懂滑动轴承座的装配图及其零件图。

4）会拆装双头螺柱、螺母和螺钉。

5）掌握螺纹联接的相关知识。

2. 实训器材

准备设备、工具和材料准备清单见表1-2。

3. 实训内容与步骤

（1）装拆结构图　图1-9a为滑动轴承的装配结构图，图1-9b为拆装滑动轴承的顺序图。以上两滑动轴承结构不同，但固定联接方法相同，轴承座和轴承盖都使用双头螺柱联接，要求双头螺柱与轴承座紧固配合，必须保持中心轴线与轴承盖上表面的垂直度，双头螺柱拧入时，必须用油润滑，以便拆卸。

表1-2　设备、工具和材料准备清单

序号	名称及说明	数量
1	双头螺柱、螺钉、螺母、螺栓，弹簧垫圈	各1件
2	拆装工具（内六角扳手，活扳手、长螺母和止动螺钉）	各1件
3	辅助工具（止动垫圈、紧定螺钉、90°角尺等）	1件

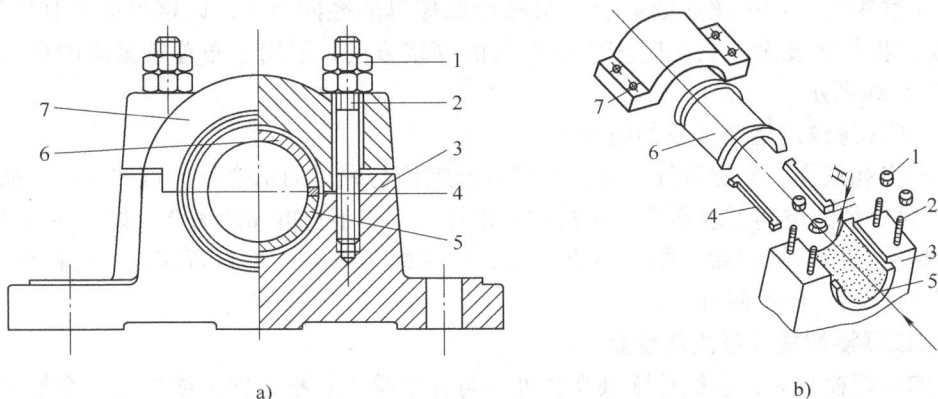

a)　　　　　　　　　　　　　　　　b)

图1-9　滑动轴承座装配与装拆图

1—螺母　2—双头螺柱　3—轴承座　4—垫片
5—下轴瓦　6—上轴瓦　7—轴承盖

（2）工作步骤

1）用双螺母装拆双头螺柱

① 识读装配图（图1-9），熟悉部件的结构、技术要求和配合性质。

② 根据图样要求，选择双头螺柱、六角螺母、长螺母、止动螺钉若干（图1-10）。

③ 选择活扳手和呆扳手各1把，润滑油适量，外90°角尺1把。

④ 在机体的螺孔内加注润滑油润滑，以免拧入时产生螺纹拉毛现象。

⑤ 按图样要求将双头螺柱用手旋入机体螺孔内（图1-11）。

⑥ 用手将两个螺母旋在双头螺柱上，并相互稍微锁紧（图1-12）。

⑦ 用右手按顺时针方向旋转上螺母；用左手按逆时针方向旋转下螺母，将双螺母锁紧。

⑧ 用扳手按顺时针方向扳动上螺母，将双头螺柱拧紧在设备螺孔内（图1-12）。

⑨ 拆卸时，用左手握住一个扳手卡住下螺母，用右手握住另一个扳手，按逆时针方向扳动上螺母，使两螺母分开，卸下两个螺母（图1-13）。

⑩ 用直角尺检验双头螺柱的轴心线必须与设备表面垂直（图1-14）。

⑪ 检查后，当轴心线与设备表面有少量倾斜时，如对精度要求不高，可用锤子敲击进行校正（图1-15），或拆下双头螺柱用丝锥回攻校正螺孔；如对精度要求较高，则需要更换螺柱。若偏差较大时，不能强行用锤子敲击进行校正，否则会影响联接的可靠性。

⑫ 将轴承盖套入双头螺柱上（图1-16）。

⑬ 用扳手将螺母拧入螺柱上压住轴承盖。

⑭ 用扳手调整螺母位置，按顺时针方向旋转，压紧轴承盖（图1-17）。

⑮ 用扳手将其余三个螺母拧入螺柱，并拧紧，与其他螺母相互锁紧，防止松动。

⑯ 拆卸时，用扳手逆时针方向拧转下螺母，将双头螺柱从设备中旋出。

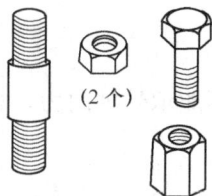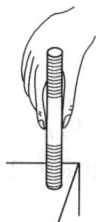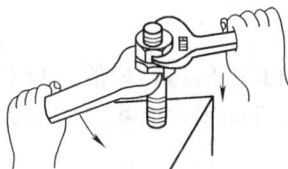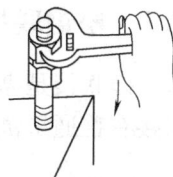

图1-10　双头螺柱零件　　图1-11　螺柱旋　　　图1-12　将双头螺柱　　　图1-13　锁紧螺母
　　　　　　　　　　　　　　　　入机体螺孔　　　　　　拧紧在螺孔内

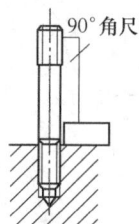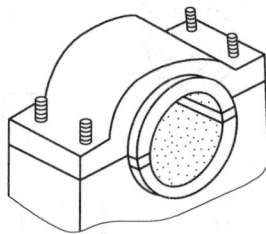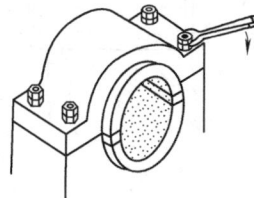

图1-14　检验螺柱轴心线与　图1-15　用锤子敲击　　图1-16　轴承盖套入　　图1-17　压紧轴承盖
　　　　设备表面的垂直度　　　　　　校正垂直度　　　　　　双头螺柱

2）用长螺母装拆双头螺柱

① 按上述用双螺母装拆双头螺柱的第①～⑤步骤，将双头螺柱拧入设备螺孔内。

② 将长螺母拧入旋入双头螺柱上，深度约为长螺母厚度的二分之一（图1-18）。

③ 用扳手在长螺母上再拧入一个止动螺钉，并拧紧（图1-19）。

④ 用扳手沿顺时针方向拧紧长螺母，将双头螺柱拧紧在设备上（图1-20）。

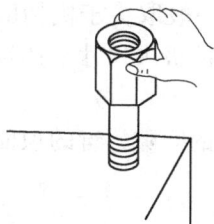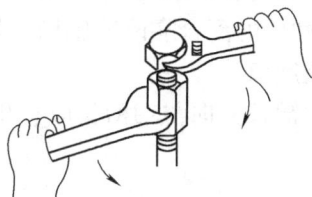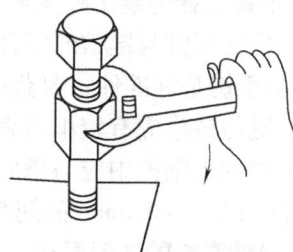

图1-18　将长螺母拧入　　　图1-19　拧入止动螺钉　　　图1-20　拧紧双头螺柱
　　　　双头螺柱

⑤ 用扳手按逆时针方向拧松止动螺钉，用手旋出止动螺钉和长螺母。

⑥ 按用双螺母装拆双头螺柱的第⑫～⑮步骤安装轴承盖，并拧上两个螺母。

⑦ 按用双螺母装拆双头螺柱的第⑯步骤进行拆卸。

任务 1.3　键联接及其装配

任务要求：掌握机电设备松键联接、紧键联接和花键的装配技术要求与要点，能够对这三种键进行拆卸与安装。

1.3.1　松键联接

松键联接是靠键的侧面来传递转矩的，只对轴上零件做周向固定，不能承受轴向力。松键联接有普通平键联接、导向平键联接及滑键联接等，如图 1-21 所示。

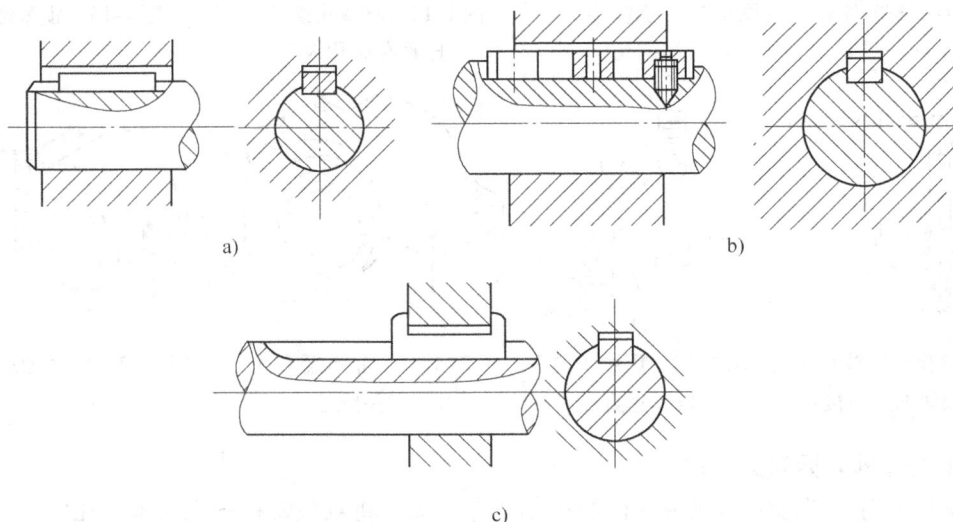

图 1-21　松键联接
a）普通平键联接　b）导向键联接　c）滑键联接

1. 松键联接的装配技术要求

1）应保证键与键槽的配合要求，键与轴槽或轮毂槽的配合性质一般取决于机构的工作要求。由于键是标准件，要获得不同性质的配合靠改变轴槽、轮毂槽的极限尺寸来达到。

2）键与键槽应有较小的表面粗糙度值。

3）键装入轴槽中应与槽底贴紧，键长方向与轴槽长应有 0.1mm 的间隙，键的顶面与轮毂槽之间有 0.3~0.5mm 的间隙。

2. 松键联接的装配要点

1）清理键及键槽上的毛刺。

2）对于重要的键联接，装配前应检查键的直线度和键槽对轴心线的对称度及平行度等。

3）普通平键和导向平键，应用键的头部与轴槽试配，应能使键较紧地嵌在轴槽中，达到装配要求。

10

4）在配合面上加润滑油，用铜棒或加软钳口的台虎钳将键压入轴槽中，使键与槽底良好接触。

5）试配时，键与键槽的非配合面应留有间隙，以便轴与套件达到同轴度要求；装配后的套件在轴上不能周向摆动，否则容易引起机器在工作中的冲击和振动。

1.3.2　紧键联接

紧键联接又叫普通楔键联接。楔键分普通楔键和钩头楔键两种，如图1-22所示。楔键的上下两面是工作面，键的上表面和轮毂槽的底面均有1∶100的斜度，键的两侧与键槽间有一定的间隙。装配时将键打入，构成紧键联接，靠过盈来传递转矩和承受单方向轴向力，但易使轴上零件与轴的配合产生偏心和歪斜，对中性较差，多用于对中性要求不高、转速较低的场合。

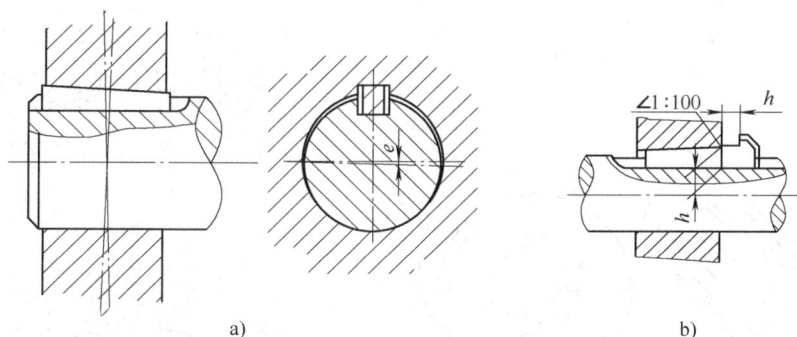

图 1-22　紧键联接
a）普通楔键联接　b）钩头楔键联接

1. 楔键联接的装配技术要求

1）楔键的斜度应与轮毂槽的斜度一致，否则，套件会发生歪斜，降低联接强度。

2）紧键与槽的两侧应留有一定的间隙。

3）对于钩头楔键，不能使钩头紧贴套件的端面，必须留出一定的距离，以便拆卸。

2. 楔键联接装配要点

楔键联接装配时，要用涂色法检查楔键上下表面与轴槽毂槽的接触状况，要求接触率大于65%。若接触不良，应修整键槽。符合标准后，在配合面加涂润滑油，将其轻轻敲入键槽内，直至套件的周向、轴向都固定可靠时为止。

1.3.3　花键联接

花键联接由外花键和内花键组成。由图1-23a、b可知，花键联接是平键联接在数目上的发展。但是，由于结构形式和制造工艺的不同，与平键联接相比，花键联接在强度、工艺和使用方面具有下述特点：

1）因为在轴上与毂孔上直接而匀称地制出较多的齿与槽，故花键联接受力较为均匀。

2）因槽较浅，齿根处应力集中较小，轴与毂的强度削弱较少。

3）齿数较多，总接触面积较大因而可承受较大的载荷。

4）轴上零件与轴的对中性及导向性好。

5）承载能力高，能传递较大转矩。

6）可用磨削的方法提高加工精度及联接质量，但制造成本高，适用于载荷大和同轴度要求较高的联接。

花键联接按工作方式分为静联接和动联接两种；按齿形的不同，又可分为矩形花键、渐开线花键和三角形花键三种。其中矩形花键的齿廓是直线，故制造容易，目前采用较多，如图1-23c所示。按受载情况有两个系列：轻系列（用于静联接或轻载联接）和中系列（用于中等载荷）。

花键配合的定心方式有大径定心、小径定心和键侧定心三种方式，如图1-24所示。矩形花键为小径定心方式。

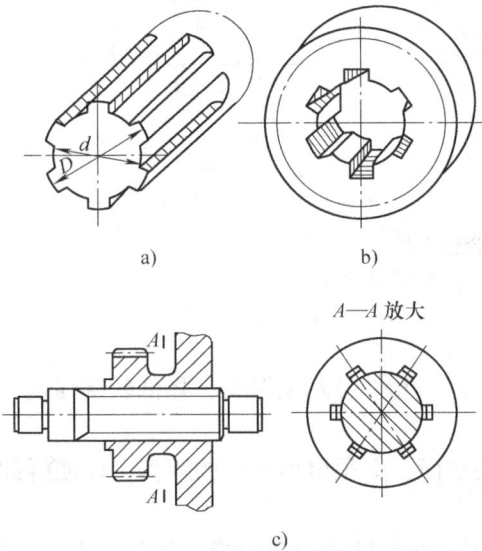

图1-23　矩形花键及其联接
a）外花键　b）内花键　c）矩形花键

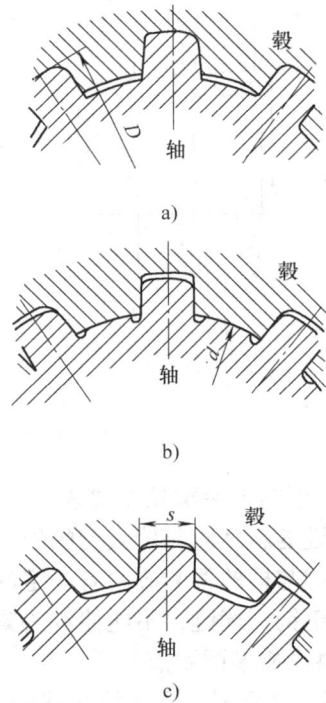

图1-24　花键配合的定心方式
a）大径定心　b）小径定心　c）键侧定心

1. 静联接花键装配

套件应在花键轴上固定，故应有少量过盈。在装配时，当过盈量较小时可用软锤轻轻敲入，但不得过紧，以防止拉伤配合表面；过盈量较大时，可将套件加热至80～120℃后进行热装。

2. 动联接花键装配

总装前应进行试装，套件可以在花键轴上自由滑动，应保证精确的间隙配合，没有阻滞现象，用手摆动套件时，没有明显的周向移动。

实训2　键联接的拆卸与安装

1. 实训目的

1）正确选择和规范使用拆装用机械设备及工具。

2）熟悉执行拆装安全操作规程。

3）会拆装平键、楔键和花键联接。

4）掌握键联接的相关知识。

2. 实训器材

实训器材见表1-3。

表1-3　设备、工具和材料准备清单

序　号	名称及说明	数　量
1	平键、楔键、花键	各1
2	拆装工具［拉拔器、锉刀（300mm）、刮刀、手锤、铜棒］	各1
3	测量工具（游标卡尺、千分尺、内径百分表）	各1
4	辅助工具（台虎钳、软钳口、润滑油、红丹粉）	各1

3. 实训内容与步骤

（1）装配图　图1-25中齿轮左端用轴肩固定，右端用挡圈和螺母固定其轴向位置；齿轮以键联接方式固定其周向位置。

（2）工作步骤

1）平键联接的拆装

① 掌握装配图，了解部件的结构、装配关系、技术要求和配合性质。

② 选择锤子、刮刀、铜棒和锉刀。

③ 选择精度适当的游标卡尺、千分尺和内径百分表。

④ 用千分尺测量轴的直径、内径百分表测齿轮内径。若相关配合尺寸不合格时，应经过磨、刮、铰削加工修复至合格（图1-26）。

图1-25　齿轮的固定方式
1—轴　2—平键　3—齿轮
4—挡圈　5—螺母

⑤ 按照平键的尺寸，用锉刀修整轴槽和轮毂槽的尺寸。平键与轴槽的配合要求稍紧（一般要求间隙配合），键长方向与轴槽长应有0.1mm左右间隙，键的顶面与轮毂槽之间有0.3～0.5mm的间隙，平键与轮毂槽间隙以用手稍用力能将平键推过去为宜（图1-27）。然后去除键槽上的锐边，以防装配时造成过大的过盈。

⑥ 装配时，先不装入平键，将轴与轴上配件试装，以检查轴和孔的配合状况，避免装配时轴与孔配合过紧。

⑦ 在平键和轴槽配合面上加注润滑油，用软钳口台虎钳夹紧或用铜棒敲击，把平键压入轴槽内，必须与槽底接触，并与槽底紧贴（图1-28）。测量平键装入的高度，测量孔与槽

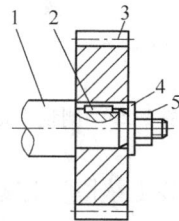

13

的上极限尺寸，装入平键后的高度尺寸应小于孔内键槽尺寸，公差允许在 0.3~0.5mm 范围内（图1-29）。

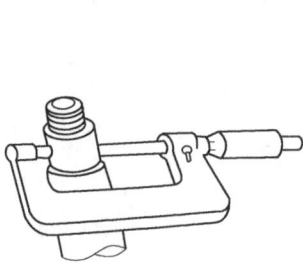

图1-26　轴的直径和齿轮内径的测量　　图1-27　修整轮毂槽　图1-28　平键压入轴槽内

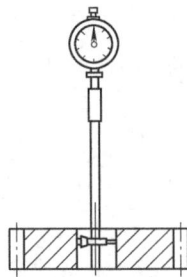

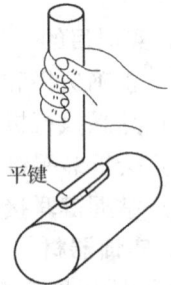

⑧ 将装配完平键的轴，夹在带有软钳口的台虎钳上，并在轴和孔表面加注润滑油（图1-30）。

⑨ 把键槽对准平键，保持齿轮端面与轴的中轴线垂直，用锤子配合铜棒轻轻敲击，慢慢将齿轮装入到位（对称处轮换敲击）（图1-31）。

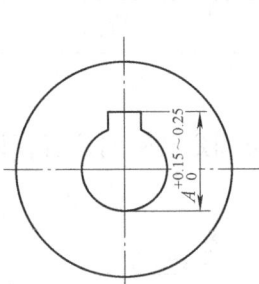

图1-29　测量平键装入的高度　　图1-30　加注润滑油　图1-31　齿轮装入到位

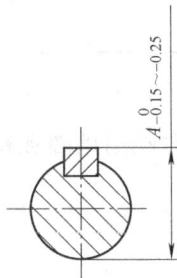

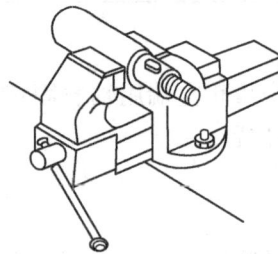

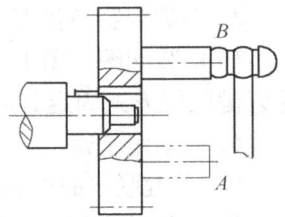

⑩ 装上垫圈，拧紧螺母。

⑪ 拆卸时，松开螺母，取下挡圈，将齿轮用拉拔器或其他拆卸工具拆下即可。

2）楔键联接的拆装

① 掌握装配图，了解部件的结构、装配关系、技术要求和配合性质。

② 选择锤子、刮刀、铜棒和锉刀。

③ 选择精度适当的游标卡尺、千分尺和内径百分表。

④ 用锉刀去除键槽上的锐边及毛刺等以防装配时造成过大的过盈量。

⑤ 将轴与轴上的配件试装，以检查轴和孔的配合状况，紧键联接装配时，应用涂色法检查接触情况，避免装配时轴与孔配合过紧。

⑥ 根据键的宽度，修配键槽槽宽，使键与键槽保持一定的配合间隙（图1-32）。因为键与键槽的配合均采用基轴制，通过改变键槽的公差带来实现不同的配合性质要求。

⑦ 将轴上配件的键槽与轴上键槽对齐，在楔键的斜面上涂色后，敲入键槽内（图1-33）。

14

⑧ 拆卸楔键，根据接触斑点来判断斜度配合是否良好，用刮削法进行修整，使键和轮毂键槽紧密贴合。

⑨ 用清洁的煤油或汽油清洗楔键和键槽。

⑩ 将轴上配件的键槽与轴上键槽对齐，在斜键加注润滑油后，用锤子配合铜棒将其敲入键槽中。

⑪ 楔键用专用拔拉工具拆卸（图1-34）。

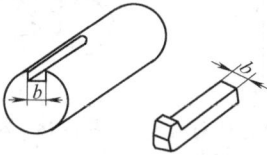

图1-32　保持一定的配合间隙　　　　　图1-33　楔键敲入键槽内

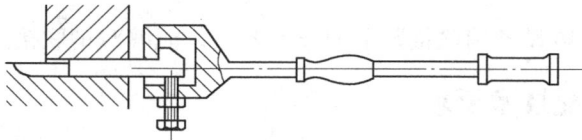

图1-34　使用拔拉工具拆卸楔键

3）花键联接的拆装

① 掌握装配图，了解部件的结构、装配关系、技术要求和配合性质。

② 选择锤子、刮刀、铜棒和锉刀。

③ 选择精度适当的游标卡尺。

④ 根据图样要求，选择合适的花键推刀（图1-35）。

⑤ 将花键推刀的前端（锥体部分）塞入花键孔中，并用锤子配合铜棒敲击花键推刀的柄部，保持花键推刀与花键孔同轴，垂直度目测合格（图1-36）。

⑥ 把装有花键推刀的花键孔与工作台的孔对齐（图1-37）。

⑦ 起动压力机，将花键推刀从花键孔的上端面压入，从下端面压出。

⑧ 转换花键推刀的角度再次从花键孔的上端面压入，从下端面压出，重复若干次，使花键孔达到精度要求。

⑨ 装配后，来回抽动花键轴，如果运动自如，无晃动及阻滞现象，即合格（图1-38）。

图1-35　花键推刀

⑩ 如有晃动及阻滞现象，应在花键轴上涂上红丹粉，用锤子将花键轻轻敲入，以检查接触面。

⑪ 用刮削方法，将工件表面上接触点刮去，重复1～2次，直至达到工艺要求为止。

⑫ 将花键轴用煤油或汽油清洗、润滑后装入花键内。

⑬ 花键联接的拆卸，使用专业拉拔工具即可。

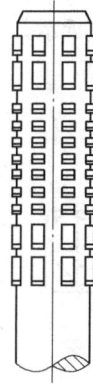

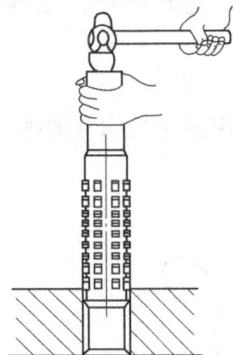

图 1-36　将花键推刀塞入花键孔　图 1-37　花键孔与工作台的孔对齐　图 1-38　检查花键轴装配质量

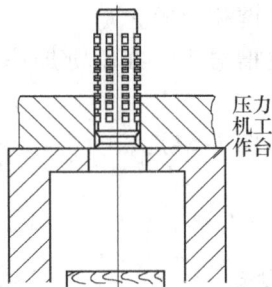

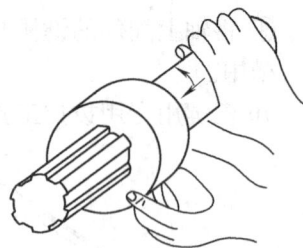

任务 1.4　销联接及其装配

任务要求：掌握机电设备销联接装配的技术要点，能够对销联接进行拆卸与安装。

1.4.1　圆柱销的装配技术要求

销是一种标准件，其形状和尺寸均已标准化、系列化。销联接具有结构简单、装拆方便等优点，在固定联接中应用很广，但只能传递不大的载荷。在机械联接中，销联接主要起定位、联接和安全保护的作用。

定位销主要用来固定两个（或两个以上）零件之间的相对位置，如图 1-39a、b 所示；联接销用于联接零件，如图 1-39c 所示；安全销可作为安全装置中的过载剪断元件，如图 1-39d 所示。

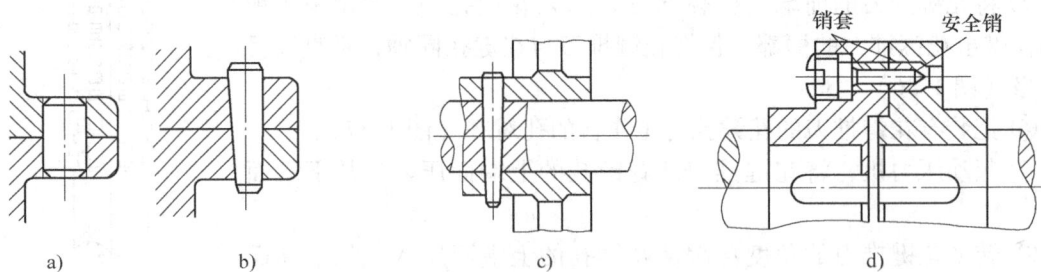

图 1-39　销联接

a）、b）定位销　c）联接销　d）安全销

销可分为圆柱销、圆锥销及异形销（如轴销、开口销、槽销等）三种。其材料多采用 35 钢、45 钢制造，其中圆柱销、圆锥销应用较多。

圆柱销一般依靠少量过盈量固定在销孔中，用以固定零件、传递动力或做定位元件。用圆柱销定位时，为了保证联接质量，装配前被联接件的两孔应同时钻、铰，并使孔壁表面粗

糙度 Ra 值达到 $1.6\mu m$。装配时应在销的表面涂润滑油，用铜棒垫在销子端面上，把销子打入孔中。当某些定位销不能用敲入法，可用 C 形夹头或手动压力机将销压入孔内，如图 1-40 所示。圆柱销不宜多次装拆，否则会降低定位精度和联接的紧固程度。

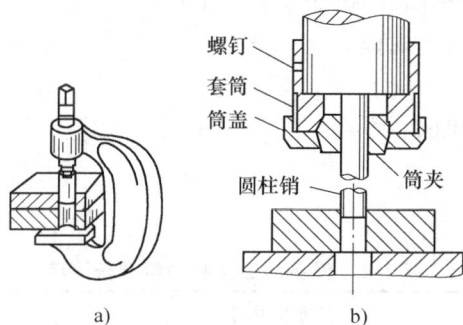

图 1-40　圆柱销装配
a）用 C 形夹头压入圆柱销　b）手动压力机压入圆柱销

1.4.2　圆锥销的装配技术要求

圆锥销具有 1∶50 的锥度，定位准确，可多次拆装而不影响定位精度。在横向力作用下可保证自锁，一般多用作定位，常用于要求多次装拆的场合。

圆锥销以小端直径和长度代表其规格。钻孔时按小端直径选用钻头。装配时，被联接的两孔也应同时钻铰，用试装法控制孔径，孔径大小以圆锥销自由插入全长的 80% ~ 85% 为宜；装配时用锤子敲入，销钉头部应与被联接件表面齐平或露出不超过倒角值。应当注意，无论是圆柱销还是圆锥销，往不通孔中装配时，销上必须钻一通气小孔或在侧面开一道微小的通气小槽，供放气时使用。

拆卸圆锥销时，可从小头向外敲击。对于带有外螺纹的圆锥销可用螺母旋出，如图 1-41a 所示；图 1-41b 所示为在拆卸带内螺纹的圆锥销时，可用如图 1-41c 所示的拔销器拔出。

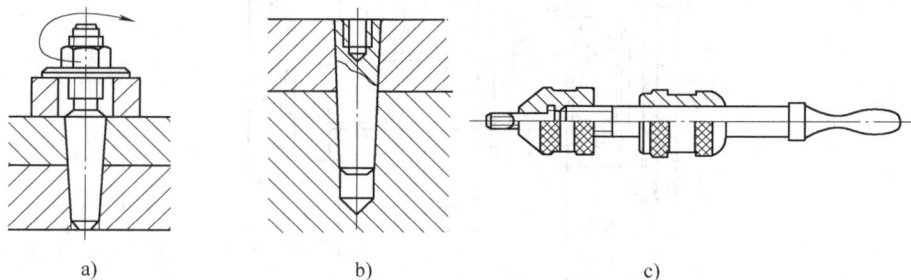

图 1-41　圆柱销
a）带外螺纹圆锥销　b）带内螺纹圆锥销　c）拔销器

实训 3　销联接件的拆卸与安装

1. 实训目的
1）正确选择和规范使用拆装用机械设备及工具。
2）熟悉执行拆装安全操作规程。
3）会拆装销联接件。
4）掌握销联接的相关知识。

2. 实训器材
实训器材见表1-4。

表1-4　设备、工具和材料准备清单

序　号	名称及说明	数　量
1	锤子、锉刀、铰刀、钻头	各1件
2	Z 525 型钻床、C 形夹头	各1件
3	润滑油（N 32）	适量
4	圆锥销的拆卸工具、拔销器	各1件
5	圆锥销	1件

3. 实训内容与步骤
（1）装配图（图1-42）

图1-42中滑移齿轮11，依靠手柄14和拨叉13的调整可以在花键轴8上移动，其左端由轴套9限位，右端由箱体限位。轴套9与花键轴8的联接采用销联接。

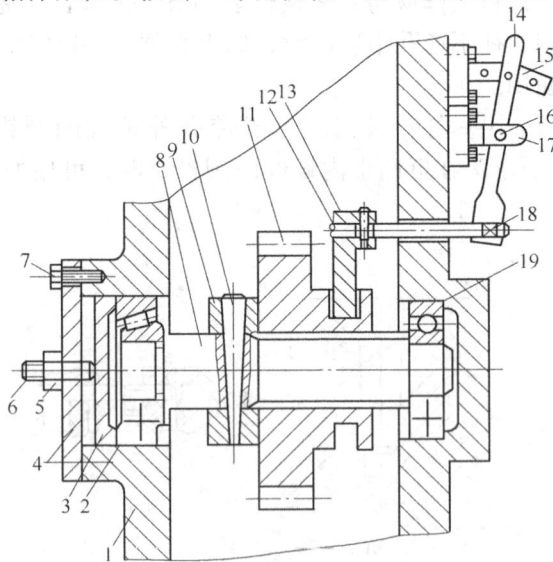

图 1-42　销联接件装配图

1—箱体　2—圆锥滚子轴承　3—止退盖　4—端盖　5—螺母　6—调整螺钉　7—六角螺钉
8—花键轴　9—轴套　10—圆锥销　11—滑移齿轮　12—拉杆　13—拨叉　14—手柄
15—支承座（1）　16—圆柱销　17—支承座（2）　18—滑块、滑块销　19—深沟球轴承

（2）工作步骤

1）装配圆锥销

① 掌握装配图，了解部件的结构、装配关系、技术要求和配合性质。

② 选择锤子、刮刀、铜棒和锉刀。

③ 根据圆锥孔的深度及圆锥销小端的直径，来确定钻头直径（图1-43）。

④ 选择精度适当的游标卡尺、千分尺。

⑤ 用千分尺测量圆锥销小端直径，经测量合格后，用锉刀锉去圆锥销上的毛刺。

图1-43　确定钻头直径

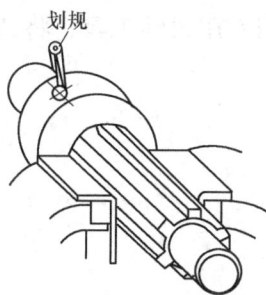

⑥ 把轴装夹在带有软钳口的台虎钳上。

⑦ 按图样上给定的定位尺寸，用锤子配合铜棒轻轻敲击，将定位套装配到花键轴上，并达到指定的位置。

⑧ 在定位套上，用钢直尺和划规划出圆锥销的位置并打样冲点（也称中心样冲眼）（图1-44）。

⑨ 将装配完定位套的花键轴放在钻床上，并夹紧固定好。

⑩ 将选择好的钻头插入夹头中并拧紧。

⑪ 起动钻床，按定位套上已划的孔线，钻与轴心线垂直并通过圆心的孔，钻出圆锥销底孔。

⑫ 用锥度铰刀，铰出圆锥孔。铰孔时，应往孔内加注切削液，并且注意铰孔深度。使用手用铰刀铰孔时，在铰刀上做出标记（图1-45）。

⑬ 清除圆锥孔内的切屑和污物。

⑭ 用手将圆锥销推入圆锥孔中进行试装，检查圆锥孔深度。圆锥销插入圆锥孔内的深度占圆锥销长度的 80% ~ 85% 为宜（图1-46）。

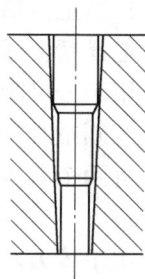

图1-44　划出圆锥销的位置　　　图1-45　铰出圆锥孔　　　图1-46　圆锥销插入深度

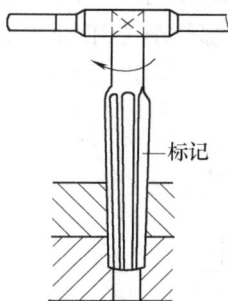

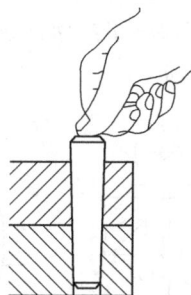

⑮ 把圆锥销取出来，擦净，在表面上加润滑油。

⑯ 用手将圆锥销推入圆锥孔中，用铜棒敲击圆锥销端面，圆锥销的倒角部分应伸出在所联接的零件平面外。

2）装配圆柱销

① 掌握装配图，了解部件的结构、装配关系、技术要求和配合性质。

② 选择锤子、刮刀、铜棒和锉刀。

③ 根据定位精度、表面粗糙度的要求及铰孔余量的多少，来确定钻头直径。

④ 选择精度适当的游标卡尺、千分尺。

⑤ 用千分尺测量圆柱销直径（图1-47）。

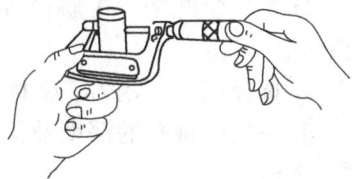

⑥ 经测量合格后，用锉刀去除圆柱倒角处的毛刺。

⑦ 将两个联接件重合在一起装夹，然后在钻床上钻孔（图1-48）。

图1-47　测量圆柱销直径

⑧ 用手铰刀对已钻好的孔进行铰孔，工件孔表面粗糙度 Ra 一般应达到 $1.6 \sim 0.4\mu m$。

⑨ 铰削开始后，要不断地加注切削液。按照图样尺寸和精度要求铰孔。

⑩ 用煤油或汽油清洗销子孔，并在圆柱销表面涂上润滑油。

⑪ 用锤子配合铜棒将销子敲入孔中（图1-49）。

⑫ 装配精度要求较高的定位销，应用 C 形夹头或手动压力机将销子压入孔中（图1-50）。

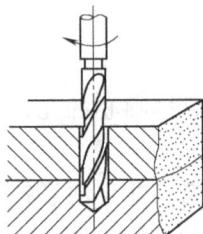 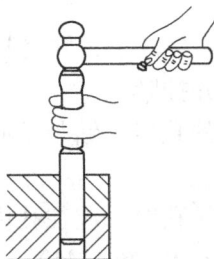 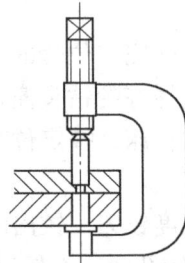

图1-48　钻孔　　　图1-49　将销子敲入孔中　　图1-50　将销子压入孔中

3）拆卸销联接

① 为通孔时，用锤子敲击一个直径略小于销孔的金属棒即可将销子敲出来。

② 为不通孔时，必须使用带内螺纹的专用拆卸工具或利用专用拔销工具，将圆柱销取出（图1-51）。

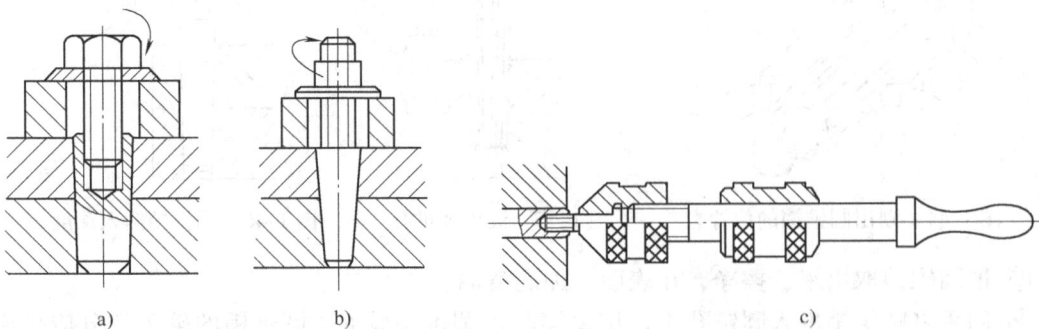

a)　　　　　　　　b)　　　　　　　　c)

图1-51　销联接拆卸方法

③ 修理销联接件时，只要更换新的销子即可。

习　题

1. 简述零件、部件、分组件及组件的区别。
2. 装配工艺规程有哪些内容？应如何制订？
3. 零件在装配时，有几种联接类型？
4. 为达到规定的配合要求，零件有哪几种装配方法？
5. 静平衡与动平衡有何不同？简述校正静平衡的方法。
6. 普通螺纹联接的基本类型有哪几种？各适用于什么场合？
7. 在装配时，松键、紧键联接各有哪些要求？
8. 螺纹联接常采用哪些防松装置？它们的基本原理是什么？
9. 简述圆柱销、圆锥销联接的作用和装配技术要求。
10. 什么是过盈联接？圆柱面和圆锥面的过盈联接各用什么方法实现？

学习情境二　典型传动机构的装配与安装

本章要点
- 齿轮传动的技术要求和装配方法
- 蜗轮蜗杆传动的技术要求和装配方法
- 带传动的技术要求和装配方法
- 链传动的技术要求和装配方法
- 丝杠螺母传动的技术要求和装配方法

任务 2.1　齿轮传动机构的装配与安装

任务要求：掌握机电设备中齿轮传动的装配技术要点，能够对齿轮传动件进行拆卸与安装。

2.1.1　齿轮传动装配工艺过程

装配圆柱齿轮传动机构的顺序是先将齿轮装在轴上，再把齿轮轴部件装在箱体中。齿轮装到轴上后，可以空转、滑移或与轴固定联接，其结合方式有：圆柱轴颈与半圆键、圆锥轴颈与半圆键、花键滑配、带固定铆钉的压配等。

在轴上空转滑移的齿轮，齿轮孔与轴为间隙配合，装配后的精度取决于零件本身的加工精度，装配后齿轮在轴上不得有晃动现象。

在轴上固定的齿轮通常是齿轮孔与轴有少量的过盈配合，多数为过渡配合，装配时需要加一定的外力，当过盈量较大时，一般用压力机压入。大型齿轮可用液压套合法进行装配。无论压入或套合，均要防止齿轮歪斜或发生某种变形。

齿轮装在轴上后，常见的误差有：齿轮与轴偏心、歪斜和端面未贴紧轴肩（图 2-1）。

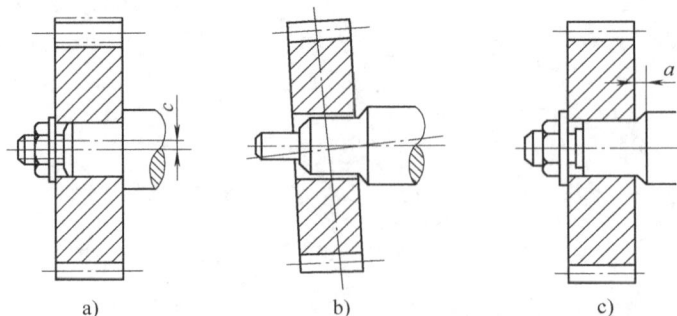

图 2-1　齿轮在轴上的安装误差

a) 轴偏心　b) 歪斜　c) 端面未贴紧轴肩

22

精度要求高的齿轮传动机构，在齿轮压紧后需要检查齿轮的径向圆跳动量和端面跳动量。当齿轮孔与轴颈为锥面结合时，装配前应用涂色法检查内外锥面的接触情况，如贴合不良，可用三角刮刀对内锥面进行修刮，装配后，轴肩端面与齿轮端面应有一定的间距。

2.1.2 齿轮传动的装配精度要求

将齿轮部件装入箱体是一个极为重要的工序。为保证装配质量，装配前应对箱体的重要部件进行检查。主要检查内容有：孔和平面尺寸精度及几何形状精度，孔和平面的表面粗糙度，孔和平面的相互位置精度。前两项检查比较简单，本书只介绍箱体孔和平面的相互位置精度的检查内容和方法。

1. 同轴线孔的同轴度误差检验

在成批生产中，用专用检验棒检验孔中心线同轴度，若心棒能自由地推入孔中，说明几个孔的同轴度误差在规定的范围内，即表明孔的同轴度合格。当几个孔直径不等时，对于精度要求不高的，为减少专用检验心轴数量，可用几种不同外径的检验套与检验心棒配合检验，如图 2-2 所示。

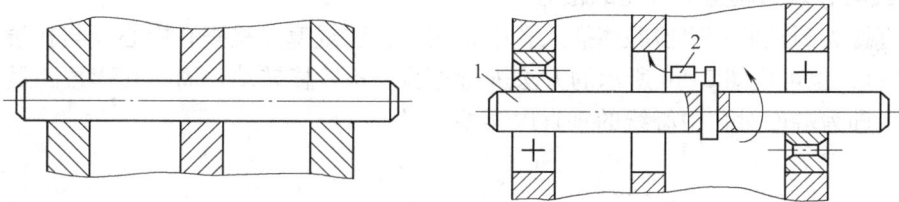

图 2-2 用检验棒和百分表检验同轴孔的同轴度误差
1—检验棒 2—百分表

2. 孔距精度和孔系相互位置精度的检验

（1）孔距的检验 孔距常用游标卡尺测得 L_1 或 L_2、d_1 及 d_2 的实际尺寸，然后计算出实际的孔距尺寸（图 2-3）。

$$中心距\ a = L_1 + \left(\frac{d_1}{2} + \frac{d_2}{2}\right) \ 或\ a = L_2 - \left(\frac{d_1}{2} + \frac{d_2}{2}\right)$$

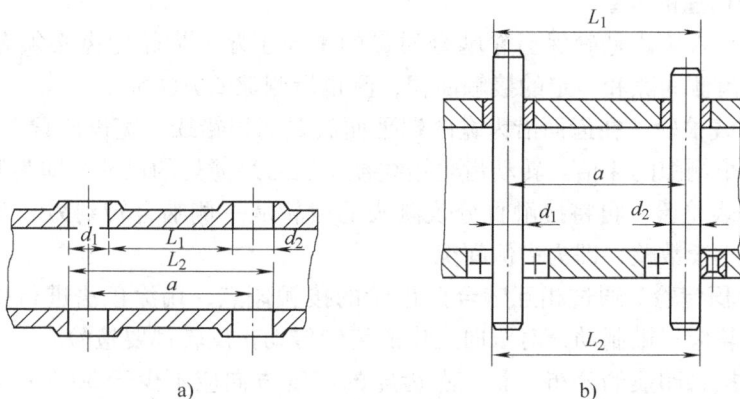

图 2-3 孔距精度检验
a）用游标卡尺测量孔距 b）用游标卡尺和检验棒测量孔距

用图 2-3b 的方法检验，中心距 $a = \dfrac{L_1 + L_2}{2} - \dfrac{d_1 + d_2}{2}$，同时也可以测得 $L_1 - L_2$（或 $L_2 - L_1$）之差值，检验平行度误差。

（2）孔系（轴系）平行度误差的检验　如图 2-3b 所示，用外径千分尺分别测量检验棒两端的尺寸 L_1 和 L_2，其差值 $L_1 - L_2$ 即为两轴孔轴线在所测长度内的平行度误差。

3. 轴线与基面距离的尺寸精度和平行度误差的检验

箱体基面用等高垫铁支承在平板上，将检验棒插入被测孔中（图2-4），使检验棒与孔紧密配合。用分度值为 0.02mm 的高度游标卡尺测量（或在平板上用量块和百分表相对测量）检验棒两端尺寸 h_1 和 h_2，则轴线与基面的距离 h 为 $h = \dfrac{h_1 + h_2}{2} - \dfrac{d}{2} - a$。平行度误差为

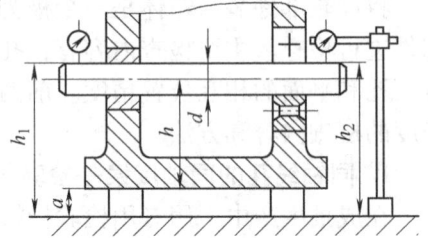

图 2-4　轴线与基面的尺寸精度
和平行度误差检验

$$\Delta = h_1 - h_2$$

4. 轴线与孔端面垂直度误差的检验

将带有检验圆盘的专用检验棒插入孔中，用涂色法或塞尺检查孔中心线与孔端面垂直度 Δ（图 2-5a），也可用图 2-5b 所示的方法进行检验。检验棒转动一周，其读数的最大值与最小值之差，即为端面对孔中心线的垂直度误差。

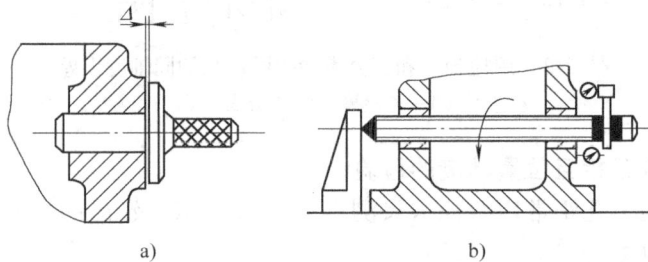

a)　　　　　　　　　　　　b)

图 2-5　轴线与孔端面垂直度误差的检验

5. 齿轮啮合质量的检查

齿轮轴组件装入箱体是确保齿轮啮合质量的重要工序，齿轮轮齿必须有良好的啮合质量。包括适当的齿侧间隙和一定的接触面积，测量齿侧隙的方法如下：

（1）用压铅线检验　在齿面沿齿宽两端平面放置两根铅线，宽齿放置3~4根，铅线直径一般不超过最小侧隙的 4 倍。转动齿轮铅线被挤压后最薄处的尺寸，即为侧隙。

（2）用百分表检验　再将接触百分表测头的齿轮从一侧啮合转到另一侧啮合，百分表的最大读数与最小读数差，即为齿侧间隙。

（3）接触面积检验　通过相互啮合两齿轮的接触斑点，用涂色法进行检验，检查时转动从动轮，主动轮应轻微制动，对双向工作的齿轮传动正反转都要检验。

齿轮轮齿上接触印痕的分布面积，在齿轮的高度方向应不少于 30%~50%，在轮齿的宽度方向应不少于 40%~70%，通过涂色法检验，还可以判断产生误差的原因，如图 2-6 所示。

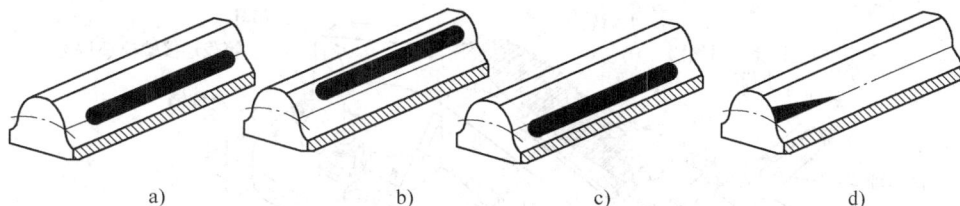

图 2-6　圆柱齿轮啮合接触印痕

a）正确　b）中心距太大　c）中心距太小　d）中心距歪斜

6. 产生接触斑点不良现象的主要原因及调整方法

（1）同向偏接触　因为两齿轮轴线不平行，异向偏接触，两齿轮轴线歪斜，调整方法是在中心距允许范围内，刮研轴瓦或调整轴承座。

（2）单向偏接触　两齿轮轴线不平行同时斜歪或齿向有偏差。调整方法同上。

（3）游离接触　在整个齿圈上，接触区由一边逐渐移至另一边，齿轮轮齿端面与回转中心线不垂直，检查并校正齿轮端面与回转轴线的垂直度误差。

装配圆锥齿轮传动机构的顺序、工艺过程和检验方法与圆柱齿轮传动机构装配一致。

实训 1　减速器的拆卸、安装与检修

1. 实训目的

1）正确选择和规范使用拆装用机械设备及工具。

2）熟悉执行拆装安全操作规程。

3）读懂减速器的装配图及其零件图。

4）会拆装齿轮传动、蜗轮蜗杆传动机构等。

5）掌握齿轮传动、涡轮蜗杆传动机构等典型传动的相关知识。

2. 实训器材

实训器材见表 2-1。

表 2-1　设备、工具和材料准备清单

序　号	名称及说明	数　量
1	二级圆柱齿轮减速器	各 1 台
2	拆装工具（内卡钳、外卡钳、活扳手等）	各 1 套
3	测量工具（游标卡尺、百分表、钢直尺等）	各 1 套
4	辅助工具（润滑油、煤油、红丹粉等）	各 1 套

3. 实训内容与步骤

（1）装拆结构图　减速器是由封闭在箱体内的齿轮传动或蜗轮蜗杆传动所组成的独立部件，齿轮减速器、蜗轮蜗杆减速器的种类繁多，但其基本结构有很多相似之处。实验中应注意掌握减速器的结构、主要零件的加工工艺。减速器的结构随其类型和要求不同而异，其基本结构由箱体、轴系零件和附件三部分组成。图 2-7 所示为单级圆柱齿轮减速器，现结合该图简要介绍一下减速器的结构。

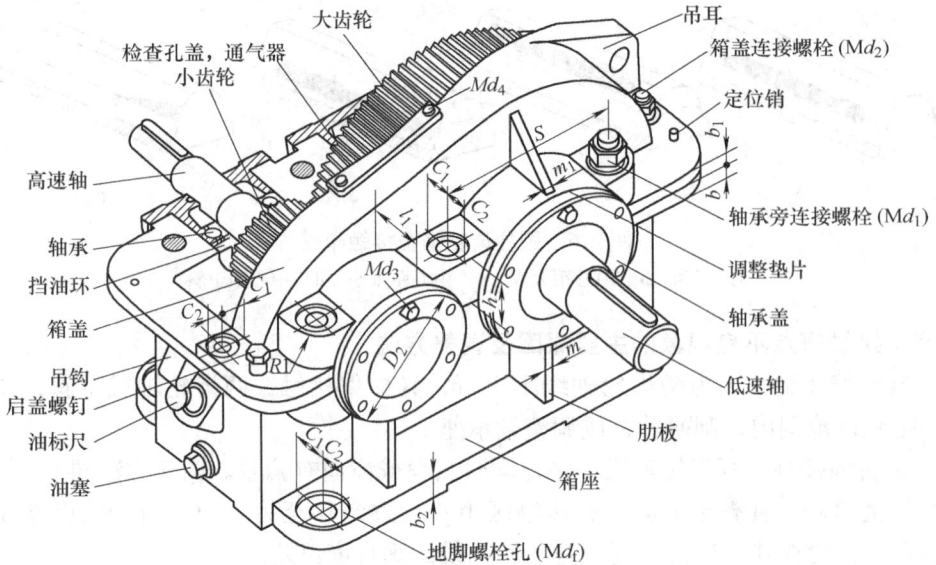

图 2-7　减速器的结构

（2）作业前准备

1）与减速器相关联的设备停电，办理检修工作票。

2）断开电动机电源，并挂上"有人工作，严禁合闸"的警示牌。

3）作业组成员了解检修前减速器的缺陷。

4）作业组成员了解减速器的运行状态及运行时间。

5）清点所有专用工具，应合格、齐全。

6）电动起重设备、手动起重设备在起重前应检查是否良好。

7）参加检修的人员必须熟悉本作业指导书，并能熟记本次检修的检修项目、工艺质量标准等。

8）参加本检修项目的人员必需持证上岗，并熟记本作业指导书的安全技术措施。

9）准备好检修用的易损件的备件及材料。

10）开工前召开专题会，对参加人员进行组内分工，并进行安全、技术培训。

（3）实施拆卸顺序

1）减速器的拆卸。用柴油或煤油清洗外壳→放出减速器内润滑油→拆卸轴承端盖→拆卸上盖螺栓→将上盖用顶丝顶起→用手动或电动起重设备吊起上盖→测量各轴承间隙→在齿轮啮合处做标记→吊出齿轮组件→再用柴油或煤油清洗设备内部→清除结合面处密封胶→检查齿轮→检查轴承→检查轴→检查端盖的密封情况。

2）齿轮的检修。将齿轮清洗干净→测量齿轮的轴向和径向跳动→检查齿轮啮合情况→测量齿顶间隙→检查平衡块有无脱落。

3）轴承的检修。用专用拉抓器拉出轴承→检查轴头有无磨损→测量新轴承的轴向和径向间隙→清洗轴承→用热油或轴承加热器加热轴承→用铜棒将轴承装好→清洗轴承→加入适量润滑脂。

（4）减速器的组装

26

1）将各部件清洗干净，组装与拆卸工序相反。轴承内圈必须紧贴轴肩或定距环，用 0.05mm 塞尺检查不得通过。

2）轴肩与齿轮压配合应贴合，用 0.1mm 塞尺检查，不得通过。压入的挡油盘应平整完好，将挡油盘内圈与轴定好位，外圈与箱体保持一定的空间。

3）将箱体水平放置，按从低速轴、中间轴到高速轴顺序吊入箱内，调整齿轮件的轴向啮合位置，然后安装调整各轴两端的挡油盘、通盖或闷盖。

4）调整轴承的轴向间隙为 0.2～0.3mm。齿轮的接触斑点沿齿高方向不小于 45%，沿齿长方向不小于 60%。接触斑点的分布位置应趋近齿面中部。

5）按设计图样要求装配调整甩油盘油封装置。各甩油盘片之间以及甩油盘内外圈之间应保证一定的间隙，各回油口应对准不允许错位，最外端甩油盘和轴压紧固定，不允许松动。

6）做好上述装配调试工作后，盖好箱盖及各端盖并用螺钉紧固，再装好视孔盖、透气帽、放油阀等附件。

7）装配好的减速器不允许渗油。减速器箱体接合面螺栓要求拧紧，拧紧力矩应符合表 2-2 要求。

表 2-2　拧紧力矩

螺栓直径/mm	M10	M12	M16	M20	M24	M30	M36	M42
拧紧力矩/N·m	50	80	190	420	650	1300	2300	3800

用 200 目滤网过滤箱体内部的润滑油的杂质，净重 G_0 应不大于 3614mg。装配后减速器外形尺寸及装配尺寸应符合图样设计要求。

8）减速器的加油。减速器的油面应保持在观察孔或油标尺的中部。在加油时不得混有异种牌号的润滑油。润滑油每 6～12 个月更换一次。更换时，待油排尽后再加入新油。油脂的简单目测质量：新鲜的润滑油在视觉上很清亮，有典型的气味和产品独特的颜色。浑浊或呈絮状的外观表明已含有水分和杂质。深色以至黑色意味着有较多残留物、严重热分解或包含了杂质。

9）工艺标准

① 齿轮箱没有裂纹。油面指示器清楚，通气孔、回油槽畅通。

② 滚动轴承表面不允许有暗斑、凹痕、擦伤、剥落和脱皮现象。

③ 轴与轴端盖孔的间隙在 0.10～0.25mm，且四周均匀一致，密封填料填压紧密，与轴吻合，转动时不漏油。

④ 轴应光滑完好，无裂纹毛刺，其椭圆度、圆锥度公差一般应小于 0.03mm。齿轮齿顶圆的径向圆跳动公差，对于常用的 6、7、8 级精度的齿轮，当齿轮直径为 80～800mm 时，为 0.02～0.10mm；当齿轮直径为 800～2000mm 时，为 0.10～0.13mm。

⑤ 齿轮的接触斑点沿齿高方向不小于 45%，沿齿长方向不小于 60%。接触斑点的分布位置应趋近齿面中部。

⑥ 调整轴承的轴向间隙为 0.2～0.3mm。

⑦ 齿轮轮齿在齿厚方向上的磨损量。高速级齿轮节圆圆周上磨损量小于原齿厚的 10%，其他级齿轮节圆圆周上磨损量小于原齿厚的 20%。

⑧ 齿顶间隙为齿轮模数的1/4。

⑨ 中心距极限偏差和齿轮啮合最小间隙应在规定范围内。

⑩ 齿轮表面光滑，无裂纹、毛刺，各处尺寸符合标准要求。

⑪工作结束。应做到工完，料净，场地清。

（5）拆装注意事项

1）作业人员进行拆卸作业时必须配合得当，作业人员相互站位正确，避免相互伤害事故。

2）进行较高处拆卸作业时，必须搭设牢靠的脚手架（必要时系好安全带），作业人员要相互配合，站位正确，手持工具，重物要牢固拿稳，作业人员站位要稳，用力要均匀。避免在交叉作业时重物失手、人员坠落，造成人身伤害、设备损坏。

3）作业人员在起吊机壳、转子等大件时，必须使用专用吊具。要找好固定吊点注意其重心，保持转子的轴向水平。司索人员（起重工）要检查吊钩、绳索是否索紧。保证安全。严禁发生晃动、摩擦及撞击。避免发生对作业人员的伤害和设备损坏的事故。

4）作业人员搬运重物要相互配合、均匀用力。避免重物滑落发生对作业人员的伤害事故。

5）了解所拆零（部）件的结构，明确拆卸次序。拆下的零（部）件，要仔细清洗并擦净，根据零（部）件的情况，分类安放，涂油防锈。

6）各零（部）件拆卸后应妥善保管，不得碰伤。螺钉、螺栓与螺母拧下后最好按原配拧上，以免丢失。对重要部件的加工面和大部件应有防止碰伤的措施，对转子和部件应有防止变形的措施。

7）各重要配合零（部）件拆卸时应注意其原装配位置，必要时可做记号分类安放，以免重装时弄错。

8）严格执行中国石化《减速机维护检修规程》。磨损报废的零（部）件要进行更换。废弃的零（部）件和检修使用过的废油、棉纱、石棉垫、清理设备的垃圾等要集中收集，统一管理。避免发生人体磕碰、环境污染。

（6）检查试车

1）油箱应添加足够的润滑油，达到油标2/3以上，检查冷却液及稀油站的运行情况，调整润滑油油温、油压、水温、水压，直至达到工艺要求。试验调整机组连锁自保系统，达到合格。

2）工作完毕要认真清理现场，做到"工完、料净、场地清。"的文明检修。避免造成环境污染。检查确认无误后可封停电票、送电、准备试车。

3）利用钢皮尺、卡尺等简单工具，测量减速器箱体各主要部分的参数与尺寸。将测量结果记于实验报告的表2-3、表2-4中。

① 测出各齿轮的齿数，求出各级分传动比及总传动比。

② 测出中心距，并根据公式计算出齿轮的模数，斜齿轮螺旋角的大小。

③ 测量齿轮与箱壁间的间隙，滚动轴承型号及安装方式等。

④ 测量各种螺钉直径，根据实验报告的要求测量其他有关尺寸，并记录于表2-3中。

4）按拆卸的相反顺序将减速器复原，并拧紧螺钉。注意：安放箱盖前要旋回起箱螺钉。

5）整理工具，经指导老师检查后，才能离开实训室。

表2-3 减速器箱体尺寸测量结果

序 号	名 称	尺寸/mm
1	地脚螺栓孔直径	
2	轴承旁连接螺栓直径	
3	箱盖与箱座连接螺栓直径	
4	观察孔螺钉直径	
5	箱座壁厚	
6	箱盖壁厚	
7	箱座凸缘厚度	
8	箱盖凸缘厚度	
9	箱座底部凸缘厚度	
10	轴承旁凸台高度	
11	轴承旁连接螺栓距离	
12	地脚螺栓间距	

表2-4 减速器的主要参数

齿		小 齿 轮		大 齿 轮	
数	高速级	$z_1 =$		$z_2 =$	
	低速级	$z_3 =$		$z_4 =$	
传动比		高速级 i_1	低速级 i_2		总传动比 i
轴		第一根轴	第二根轴		第三根轴
承	型 号				
	安装方式				

任务2.2 蜗轮蜗杆传动机构的装配与安装

任务要求：掌握机电设备中蜗轮蜗杆传动的装配技术要点，能够对蜗轮蜗杆传动件进行拆卸与安装。

2.2.1 蜗杆箱体的精度检验

为确保蜗杆传动机构装配要求，在蜗杆副装配前，使蜗轮与蜗杆轴线在同一平面上互相垂直，先要对蜗杆孔轴线与蜗轮孔轴线的中心距误差和垂直度误差进行检验。箱体孔中心距检验时，按图2-8所示的方法进行测量。将箱体清理干净，用三个千斤顶支撑箱体在一个平面上，分别将检验棒1和2插入箱体孔中，调整千斤顶使其中一个检验棒与平板平行（用百分表在该检验棒的两端点上检验），再用两组量块以相对测量法测量两检验棒至平板的距离，即可算出中心距 a。

测量轴线间的垂直度误差，如图 2-9 所示，检验时将检验棒 1 和 2 插入箱体孔中，在检验棒 2 的一端套一百分表摆杆，用螺钉固定，旋转检验棒 2，百分表上的读数差即是轴线的垂直度误差。

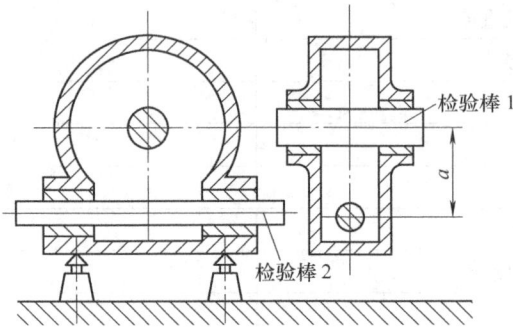

图 2-8　检验蜗杆箱体孔的中心距

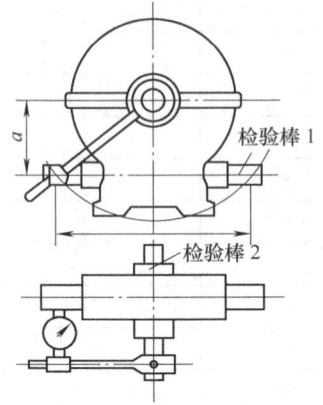

图 2-9　检验蜗杆箱体孔轴线间
的垂直度误差

2.2.2　蜗轮蜗杆传动装配工艺过程

蜗杆传动机构的装配工艺，按其结构特点的不同，有的应先装蜗轮，后装蜗杆；有的则相反。一般情况下，装配工作是从装配蜗轮开始的，其步骤如下。

1）将蜗轮齿圈压装在轮毂上，组合式蜗轮应先将齿圈压装在轮毂上，方法与过盈配合相同，并用螺钉加以紧固。

2）将蜗轮装在轴上，其安装及检验方法与圆柱齿轮相同。

3）把蜗轮轴装入箱体，然后再装入蜗杆。因为蜗杆轴的位置已由箱体孔决定，要使蜗杆轴线位于蜗轮轮齿的对称中心面内，只能通过改变调整垫片厚度的方法，调整蜗轮的轴向位置（图 2-10）。图 2-10b、c 表示蜗轮轴安装位置不对，应配垫片调整蜗轮的轴向位置。接触斑点长度，轻载时为齿宽的 25% ~ 50%，满载时为齿宽的 90% 左右。

4）将蜗轮、蜗杆装入蜗杆箱体后，首先要用涂色法将红丹粉涂在螺旋面上，并转动蜗杆，可在蜗轮轮齿上获得接触斑点，根据蜗轮轮齿上的痕迹判断啮合质量。正确的接触斑点位置应在中部稍偏蜗杆旋出方向（图 2-10a）。对于图 2-10b、c 应调整蜗轮的轴向位置（如改变垫片厚度等）。

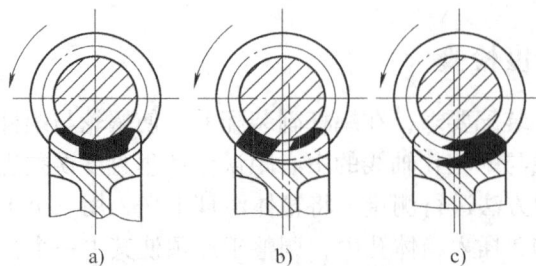

图 2-10　蜗轮齿面上的接触斑点
a）正确　b）蜗杆偏左　c）蜗杆偏右

5）蜗轮蜗杆传动侧隙的检查。由于蜗轮蜗杆传动的结构特点，其侧隙（图 2-11）用塞尺或压铅片的方法测量是有困难的。对不太重要的蜗轮蜗杆传动机构，有经验的钳工用手转动蜗杆，根据蜗杆的空程量判断侧隙大小。对要求较高的传动机构，一般要用百分表进行测量。

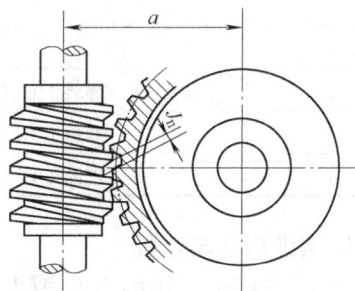

图 2-11 蜗轮蜗杆传动的齿侧间隙

如图 2-12a 所示、在蜗杆轴上固定带量角器的刻度盘，把百分表的测量头抵在蜗轮齿面上，用手转动蜗杆，在百分表针小动的条件下，用刻度盘相对固定指针的最大转角判断侧隙大小。如用百分表直接与蜗轮齿面接触有困难时，可在蜗轮轴上装一测量杆进行检测，如图 2-12b 所示。侧隙与空程角的近似关系为

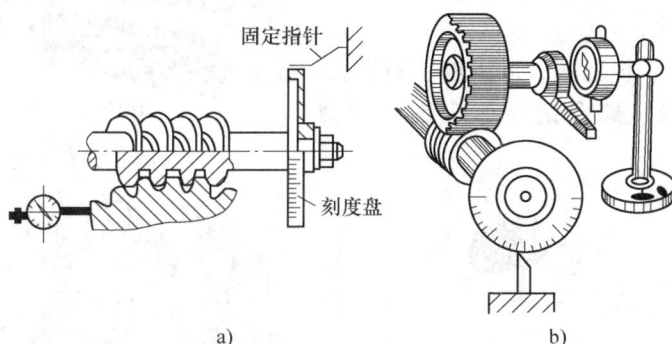

图 2-12 蜗轮蜗杆传动侧隙的检查
a）直接测量法 b）用测量杆测量法

$$a = C_n \frac{360° \times 60}{1000\pi zm} = 6.9 \frac{C_n}{zm}$$

式中 C_n——侧隙；

     m——模数；

     z——蜗杆头数；

     α——空程角。

实训 2   CA6140 型车床刀架的拆卸与安装

1. 实训目的
1）正确选择和规范使用拆装用机械设备及工具。
2）熟悉执行拆装安全操作规程。
3）掌握数控车床四工位刀架的工作原理与拆装方法。
4）熟悉数控车床刀架的组成。

2. 实训器材
实训器材见表 2-5。

表 2-5　设备、工具和材料准备清单

序　号	名称及说明	数　量
1	车床四工位刀架	各 1 台
2	拆装工具（螺钉旋具、内六角扳手等）	各 1 套
3	测量工具（内径百分表、游标卡尺等）	各 1 套
4	辅助工具（润滑油、煤油、红丹粉等）	各 1 套

3. 实训内容与步骤

1）拆下闷头，用内六角扳手顺时针转动蜗杆，使离合盘松开，结构如图 2-13 所示。

2）拆下铝盖、罩座。

3）拆下刀位线，拆下小螺母，取出如图 2-14 所示的发信盘。

4）拆下大螺母、止退圈，取出键、轴承。

5）取下离合盘、离合销（球头销）及弹簧，如图 2-15 所示。

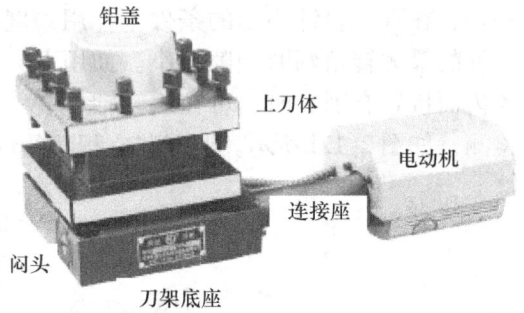

图 2-13　刀架外形图

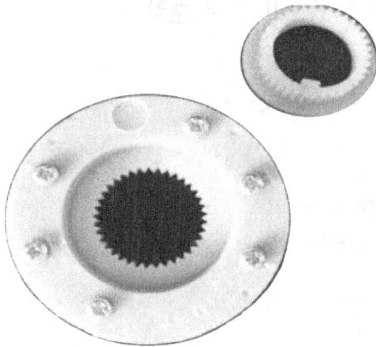

图 2-14　发信盘

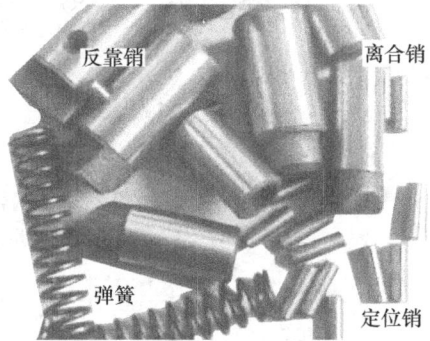

图 2-15　离合销（球头销）及弹簧

6）夹住反靠销逆时针旋转上刀体，取出上刀体，如图 2-16 所示。

7）拆下电动机罩、电动机、连接座、轴承盖和蜗杆。

8）拆下螺钉，取出定轴、蜗轮、蜗杆和轴承，如图 2-17 所示。

图 2-16　上刀体（刀架体）

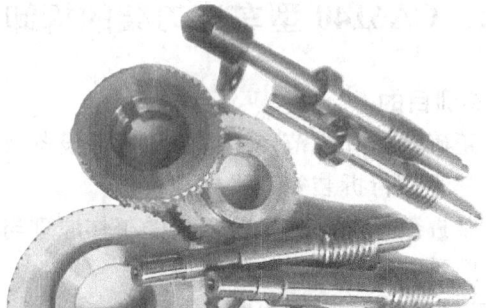

图 2-17　蜗轮、蜗杆

9）拆下反靠盘、防护圈。

10）拆下外齿圈。

11）车床刀架的安装顺序与拆卸顺序相反，逐步安装。

实训 3　蜗轮蜗杆减速器的拆卸、安装及检修

1. 实训目的

1）正确选择和规范使用拆装用机械设备及工具。

2）熟悉执行拆装安全操作规程。

3）读懂蜗轮蜗杆减速器的装配图及其零件图。

4）熟悉蜗轮蜗杆传动机构拆装方案和编写拆装工艺过程。

5）掌握蜗轮蜗杆传动机构等典型传动的相关知识。

2. 实训器材

实训器材见表2-6。

表 2-6　设备、工具和材料准备清单

序　号	名称及说明	数　量
1	蜗轮蜗杆减速器（图2-18）	各1台
2	拆装工具（螺钉旋具、内六角扳手等）	各1套
3	测量工具（塞尺、游标卡尺等）	各1套
4	辅助工具（润滑油、煤油、红丹粉等）	各1套

3. 实训内容与步骤

1）拆卸前的准备工作

① 将电动机电源切断，拆下联轴器防护罩及螺栓，将电动机移开。

② 清理减速器外壳，检查有无裂纹和其他异常情况。

2）拆卸减速器箱体上盖。

3）打好装配印记，拆卸轴承端盖。

4）拆卸上盖螺栓，并检查螺栓有无缺陷。把垫圈穿上，螺母旋到螺栓上，妥善放置。

5）吊下上盖放于准备好的垫板上，注意不得碰伤结合面及蜗杆。

图 2-18　蜗轮蜗杆减速器

6）用塞尺或压铅线法测量各部轴承间隙，并做好记录。用压铅线法测量齿顶间隙和齿侧间隙。

7）吊出蜗杆、蜗轮，把蜗杆、蜗轮做上装配标记。将蜗杆、蜗轮缓缓吊出，放到干燥的木板上。

8）检查蜗轮和蜗杆

① 将蜗轮、蜗杆清洗干净，检查外观有无裂纹、毛刺，用细锉将毛刺清除掉。

② 用铜棒敲击检查蜗轮、蜗杆有无松动，观察与轴配合处有无滑动痕迹。

③ 拆卸蜗轮、蜗杆最好使用专用工具。当使用锤击法时，拆卸蜗轮、蜗杆，轴头部位应垫有铜板等软质垫板，拆下后将轴头因受力而涨粗的部分修复。

④ 当蜗轮、蜗杆与轴配合紧力过大时，应当使用螺旋压力等方法进行拆卸，拆卸时可用120℃以下的矿物油加热，加热过程中为使大部分热油浇在齿轮上，可用石棉带等将轴裹严，然后使用长嘴油壶浇洒。

⑤ 更换的蜗轮、蜗杆应进行全面检查，符合质量标准方可使用。检查新换蜗轮齿数，蜗杆头数；用游标卡尺测量蜗杆及蜗轮齿顶圆直径；用深度游标卡尺直接测量出蜗杆齿高；用钢直尺式游标卡尺测量蜗杆轴向齿距，用量角器测量压力角，测量出的数据应与图样相符。

⑥ 用细锉刀和砂布分别将蜗轮、蜗杆与轴的配合处打磨干净。分别测好它们的配合公差。当过紧或过松时，需加工修理，直至符合质量标准为止。

⑦ 为避免损伤轴，蜗轮或蜗杆以温差法装配为好。分别将蜗轮、蜗杆悬吊在加热油中，油温控制在90～100℃为宜（最高不得超过120℃），待内孔热涨均匀时，应立即将它们分别套装在各自的轴颈上，位置准确无误后，自然冷却。

⑧ 装配后，检查有无松动和涨裂现象。

⑨ 轴的检查与修理。

⑩ 对铜螺母进行清理检查，检查有无裂纹，必要时进行更换。

⑪新更换的铜螺母应先清理毛刺，安装后运行灵活，不得有卡滞。

9）清理检查箱体

① 由里向外清理检查减速器箱体。

② 箱体不应有较大变形，不得有裂纹，各结合面应平滑。

③ 通气孔应畅通。

10）减速器组装

① 修理轴承端盖，更换密封填料。

② 使用煤油或汽油清洗所有零部件，然后视不同的要求使用棉布、棉纱擦拭。

③ 吊起蜗轮部件，将轴承端盖等套好摆正，将轴承外套摆正进行就位。

④ 调整好轴承间隙，按印记装好端盖。

⑤ 组装上蜗杆、调整好间隙后紧固，用压铅丝法，测量出齿顶和齿侧间隙。

⑥ 在蜗轮或蜗杆上（一般在蜗轮上较多）薄薄地涂上一层红丹粉，然后互相啮合转动，观察蜗轮面上出现的接触斑点应符合质量标准要求。

⑦ 由负责人验收合格后，把清理干净的上盖吊起，在结合面上呈线状倒上密封胶，立即将上盖盖上。装上定位销，校正好上盖位置，将螺栓对称地紧固。合盖前加足适量的合格润滑脂。

11）联轴器找中心参照有关部分。

任务2.3　带传动机构的装配与安装

任务要求：掌握机电设备中带传动的装配技术要点，能够对带传动件进行拆卸与安装。

2.3.1　带轮的装配工艺过程

带轮孔和轴的连接，一般采用过渡配合（H7/k6），这种配合有少量过盈，对同轴度要求较高。为传递较大的转矩，需用键和紧固件等进行周向固定和轴向固定，图2-19所示为带轮与轴的几种安装方式。

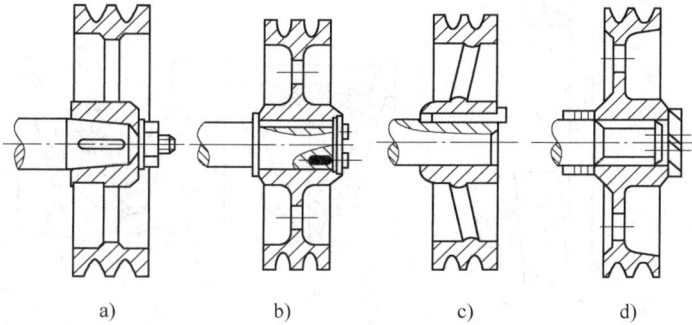

图 2-19　带轮与轴的安装方式

a）圆锥轴径　b）螺母固定　c）圆柱轴颈　d）同轴肩隔套和挡圈固定

安装带轮前，必须按轴和轮毂孔的键槽来修配键，然后清理安装面并涂上润滑油。把带轮装在轴上时，通常采用木槌锤击，螺旋压力机或油压机压装。由于带轮通常用铸铁（脆性材料）制造，故当用锤击法装配时，应避免锤击轮缘，锤击点尽量靠近轴心。带轮的装拆也可用图2-20a所示的双爪或三爪顶拔器。对于在轴上空转的带轮，应在压力机上将轴套或向心轴承先压在轮毂孔中，然后再将带轮装到轴上（图2-20b）。图2-20c所示为从轴上用顶拔器拆卸带轮。

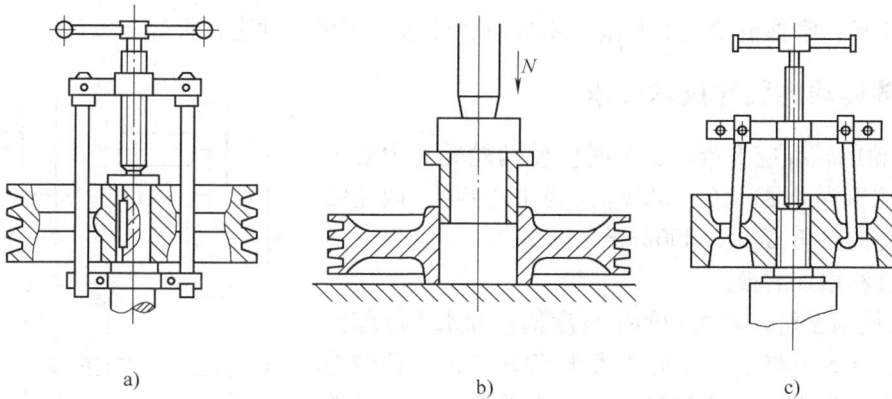

图 2-20　用压紧法装配带轮

a）用顶拔器压入带轮　b）将轴套压入带轮毂孔内　c）从轴上用顶拔器拆卸带轮

2.3.2　带传动装配技术要求

1）由于带轮的拆卸比装入难些，故在装配过程中，为保证两带轮相互位置的正确性，要经常用平尺或拉线法，测量两带轮相互位置的正确性（图2-21），以免返工。

2) 传动带在带轮轮槽中的正确位置，如图 2-22a 所示，而不应陷没到槽底或凸在轮槽外（图 2-22b），才能充分发挥带传动的传动能力。

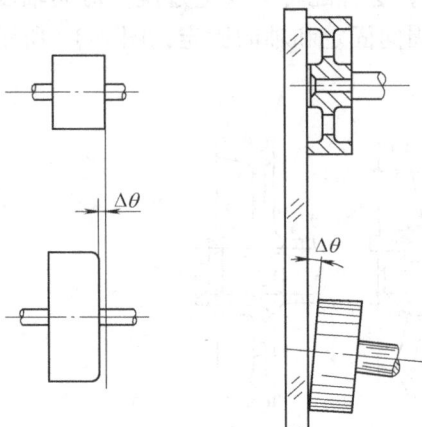

图 2-21　带轮相互位置正确性的检查

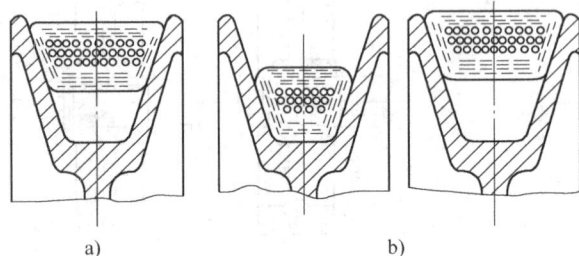

图 2-22　V 带在槽中的位置
a）正确　b）不正确

3) 带传动装置应加防护罩，以免发生意外事故，以保护操作者和设备的安全。

4) V 带不宜在阳光下曝晒，特别要防止矿物质、酸、碱等与带接触，以免传动带变质，并且工作温度不宜超过 60℃。

5) 带的张紧力要调整得适中。

任务 2.4　链传动机构的装配与安装

任务要求：掌握链传动的装配技术要点，能够对链传动件进行拆卸与安装。

2.4.1　链传动的装配技术要求

两链轮的轴线应平行。安装时应使两轮轮宽中心平面的轴向位置误差 $\Delta e \leqslant 0.0002a$（$a$ 为中心距），两轮的旋转平面间的夹角 $\Delta\theta \leqslant 0.0002\mathrm{rad}$（图 2-23）。若误差过大，易脱链和增加磨损。

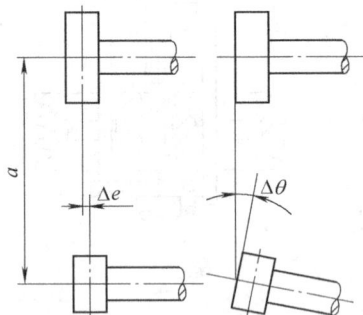

图 2-23　链传动的安装误差

1) 套筒滚子链传动两轴的平行度偏差和水平度偏差均不应超过 0.5/1000。当中心距大于 500mm 时，两链轮轴向偏移允差为 2mm，套筒滚子大、小链轮的径向允差为 0.25 ~ 1.20mm，轴向圆跳动允差为 0.30 ~ 1.50mm。水平传动链条的下垂度为两链轮中心距的 0.02 倍。

2) 板式链传动滑道表面应平滑，不得有毛刺和局部突起现象，凹型槽沿不得变形扭斜，其直线度偏差在全长范围内不得超过 5mm。被动端同轴链轮应在同一直线上，其偏差不得超过 3mm。链板不得扭曲，其非工作表面的下垂度以能顺利通过支架为宜。链条托辊的上母线应在同一平面内，其高低偏差不大于 1mm。

2.4.2 链传动的布置

（1）链传动的垂度 链传动松边的垂度可近似认为是两轮公切线与松边最远点的距离。合适的松边垂度推荐 $f = (0.01 \sim 0.02)a$，a 为中心距。对于重载、经常制动、起动、反转的链传动，以及接近垂直的链传动，松边垂度应适当减少。

（2）链传动的张紧 张紧的目的主要是避免链条在垂度过大时产生啮合不良和链条的振动，同时也可增大包角。链传动的张紧采用下列方法。

1）调整中心距。增大中心距使链张紧。对于滚子链传动，中心距的可调整量为 $2p$（p 为节距）。

2）缩短链长。对于因磨损而变长的链条，可去掉 $1 \sim 2$ 个链节，使链缩短而张紧。

3）采用张紧装置。图 2-24a 中采用张紧轮。张紧轮一般置于松边靠近小链轮处的外侧。图 2-24b、c 采用压板或托板，适宜于中心距较大的链传动。

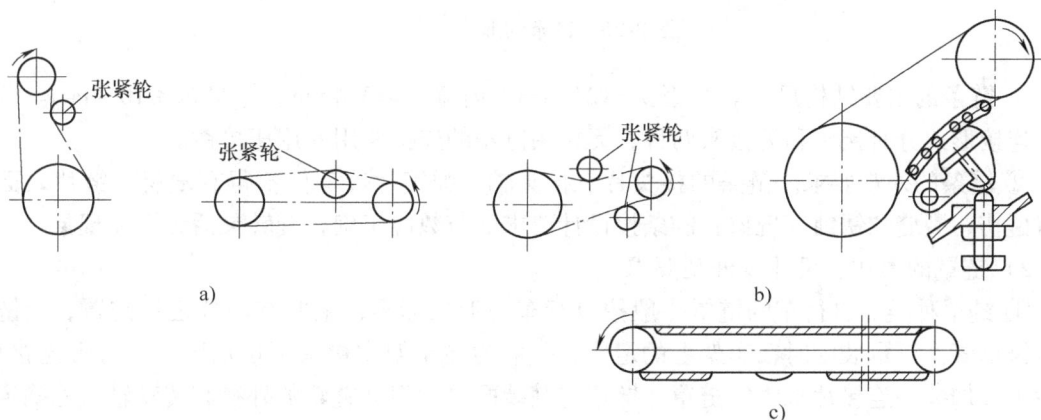

图 2-24 链传动的张紧装置

实训 4 链传动的拆卸与安装

1. 实训目的

1）正确选择和规范使用拆装用机械设备及工具。

2）熟悉执行拆装安全操作规程。

3）掌握链传动机构的拆卸与装配。

2. 实训器材

实训器材见表 2-7。

3. 实训内容与步骤

（1）自行车链条和链罩装配技术要求（GB/T 3566—1993）

1）链条的形式、尺寸及外观要求。自行车传动部件中的链条一般采用的是普通型，形式如图 2-25 所示。

表 2-7　设备、工具和材料准备清单

序　号	名称及说明	数　量
1	自行车链条	各 1 台
2	拆装工具（螺钉旋具、内六角扳手等）	各 1 套
3	测量工具（钢直尺、游标卡尺等）	各 1 套
4	辅助工具（润滑油、煤油）	各 1 套

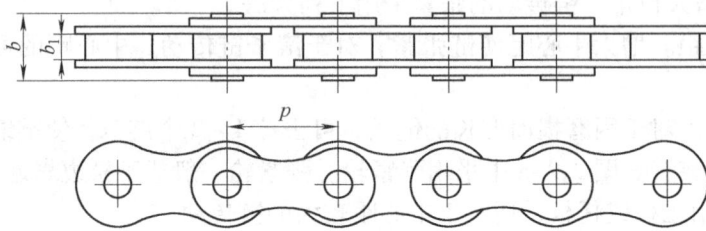

图 2-25　链条的形式、尺寸

① 链条的主要结构尺寸。节距 $p = 12.7\text{mm}$、内宽 $b_1 \geq 3.4\text{mm}$、外宽 $b_2 \leq 10.4\text{mm}$。链条自身连接形式分有接头和无接头两种，无接头链条的连接要用专用压接钳。

② 链条的外观要求。链条的接头片、接头轴、弹簧片等零件不得有缺材；链片表面不应有碰伤、裂缝和锈蚀等现象；链条按设计要求的节数应正确，旋转灵活无卡住现象。

2）链罩的形式、尺寸及外观要求

① 链罩种类。自行车的链罩一般按自行车的形式标准，主要有四分之一链罩、半链罩和全链罩等。链罩装配时在车架上的定位，一般为在车架中接头部位加装一个弓形连接板，在后平叉加装一连接片来固定链罩。链罩与其装配尺寸根据链轮的外径和传动轴尺寸确定。

② 链罩的外观要求。链罩边缘不得有毛刺、锐边；链罩表面应平整，不得有裂缝及其他明显缺陷；链罩正视面不得有明显的皱折现象；链罩表面油漆按 QB/T 1218—1991《自行车油漆技术条件》中一、二类件要求。

3）装配技术要求

① 保持链轮面和飞轮面与自行车对称中心面平行，并在一个平面上。

② 链条应松紧适宜，运转灵活。

③ 链条弹簧片应装在外侧，开口端应与链条运动方向相反。

④ 链传动系统在运行时，无啮齿、脱落，无与其他零部件的擦碰、异响、噪声。

⑤ 链罩应定位良好，不得有松动，不得与链条、链轮、曲柄相碰擦。

（2）操作步骤

1）把自行车的车梯支起，卸下链罩。

2）旋松后轴的紧固螺母，调整后轴上的调链螺钉，使链条松弛。

3）转动曲柄，找到链条接头处，拆下弹簧卡片、接片和接头，卸下链条。

4）测量链条的几何尺寸，并对照滚子链的主要尺寸和极限拉伸载荷的标准，阐述产生误差的原因。

5）装链条时，将链条与飞轮和链轮搭连，使链条转动，调节调链螺钉，使链条松紧适度后，紧固后轴上的紧固螺母。注意链条的弹簧卡片应装在外侧，开口端应与链条驱动方向相反。

（3）过程质量评定（表2-8）

表2-8　链传动的拆装实训记录与成绩评定

序　号	项目和技术要求	实训记录	权　重	得　分
1	拆装、测量工具的使用		10	
2	对照技术图样，能叙述自行车的结构和各主要零部件的功用		10	
3	拆卸顺序正确、规范，无零件损伤		20	
4	会用多种方法与手段查阅关于链传动的相关资料		15	
5	测量出链的几何参数并记录		15	
6	链条的张紧适度，运转灵活		10	
7	链罩无擦伤，表面无刮痕		10	
8	学习态度、团队合作情况		10	

任务2.5　丝杠螺母传动机构的装配与安装

任务要求：掌握机电设备中丝杠螺母传动机构的装配技术要点，能够对丝杠螺母传动件进行拆卸与安装。

2.5.1　丝杠螺母传动机构的精度检查

丝杠螺母机构又称螺旋传动机构。它主要用来将旋转运动变换为直线运动或将直线运动变换为旋转运动。有以传递能量为主的（如螺旋压力机、千斤顶等）；也有以传递运动为主的（如机床工作台的进给丝杠）；还有调整零件之间相对位置的螺旋传动机构等。丝杠螺母副传动机构的配合精度，一般应满足以下要求。

1）丝杠与螺母的径向和轴向配合间隙应达到规定要求。

2）丝杠与螺母的同轴度误差，丝杠轴心线与基准面的平行度误差应符合规定要求。

3）丝杠与螺母相互转动应灵活，在旋转过程中无时松时紧和无阻滞现象。

4）丝杠的回转精度应符合规定要求。

2.5.2　丝杠直线度误差的检查与校直

将丝杠擦净，放在大型平板或机床工作台上，把行灯放在对面并沿丝杠轴向移动，观察其底母线与工作台面的缝隙是否均匀。然后将丝杠转过一个角度，继续重复上述检查。若丝杠存在弯曲（如由于热处理不当造成内应力而使其变形等），需校直其弯曲部分，又不能损伤其精度。为此，在做上述检查过程中，应用粉笔记下弯曲点及弯曲方向。

一般说来，需要校直的丝杠，其弯曲度都不是很大，甚至用肉眼看不出来。校直时将丝杠的弯曲点置于两V形架的中间，然后在螺旋压力机上，沿弯曲点和弯曲方向的反向施力 F，就可使弯曲部分产生塑性变形而达到校直的目的（图2-26a）。两支承用的V形架间的距离 a 与丝杠的直径 d 有关，可参考下式确定：$a = (7 \sim 10)d$。

在校直丝杠时，丝杠被反向压弯（图2-26b），测量最低点与底面的距离 C，并记录下来。然后去掉外力 F，用百分表测量其弯曲度（图2-27）。如果丝杠还未被校直，可加大施力，并参考上次的 C 值，来决定本次 C 值的大小。

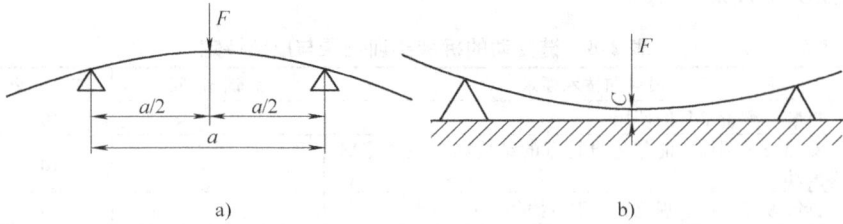

图 2-26　丝杠的校直
a）支承点和施力点的位置　b）校直时的测量

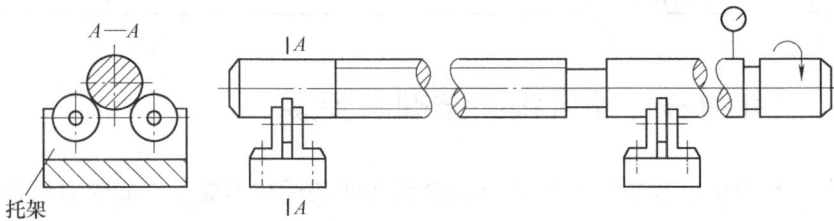

图 2-27　丝杠挠度的检测

丝杠校直完毕后，要重新测量直线度误差，符合技术要求后，将其悬挂起来备用。

2.5.3　丝杠螺母副配合间隙的测量及调整

配合间隙包括径向和轴向两种。轴向间隙直接影响丝杠螺母副的传动精度，因此需采用消隙机构予以调整。但测量时径向间隙比轴向间隙更易准确反映丝杠螺母副的配合精度，所以配合间隙常用径向间隙表示。

1. 径向间隙的测量（见图2-28）

为防止丝杠产生弹性变形，将丝杠螺母旋在离丝杠一端约 3～5 个螺距处，把百分表测量头触及螺母上部，用稍大于螺母重量的作用力，将螺母压下及抬起，此时百分表读数的代数差即为径向间隙。

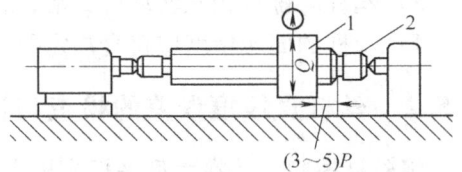

图 2-28　径向间隙的测量
1—螺母　2—丝杠

2. 轴向间隙的调整

无消隙机构的丝杠螺母副，用单配或选配的方法来决定合适的配合间隙；有消隙机构的丝杠螺母副根据单螺母或双螺母结构采用下列方法调整间隙：无消隙机构的丝杠螺母副单配或选配；有消隙机构的丝杠螺母的调整方法。

（1）单螺母结构　运用外力（弹簧力、液压缸压力、重锤重量等）使螺母与丝杠始终保持单面接触，以消除轴向间隙，并且消除力与车削力方向必须一致，以防止进给时产生爬行。磨刀机上常采用图2-29所示机构，使螺母与丝杠始终保持单向接触。图2-29a所示是

40

靠弹簧拉力的消隙机构；图 2-29b 所示是靠液压缸压力的消隙机构；图 2-29c 所示是靠重锤重力的消隙机构。装配时可调整或选择适当的弹簧拉力、液压缸压力、重锤质量，以消除轴向间隙。

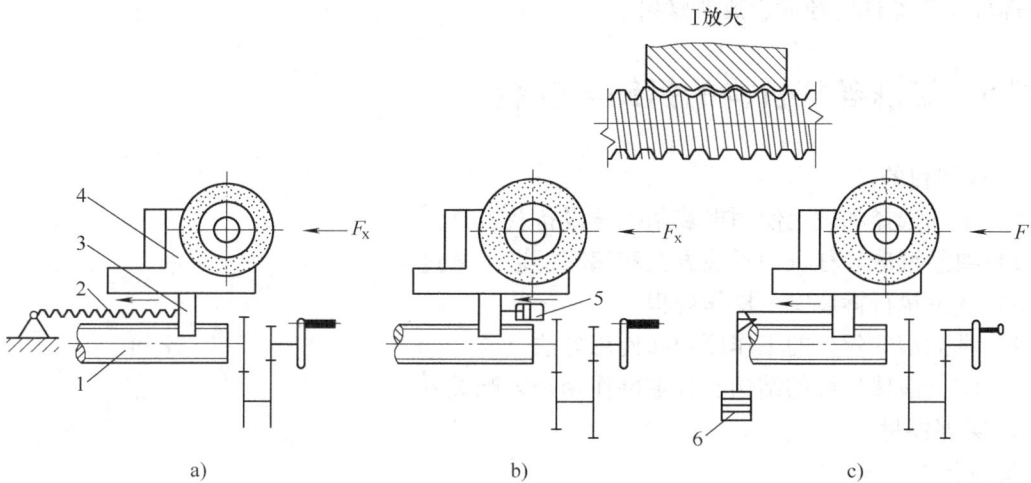

图 2-29 单螺母消隙机构

a）弹簧拉力消隙机构 b）液压缸压力消隙机构 c）重锤重力消隙机构
1—丝杠 2—弹簧 3—螺母 4—砂轮架 5—液压缸 6—重锤

（2）双螺母结构 螺母 1、2 分别与丝杠螺纹滚道的左右侧接触，调整两个螺母达到消除间隙和产生预紧力的作用。消隙机构如图 2-30a 所示。

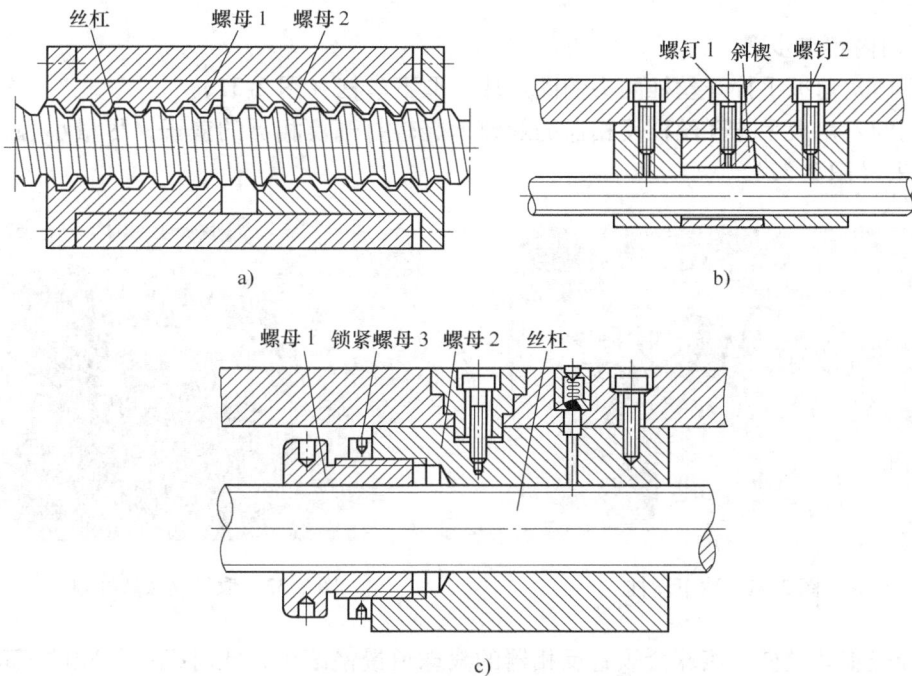

图 2-30 消隙机构

a）、c）双螺母消隙机构 b）楔块消隙机构

图 2-30b 所示为楔块消隙机构，拧松螺钉 2，再拧动螺钉 1，使斜楔向上移动，以推动带斜面的螺母右移，消除轴向间隙。调好后再用螺钉 2 锁紧。

图 2-30c 所示是另一种双螺母消隙机构。先松开螺母上的固定螺钉，再拧动调整螺母 1，消除螺母 2 与丝杠间隙后，旋紧螺钉。

实训5 滚珠丝杠机构的拆卸与安装

1. 实训目的
1）正确选择和规范使用拆装用机械设备及工具。
2）熟悉滚珠丝杠机构拆装方案和编写拆装工艺过程。
3）熟悉执行拆装安全操作规程。
4）掌握滚珠丝杠的工作原理和使用方法。
5）掌握滚珠丝杠的结构、各零件作用及装配关系。

2. 实训器材
实训器材见表 2-9。

表 2-9 设备、工具和材料准备清单

序　号	名称及说明	数　量
1	滚珠丝杠	各 1 台
2	拆装工具（螺钉旋具、内六角扳手、放大镜）	各 1 套
3	光件盒（盛物用）、润滑油（装配用）、煤油（清洁用）	各 1 套

3. 实训内容与步骤
1）用内六角扳手拧开丝杠两头的固定块，取下丝杠（图 2-31）。

2）用内六角扳手拧开丝杠反相器的螺钉，轻轻打开反相器的盖子，尽量小心，不要让滚珠掉出来（图 2-32）。

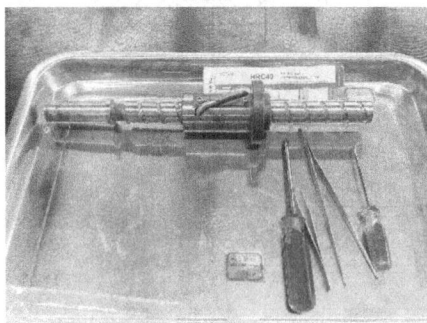

图 2-31 取下丝杠

图 2-32 取下滚珠丝杠副

3）轻轻旋动丝杠，滚珠会顺着反相器的滚珠道慢慢滚出，此时把一粒粒的滚珠夹住放到盛煤油的容器中，要特别小心，以免滚珠掉到地上（图 2-33）。

4）当滚珠都取出，就拿下反相器，也放到盛煤油的容器中。此时拆卸完成。接下来是

42

清洗滚珠、反相器和丝杠。

　　5）用煤油将滚珠、反相器和丝杠清洗干净。用吸水布擦干，滚珠放到光件盒中。下一步把滚珠和反相器装回丝杠中。

　　6）轻轻将反相器套在丝杠上，滚珠从反相器的入口放入，此时要加润滑油，每一粒滚珠都要加润滑油，以确保滚珠在滚珠滑道中运动顺畅。

　　7）滚珠都放进去以后，再加一些润滑油在反相器的入口，然后把反相器的盖子盖上，用螺钉拧紧，实验完毕（图 2-34）。

　　8）最后，清理实验桌。

图 2-33　取下滚珠

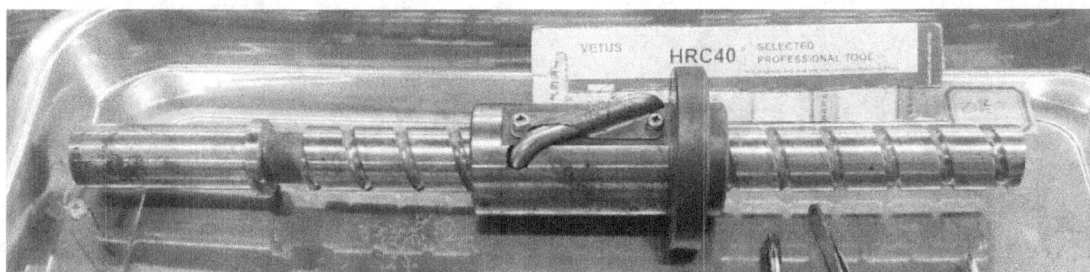

图 2-34　丝杠整体装配

实训 6　台虎钳的拆卸与安装

1. 实训目的
1）正确选择和规范使用拆装用机械设备及工具。
2）熟悉台虎钳拆装方案和编写拆装工艺过程。
3）熟悉执行拆装安全操作规程。
4）掌握台虎钳的组成结构。
5）掌握台虎钳的结构、各零件作用及装配关系。

2. 实训器材
实训器材见表 2-10。

表 2-10　设备、工具和材料准备清单

序　号	名称及说明	数　量
1	台虎钳	各 1 台
2	拆装工具（扳手、尖嘴钳、拉拔器）	各 1 套
3	测量工具（游标卡尺、百分表）	各 1 套

3. 实训内容与步骤

（1）台虎钳构造　台虎钳由钳体、底座、导螺母、丝杠、钳口体等 19 种不同零件组成。钳身可回转 360°，台虎钳装配示意图如图 2-35 所示。

（2）台虎钳拆装步骤

1）用弹簧卡钳夹住锁紧螺钉顶面的两个小孔，旋出螺钉后，活动钳身即可取下。

2）使用专用拉拔器拔出左端定位圆锥销，卸下圆环、垫圈。

3）旋转螺杆，直至螺母松开，从固定钳身的右端即可抽出螺杆，再从固定钳身的下面取出螺母。

4）拧开小螺钉，即可取下钳口板，拆卸完毕。零件须摆放整齐有序（图 2-36）。

5）装配时的顺序与拆卸时的顺序相反。

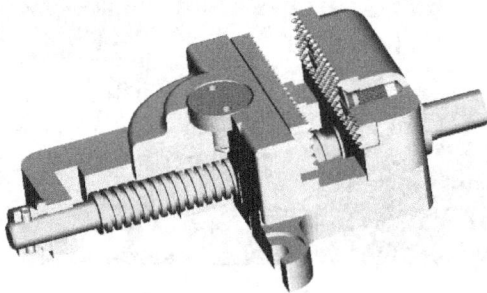

图 2-35　台虎钳装配示意图

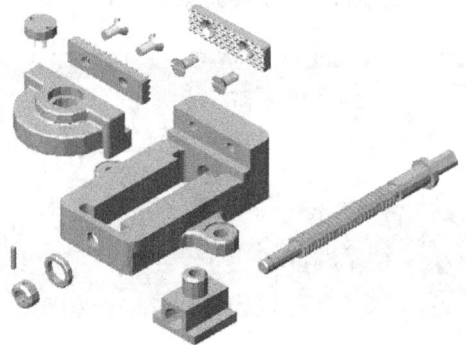

图 2-36　台虎钳拆卸零部件示意图

习　　题

1. 齿轮传动机构装配的技术要求有哪些？

2. 圆柱齿轮箱孔距精度和孔系相互位置精度的检验方法有哪些？

3. 圆柱齿轮接触精度的检验和调整方法有哪些？

4. 圆柱齿轮副侧隙的测量方法有哪些？

5. 简述蜗杆传动机构的装配技术要求。

6. 简述蜗杆传动侧隙的检查方法。

7. 带传动机构的装配技术要求有哪些？

8. 链传动机构的装配技术要求有哪些？

9. 调整丝杠螺母副的配合精度，一般应满足哪些要求？

学习情境三　轴承的装配与安装

任务 3.1　滚动轴承的装配与安装

任务要求：掌握机电设备中滚动轴承的装配技术要点，能够对滚动轴承件进行拆卸与安装。

为保证轴承正常工作，除正确选择轴承类型和确定型号外，还需要合理地进行轴承的组合设计，妥善解决滚动轴承的固定、轴系的固定，轴承组合结构的调整，轴承的配合、装拆、润滑和密封等问题。

3.1.1　滚动轴承装配工艺过程

轴承的安装、拆卸方法，应根据轴承的结构、尺寸和与轴承部件的配合性质而定。安装和拆卸轴承的力应直接加在紧配合的套圈端面，不能通过滚动体传递。由于内圈与轴的配合较紧，在安装轴承时：

1）对中、小型轴承，可在内圈端面加垫后，用锤子轻轻打入（图3-1）。

2）对尺寸较大的轴承，可在压力机上压入或把轴承或可分离型轴承的套圈放入油里加热至80～100℃，然后取出套装在轴颈上。

3）安装轴承的内、外圈必须使用特制的安装工具（图3-2）。

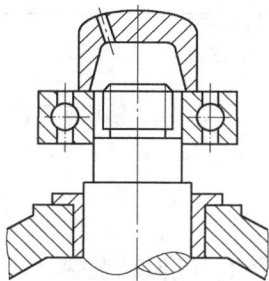

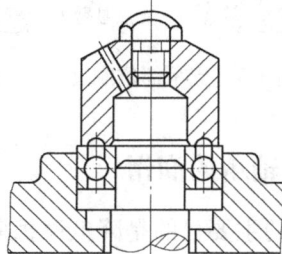

图 3-1　安装轴承内圈　　　　　　图 3-2　同时安装轴承的内、外圈

轴承的拆卸可根据实际情况按图3-3实施。为使拆卸工具的钩头钩住内圈，应限制轴肩高度，轴肩高度可查设计手册。

内、外圈可分离的轴承，其外圈可用压力机、套筒或螺钉顶出，或者用专用设备拉拔出。为便于拆卸，座孔的结构如图3-4所示。

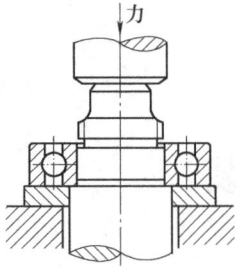

图 3-3　轴承的拆卸

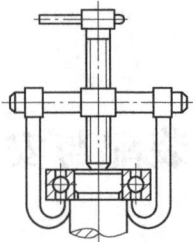

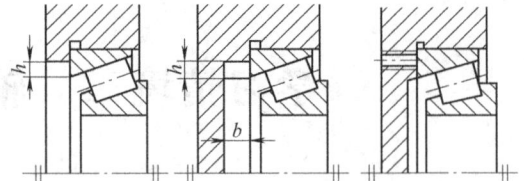

图 3-4　便于外圈拆卸的座孔结构

3.1.2　支承部位的刚度和同轴度检查

轴和安装轴承的轴承座，都必须有足够的刚度，以防因为变形过大而影响轴承正常工作。因此轴承座孔壁应有足够的厚度，并常设置加强肋以增强刚度。此外，轴承座的悬臂应尽可能缩短（图 3-5）。

为避免轴承内外圈轴线倾斜过大，两轴承孔必须保证同轴度（图 3-6）。因此，两端轴承尺寸应力求相同，以便一次镗孔，以减小其同轴度误差。如果同一轴上装有不同外径尺寸的轴承，且轴承孔能一次镗出时，可采用套杯结构来安装尺寸较小的轴承。

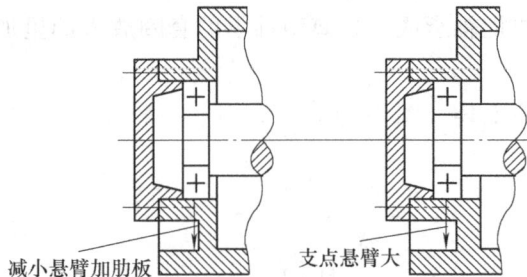

减小悬臂加肋板　　支点悬臂大

图 3-5　支承部位刚度

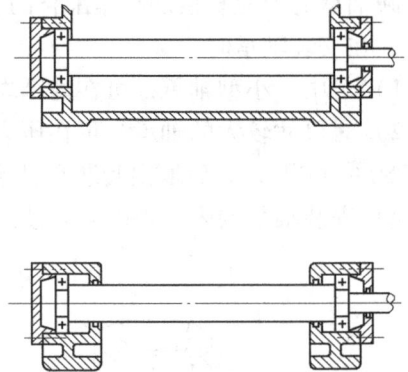

图 3-6　轴承座孔的同轴度

3.1.3　滚动轴承的润滑

轴承润滑的主要目的是降低摩擦阻力和减轻磨损、缓蚀、吸振和散热。一般采用脂润滑或者油润滑。

多数滚动轴承采用脂润滑。脂润滑的特点是黏性大，不易流失，便于密封和维护，且不需经常添加；但转速较高时，功率损失较大。轴承中充填润滑脂的数量，以充满轴承内部空间的 1/2 ~ 1/3 为适宜。高速时应减少至 1/3。过多的润滑脂会使温度升高。

润滑油的摩擦阻力小，润滑可靠，但需要有较复杂的密封装置和供油设备，通常用于高速或高温场合。当采用油润滑时，油面高度不能超出轴承中最低滚动体的中心。轴承高速旋转时，用一般润滑方法很难将润滑油送到轴承中，宜采用喷油或油雾润滑。

轴承内径与转速的乘积 dn 值可作为选择润滑方式的依据。

3.1.4　滚动轴承的密封

密封的目的是为防止外部的灰尘、水分及其他杂物进入轴承，并阻止轴承内润滑剂的流失。密封分接触式密封和非接触式密封。

1. 接触式密封

接触式密封是在轴承盖内放置软材料（毛毡、橡胶圈或皮碗等）与转动轴直接接触而起密封作用。由于工作时，轴与毛毡等的接触端部与轴形成摩擦接触副从而起到密封作用，故这种密封适用于低速，且要求接触处轴的表面硬度大于40HRC，表面粗糙度 $Ra < 0.8\mu m$。

（1）毡圈密封（图3-7a）　矩形毡圈压在梯形槽中与轴接触，毡圈密封主要用于脂润滑的场合，结构简单，轴颈圆周速度 $v < 4 \sim 5m/s$，工作温度 $< 90℃$ 的干燥清洁的场合。

（2）密封圈密封（图3-7b）　密封圈由皮革或耐油橡胶制成，有或无骨架，利用环形螺旋弹簧，将密封圈的唇部压在轴上，图中唇部向外，可防止尘土浸入；如唇部向内，可防止润滑油外泄。密封圈密封适用于油润滑或脂润滑，轴颈圆周速度不应超过 $7m/s$，工作温度在 $-40 \sim 100℃$ 的场合，密封圈为标准件。

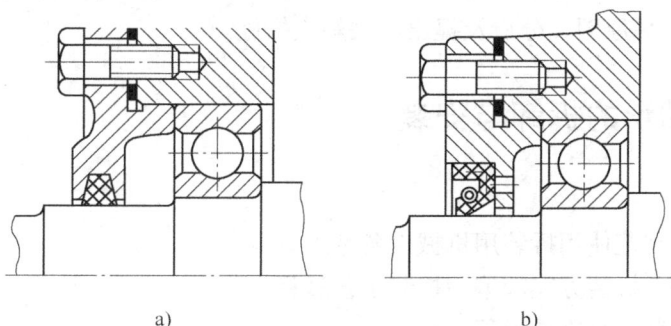

a)　　　　　　　　　　b)

图3-7　接触式密封

2. 非接触式密封

非接触式密封是利用狭小的间隙或曲折的间隙（通常称为迷宫密封）来密封。

（1）间隙密封（图3-8a）　在轴和轴承盖的通孔的孔壁间留一个极窄的隙缝，半径间隙为 $0.1 \sim 0.3mm$，中间填以润滑脂。适合于工作环境干燥、清洁的场合。

（2）迷宫密封（图3-8b）　在轴与轴承盖间有曲折的间隙，纵向间隙为 $1.5 \sim 2mm$，以防轴受热膨胀。迷宫密封适用于脂润滑或油润滑，工作环境要求不高，密封可靠的场合。也可将毡圈和迷宫组合使用，其密封效果更好。

3.1.5　轴承的维护

轴承的维护工作，除保证良好的润滑、完善的密封外，还要注意观察和检查轴承的工作情况。设备运行时，若出现如下情况应立即停机检查：

1）工作条件未变，轴承温度突然升高，且超过允许范围。

2）工作条件未变，轴承运转不灵活，有沉重感，转速严重滞后。

3）设备工作精度显著下降，达不到原有设定标准。

4）设备工作时，轴承产生噪声或振动等异常。

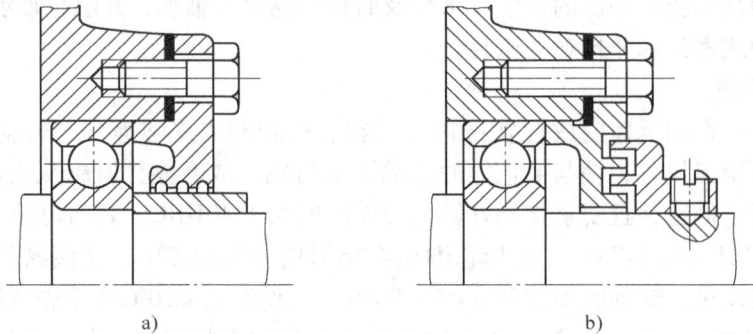

a)   b)

图 3-8 非接触式密封
a）间隙密封 b）迷宫密封

检查时，首先检查轴承润滑情况，供油是否正常与通畅；再检查装配是否正确，有无游隙，是否过紧、过松；然后检查轴承有无损坏，尤其要仔细查看轴与轴承表面情况，从油迹、伤痕可以判别损坏原因，分析及提出相关解决措施。

实训 1 滚动轴承的拆卸与安装

1. 实训目的

1）正确选择和规范使用拆装用机械设备及工具。

2）熟悉滚动轴承拆装方案和编写拆装工艺过程。

3）熟悉执行拆装安全操作规程。

4）熟悉滚动轴承的结构及装配技术要求。

5）掌握完成零部件的测量、绘制各零件图。

2. 实训器材

实训器材见表 3-1。

表 3-1 设备、工具和材料准备清单

序　号	名称及说明	数　量
1	滚动轴承	各 1 台
2	测量工具（游标卡尺、千分尺、内径百分表等）	各 1 件
3	拆装工具（铜棒、木棒、衬垫、拉拔器、压力机等）	各 1 套
4	辅助工具（润滑油、加热器、毛刷、煤油等）、	各 1 套

3. 实训内容与步骤

（1）滚动轴承的拆卸 在拆卸滚动轴承前，应检查并确定拆卸方向，注意有无轴向定位装置。从轴上拆卸轴承时，受力点应选在轴承的内圈上；从孔中拆卸时，受力点应选在轴承的外圈上，拆卸时用力要均匀，以防轴承歪斜。

（2）轴承的安装　安装时要保证轴与轴承之间有适当的间隙，以便润滑油膜的形成。轴承与座孔应有适当的紧度，以防止运转时轴承随轴转动。具体要求如下：

1）在压入前应检查轴承尺寸是否符合要求，有无缺陷，并擦净接触表面的脏物，涂抹润滑油，清理油道且对准机体上的油道孔。

2）根据轴承在机体上的位置和轴承的尺寸，在安装时选用合适的工具。

3）轴承压装后，对非过盈配合应加固定螺钉或销钉，并且要检查内径是否符合要求，如发生变形，则必须进行修整，一般采用镗孔、铰孔和刮削的方法。

（3）滚动轴承的安装

1）安装前需将轴承的滚道、轴孔的油道清洗干净，需润滑的轴承应涂抹润滑油脂。

2）安装时不能将污物掉入轴承圈内，以免损伤滚动体及滚动面。

3）按要求检查轴承内外圈的配合过盈量是否符合标准。

4）安装使用专用工具，应在配合面较紧的座圈上加压，加力要均匀，以防轴承歪斜。

5）当安装过盈较大的轴承时，不得猛烈敲击，应用压力机或加热的方法进行装配。

6）轴承安装后，应检查其端面与轴或台肩支承面是否贴紧，转动是否灵活，有无卡滞现象。

任务 3.2　滑动轴承的装配与安装

任务要求：掌握机电设备中滑动轴承的装配技术要点，能够对滑动轴承件进行拆卸与安装。

轴颈与轴承孔之间应有所需要的间隙，良好的接触，使轴在轴承中运转平稳。

滑动轴承的常见类型主要有整体式（图 3-9a）和剖分式（图 3-9b），其装配方法取决于轴承的结构形式。

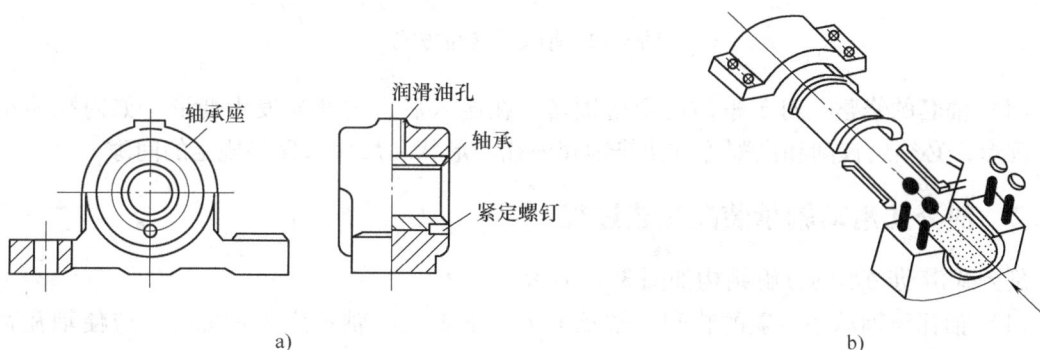

图 3-9　滑动轴承结构
a）整体式　b）剖分式

3.2.1　整体式滑动轴承（或称轴套）装配工艺过程

（1）将符合要求的轴套和轴承孔除去毛刺，并擦洗干净之后，在轴承外径或轴承座孔内涂抹润滑油。

（2）压入轴套。当尺寸和过盈量较小时，可用锤子敲入，但需要垫板保护（图3-10）；在尺寸或过盈量较大时，则宜用压力机压入或在轴套位置对准后用拉紧夹具把轴套缓慢地压入机体中（图3-11）。压入时，为防止轴套歪斜可用锥套导向压入。如果轴套上有油孔，应与机体上的油孔对准。

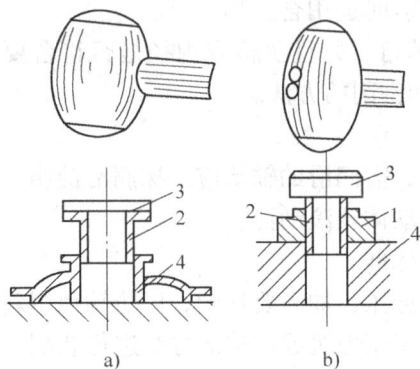

图3-10　压入轴套
1—导向套　2—轴套　3—垫板　4—机体

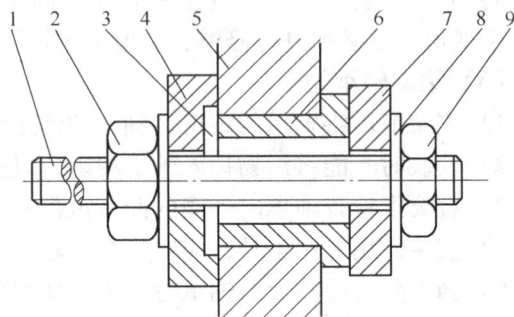

图3-11　压入轴套用夹具
1—螺杆　2、9—螺母　3、8—垫圈　4、7—挡圈
5—机体　6—轴套

（3）轴套定位　在压入轴套之后，对要承受较大负荷的滑动轴承的轴套，还要用紧定螺钉或定位销给以固定，如图3-12所示。

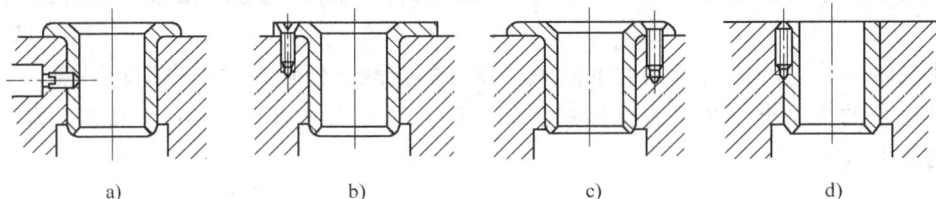

图3-12　轴套的定位方式

（4）轴套的修整　对于整体的薄壁轴套，在压入后，内孔易发生变形。如内孔缩小或成椭圆形，必须用铰削和刮削等方法修轴套内孔的形状和尺寸，保持规定的间隙。

3.2.2　剖分式滑动轴承装配工艺过程

剖分式滑动轴承的分解结构如图3-13所示。

（1）轴瓦与轴承座、盖的装配　轴承的上、下轴瓦与轴承座盖装配时，应使轴瓦背与座孔接触良好。如不符合要求应以轴承座孔为基准刮厚壁轴瓦。同时应注意轴瓦的台肩紧靠座孔的两端面，达到 H7/f6 配合，如太紧也需进行修刮。对于薄壁轴瓦则不便修刮，需进行选配。为了达到配合的要求，轴瓦的剖分面应比轴承体的剖分面高出 Δh，一般 $\Delta h = 0.05 \sim 0.10$mm（图3-14）。轴瓦的不正确装配如图3-15所示，轴瓦背与座孔接触不良。

轴瓦装入时，为避免敲毛剖分面，可在剖分面上垫木板，用锤子轻轻敲入，避免将剖分面敲毛，影响装配质量。

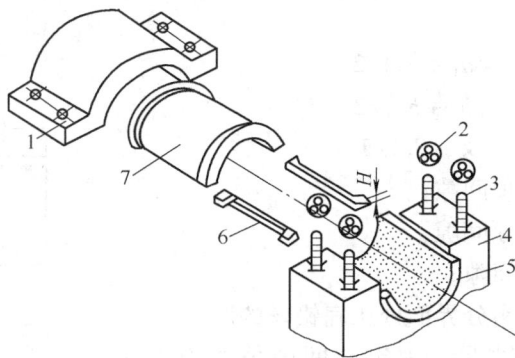

图 3-13　剖分式滑动轴承的结构

1—轴承盖　2—螺母　3—双头螺柱　4—轴承座　5—下轴瓦　6—垫片　7—上轴瓦

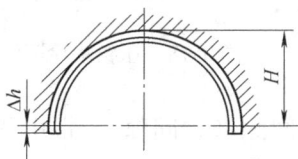

图 3-14　薄壁轴瓦的配合

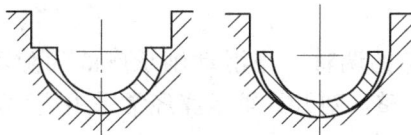

图 3-15　轴瓦的不正确装配

（2）轴瓦的定位　轴瓦在座孔中，无论在圆周方向或轴向都不允许有位移，故常用定位销和轴瓦上的凸台来止动（图 3-16）。

（3）间隙的测量　轴承与轴的配合间隙必须合适，可用塞尺法和压铅法量出。用压铅法检测轴承间隙较用塞尺检测准确，但较费事。

1）塞尺法。对于直径较大的滑动轴承，间隙较大，拟用较窄的塞尺直接检测。对于直径较小的滑动轴承，间隙较小，不便用塞尺测量，但滑动轴承的端面侧隙，必须用厚度适当的塞尺测量。图 3-17a 所示为用塞尺检测顶间隙，图 3-17b 所示为用塞尺检测侧间隙。

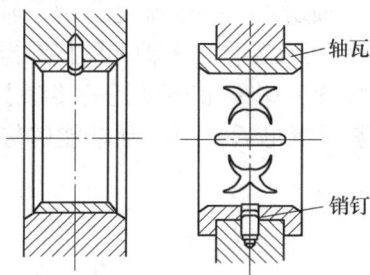

图 3-16　轴瓦的定位

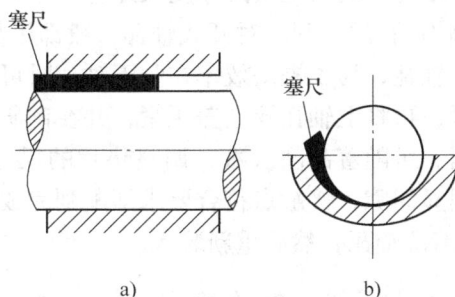

a)　　　　　　b)

图 3-17　用塞尺检测滑动轴承间隙

2）压铅法。用压铅法检测轴承座间隙较用塞尺检测准确，检测所用的铅丝应当柔软，直径不宜太大或太小，最理想的直径为间隙的 1.5 ~ 2 倍，实际工作中通常用软铅丝进行检测。检测时，先将选用铅丝截成 15 ~ 40 mm 长的小段，放在轴颈上（c_1、c_2）及上下轴承座分界面（a_1、a_2 和 b_1、b_2）处，盖上轴承座盖，如图 3-18 所示，按规定力矩拧紧固定螺栓，然后再拧松螺栓，取下轴承座盖，用千分尺测量压扁铅丝厚度。其顶间隙的平均值按下式

计算

$$S_1 = c_1 - (a_1 + a_2)/2$$
$$S_2 = c_2 - (b_1 + b_2)/2$$
$$S_{平均} = (S_1 + S_2)/2$$

式中　　S_1——c_1 处顶间隙；

　　　　S_2——c_2 处顶间隙；

　　　　$S_{平均}$——平均间隙；

a_1、a_2、b_1、b_2——轴承座分界面处压扁铅丝的厚度。

滑动轴承的轴向间隙是：固定端间隙值为 0.1 ~ 0.2mm，自由端的间隙值应大于轴的热膨胀伸长量。轴向间隙的检测，是将轴移至一个极限位置，然后用塞尺或百分表测量轴从一个极限位置至另一个极限位置的窜动量，即轴向间隙。

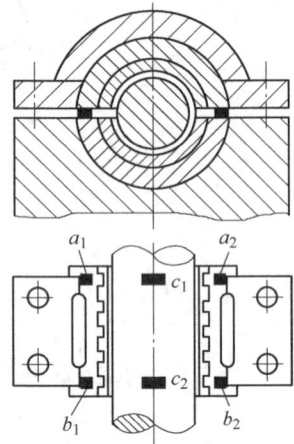

图 3-18　压铅法检测滑动轴承间隙

（4）间隙的调整　当滑动轴承座的间隙不符合规定时，应进行调整。对开式轴承座经常采用垫片调整径向间隙（顶间隙）。常用调整轴承径向间隙的方法如下：

1）圆筒形和椭圆形轴瓦的侧隙，可采用手工研刮或在轴承中分面加垫，车削后修刮的方法调整。

2）圆筒形和椭圆形轴瓦的顶隙，可采用手工研刮，在允许的情况下对轴承中分面可用加垫的方法调整。

3）多油楔固定式轴瓦，原则上不允许修刮和调整轴瓦间隙，间隙不合适时应更换新瓦。

4）多油楔可倾式轴瓦，不允许修刮瓦块，间隙不合适时应更换瓦块。对厚度可调的瓦块，可通过在瓦背后调整块下加不锈钢垫，或减薄调整块厚度的方法调整瓦量。注意对多油楔可倾式轴瓦，同组瓦块间厚度误差应小于 0.01mm。

5）轴瓦孔的配刮。对开式轴瓦一般都用与其相配的轴研点，一般都是先刮下轴瓦，然后再刮上轴瓦，为了提高效率在刮下轴瓦时可不装上轴承瓦及盖，当下轴瓦的接触点基本符合要求时，再将上轴瓦及上盖压紧，并在刮研上轴瓦时，进一步修正下轴瓦的接触点。配刮轴的松紧，可随着刮削次数，调整垫片的尺寸。均匀紧固螺母后，当配刮轴能够轻松地转动、无明显间隙，接触点符合要求即配刮完成。

6）清洗轴瓦，然后重新装入。

3.2.3　多支承轴承精度检查

对于多支承的轴承，为保证转轴正常工作，各轴承孔必须在同一轴线上，即具有一定的同轴度，否则将使轴与各轴承的间隙不均匀，在局部产生摩擦，而降低轴承的承载能力。

多支承轴承同轴度误差可用如下方法进行检验。

1）用专用量规检验（图 3-19）。用专用量规检验同轴度误差时须配合涂色法进行。

2）用钢直尺或拉线法检验。当轴瓦孔径大于 200mm，两端轴承间跨距较小时，可采用钢直尺法检验同轴度误差（图 3-20）。

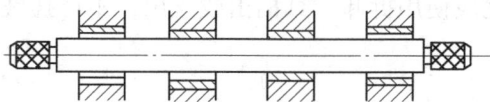

图 3-19　用专用量具检验同轴度误差　　　　图 3-20　用钢直尺检验同轴度误差

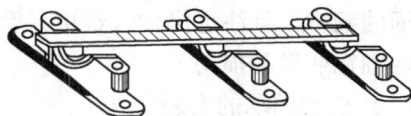

3）用激光检验。光准直系统由激光器、光学发射望远镜系统、激光电源组成。在精度要求高的场合，可以用激光准直仪来校正同轴度误差。校正各轴承座时，将定心器（其上装有光电接收靶 3）分别放在各轴承座上，激光束对准光电接收靶 3，据此来调整装配垫铁或移动轴承座，使轴线符合各轴承座孔同轴度误差小于 0.02mm，角度误差小于 ±1″（图 3-21）。

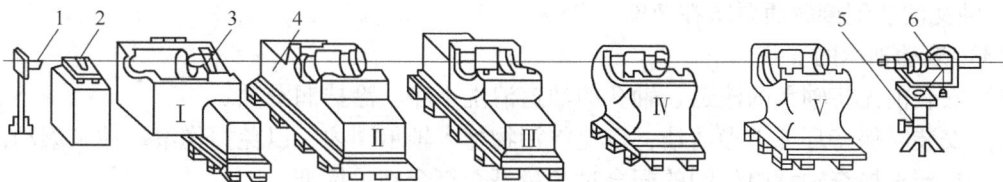

图 3-21　激光校正大型汽轮发电机机组各轴承座
1—光电监视靶　2—三角棱镜　3—光电接收靶　4—轴承座（Ⅰ～Ⅴ）　5—支架　6—激光发射器

实训 2　滑动轴承的拆卸与安装

1. 实训目的
1）正确选择和规范使用拆装用机械设备及工具。
2）熟悉滑动轴承拆装方案和编写拆装工艺过程。
3）熟悉执行拆装安全操作规程。
4）熟悉滚动轴承的结构及装配技术要求。
5）掌握完成零部件的测量、绘制各零件图。

2. 实训器材
实训器材见表 3-2。

表 3-2　设备、工具和材料准备清单

序　号	名称及说明	数　　量
1	开放式滑动轴承	各 1 台
2	测量工具（游标卡尺、千分尺、内径百分表等）	各 1 件
3	拆装工具（铜棒、木棒、衬垫、拉拔器、压力机等）	各 1 套
4	测量工具、清洗工具（毛刷、煤油等）	各 1 套
5	润滑油、加热器	各 1

3. 实训内容与步骤
（1）滑动轴承的拆卸　滑动轴承拆卸时，首先拆除轴承周围的固定螺钉和销。有定位凸缘的轴承，在轴承盖与轴承座分开后应注意拆卸方向。拆卸瓦片时，应用铜棒或木棒顶住瓦端面的钢背，且注意保护合金层。套筒式轴瓦应使用拆卸工具抽出或压出，不可猛敲，以免造成轴瓦变形和损伤。

（2）滑动轴承的安装

1）开放式滑动轴承通常称轴瓦，在安装前应清洗油槽、油道（特别是油孔处）、各配合面，检查轴承座与轴瓦上的油孔是否相对。注意清除轴瓦上的防锈蜡，应在热水或热油中熔化防锈蜡；不得用火烧，防止高温熔化合金层。

2）轴瓦安装时，应用木板垫在轴瓦端面，再用铜棒将瓦轻轻打入瓦座，轴瓦的外表面与轴承及轴承盖接合要紧密，否则轴瓦容易变形，或合金层破裂甚至脱落。为保证轴瓦的紧密配合，其分开面都要比轴承座的剖分面高出 0.05mm ~ 0.1mm。

3）轴瓦装入机体中，不允许有轴向或径向移动，一般采取定位销、凸键止口或台阶来固定。轴瓦的装配接触面要求在 70% ~ 75%。

（3）滚动轴承的安装

1）安装前先将轴承的滚道、轴孔的油道清洗干净，涂抹润滑油。

2）安装时保持环境干净清洁，以免将污物掉入轴承圈内，以免损伤滚动体及滚动面。

3）按要求检查轴承内外圈的配合过盈量是否符合相关标准。

4）安装使用专用工具，应在配合面较紧的座圈上加压，加力要均匀分配在座圈四周，以防轴承歪斜或塞住。

5）当安装过盈量较大的轴承时，不得猛烈敲击，应采用压力机或加热的方法进行装配，热装前把轴承或可分离型轴承的套圈放入油箱中均匀加热 80 ~ 100℃。

6）轴承安装后，要检查轴承内圈的端面是否可靠地抵触在轴肩端面上，转动是否灵活，有无阻滞现象。

习　题

1. 滚动轴承游隙的调整方法有哪些？
2. 滚动轴承装配前的准备工作有哪些？
3. 简述滚动轴承的装配技术要求。
4. 简述滚动轴承装拆注意要点。
5. 剖分式滑动轴承间隙的测量方法有哪些？间隙如何调整？

学习情境四　电动机的装配安装与维修

本章要点

- ● 三相交流异步电动机的拆卸与装配
- ● 三相交流异步电动机定子绕组故障的排除
- ● 三相交流异步电动机定子绕组的拆换
- ● 三相交流异步电动机修复后的试验
- ● 单相交流异步电动机的故障检修
- ● 直流电动机的维修

任务 4.1　三相交流异步电动机的拆卸与装配

任务要求：掌握三相交流异步电动机拆卸与装配的方法、步骤与工艺，能够检查、清洗零部件，换装轴承等。

4.1.1　三相交流异步电动机的基础知识

三相交流异步电动机的种类繁多，若按转子绕组结构分类，有笼型异步电动机和绕线转子异步电动机两大类；若按机壳的防护形式分类，又有防护式、封闭式和开启式等。几种三相笼型异步电动机的外形如图 4-1 所示。

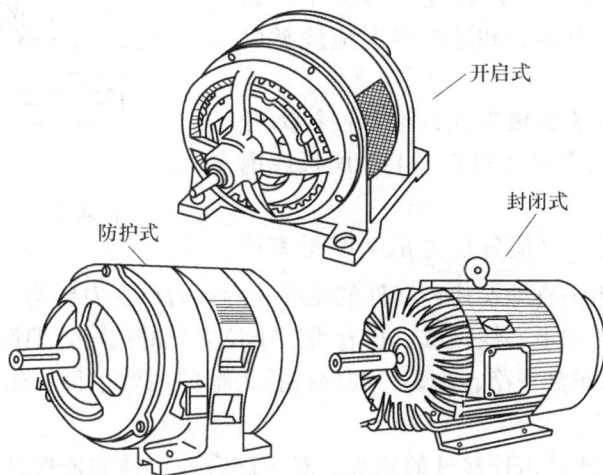

图 4-1　三相笼型异步电动机的外形图

不论三相交流异步电动机的分类方法如何，各类三相交流异步电动机的基本结构是相同的，它们都是由定子（包括定子铁心、定子绕组和机座）和转子（转子铁心、转子绕组和转轴）这两大基本部件组成的。在定子和转子之间具有一定的气隙。图 4-2 所示是一台封闭式三相笼型异步电动机的结构图。

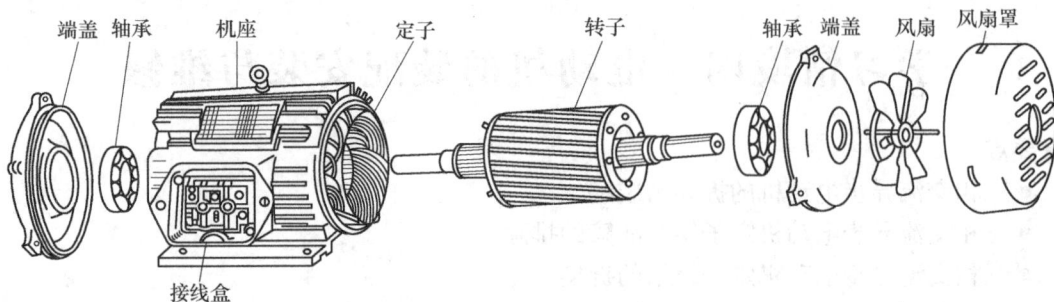

图 4-2　封闭式三相笼型异步电动机的结构图

4.1.2　三相交流异步电动机的拆卸与装配方法

1. 三相交流异步电动机的拆卸

（1）拆卸前的准备

1）电动机拆卸前，要用压缩空气吹净电动机表面的灰尘，并将表面污垢擦拭干净。

2）拆下电动机的外部接线，并做好与三相电源线对应的标记。对绕线转子异步电动机，还应做好转子三相绕组的外引出线与外电路对应的连接标志。

（2）拆卸连接件　为解体电动机，应先将电动机与机械设备连接的连接件（联轴器、齿轮或带轮）上的固定螺钉、键或定位销松开，然后用拉力器（又称拉马、拉令或拉子）将连接件拆下，如图 4-3 所示。在使用拉力器拆卸连接件时应注意以下几点：

1）为了保护转轴端的顶尖孔，不要使拉力杆直接顶在顶尖孔上，在它们之间应垫上金属板或钢珠进行保护。

2）架设拉力器时，要使各拉力爪间的距离和长度完全相等，拉力爪平直地钩住连接件的轮缘，两拉力爪受力要均匀。为防止拆卸时产生偏斜，要使拉力杆与转轴中心线一致。也有带三个拉力爪的拉马，架设要求相同。

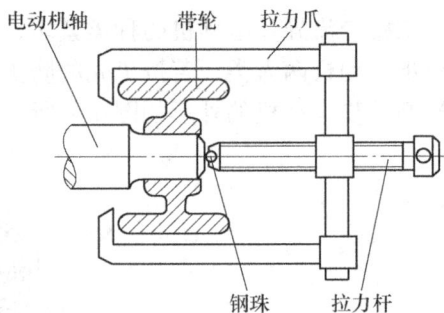

图 4-3　拉力器拆卸带轮

3）开始拆卸时动作要平稳、均匀，要保持拉力器的两臂平衡，然后逐渐加力将连接件取下。

4）不许用大锤直接打击连接件的轮缘。对于配合面生锈的连接件，应事先喷上松锈液或涂上煤油，待几分钟后再进行拆卸。

通常连接件的配合过盈是较大的，如果采取上述方法不能拆下时，要采用加热法。加热法是利用物体热胀冷缩的原理加热连接件，以加大连接件与轴之间的温差，便于拆卸。其方法是：先将拉力器架设好，使拉力器的两拉力爪钩住连接件的边缘，并将拉力杆拧紧到一定程度，用石棉布将轴包住，然后用氧－乙炔火焰或喷灯快速均匀地加热连接件，当温度达到250℃左右时，拧紧拉力器的拉力杆，连接件便可顺利取下。

（3）拆卸端盖

1）拆除风扇时，要先松掉风扇轴键上的压紧螺钉或固定螺钉，用手取下风扇。如果风扇固定很紧，也不能用撬棍硬撬，要用压板顶出风扇或用螺钉拉出。

2）在拆卸端盖前，先要在机座两侧的端盖与机座配合缝上打上不同的标志，然后再拧出端盖螺钉，并用顶丝将端盖从定子机座止口中均匀顶出，一直到端盖完全脱离机座止口为止。如果端盖孔上不具备拆卸端盖用的顶丝孔，当止口配合较松时，可将錾子（又叫扁铲）插入端盖与机座配合缝隙内，用手锤沿端盖圆周均匀地敲打，或用撬棍将端盖撬出。但不可用力过猛，以防打碎端盖或碰伤止口配合面。

拆卸端盖的注意点：

① 对于绕线转子电动机，通常是先拆前端盖，再拆后端盖。这是因为前端盖装有电刷装置和短路装置。在拆电刷时，应将电刷从刷握中取出，再拆掉接到电刷装置上的连接线。

② 对于负载端是滚珠轴承的电动机，应先拆卸非负载端。

③ 拆卸较重的端盖时，应使用起重设备吊住端盖，逐步卸下。

（4）抽出转子

1）一般转子。一般中小型电动机只拆除轴伸端（负载端）的轴承盖和端盖，然后由非轴伸端将转子和端盖一起抽出。

2）较轻转子。对于较轻的转子，可直接用手抽出。

3）较重转子。对于较重的转子，就应该用起重设备来抽出，其方法有：

① 用假轴抽装转子（见图4-4）。

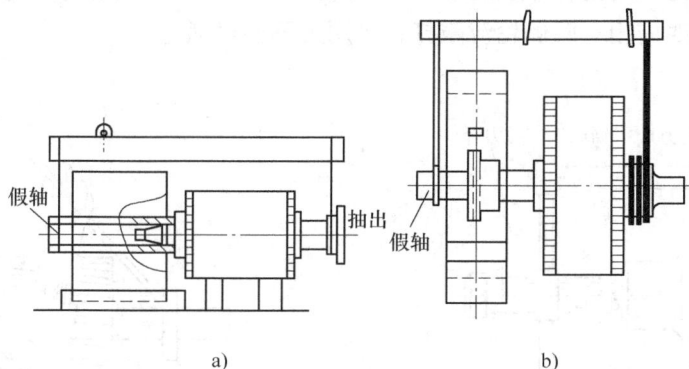

a) b)

图4-4　用假轴抽装转子

② 用吊杆抽装转子（见图4-5）。

抽出转子是拆卸电动机的重要步骤，操作时要特别小心。抽转子前，应将轴颈、集电环、绕组端部等保护好，同时钢丝绳不得直接作用在这些部位上，为此应用硬木垫上，在吊运过程中，钢丝绳不得撞击转子轴颈、风扇、集电环、定子线圈等。也可以选用帆布包裹的钢丝绳，直接作用在被吊部位。

抽出转子后，要及时检查线圈、铁心、槽楔、端部绑扎等有否碰伤，对碰伤部位要及时

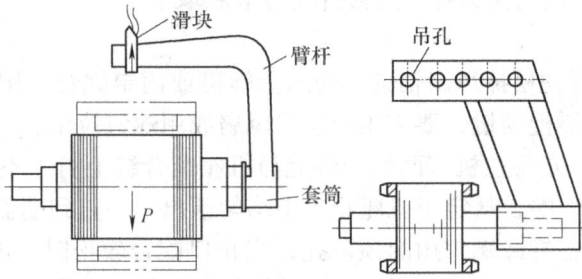

图 4-5　用吊杆抽装转子

修理好。

（5）拆卸轴承

1）拆卸轴承的几种情况。由于拆卸滚动轴承有时会磨损配合表面，降低配合精度，故不应轻易拆卸轴承，只做必要的清洗加油。在检修中，遇到下列情况时才考虑拆卸轴承：

① 修理或更换有故障的轴承。

② 轴承正常磨损已超过使用寿命，需更新。

③ 更换其他零部件必须拆卸轴承方能进行时，如换油。

④ 轴承安装不良，需返工重新装配等。

2）拆卸轴承的方法：拆卸轴承时通常使用拉力器。从轴上拆下轴承时，注意拉力爪应扣住轴承的内圈且均匀受力，如图 4-6 所示。

拆卸轴承时也可采用铜棒敲打的方法，如图 4-7 所示。但要注意，敲打时不可偏敲一方，要在轴承内圈四周相对两侧轮流敲打，且用力不要过猛。

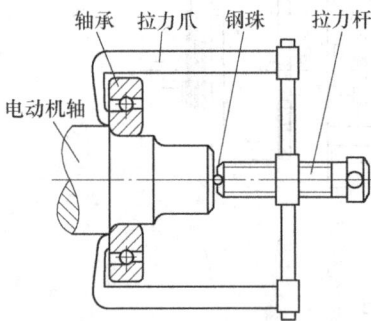

图 4-6　用拉力器拆卸轴承

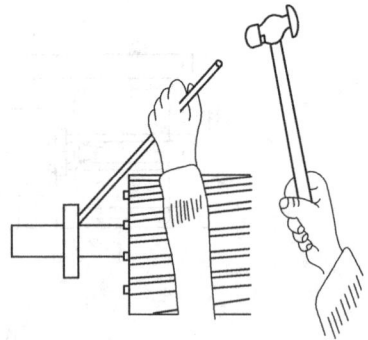

图 4-7　用铜棒敲打拆卸滚动轴承

热套装的轴承因过盈量较大，不要使用冷拆办法，应采用热拆法。其步骤如下：

① 把拉力器架设好，拉力爪钩住轴承内圈后，将拉力杆拧紧到一定程度。

② 用石棉布把轴承附近的转轴表面包上，防止热油浇上使转轴与轴承内圈同时膨胀而不好拆卸。

③ 把油加热至 110℃ 左右（可用废变压器油），然后用油壶或油勺将热油迅速浇在轴承

内圈上，使其受热膨胀后，内圈与轴颈配合强度降低，用拉力器就很容易拆下。

④ 操作时要戴手套，防止烫伤。

2. 三相交流异步电动机的装配

三相交流异步电动机修理完毕后，需要将其装配起来，其装配过程是拆卸的逆过程。如果装配操作不当，就会影响装配精度，缩短使用寿命或者损坏机件。下面介绍装配的方法和注意事项。

（1）装配前的检查和准备

1）装配前的准备工作。电动机装配前，要清扫定、转子内外表面尘垢，清除电动机内部异物和浸漆留下的漆瘤。特别是铁心通风沟要清理干净，不得堵塞。

2）装配中的检查工作。检查槽楔、齿压板、绕组端部绑扎和绝缘垫块是否松动、脱落，槽楔和绑扎的无纬带或绑绳是否高出铁心表面。

3）绕组的装配。绕组绝缘和引线绝缘以及出线盒绝缘应良好，不得损伤，绝缘电阻值不应低于规定值。

另外还要检查装配零部件是否齐全。

（2）滚动轴承的装配

1）装配前的检查。套装滚动轴承前，要检查轴承内圈与轴颈的配合公差，以及轴承外圈与端盖轴承座的配合公差，还要检查轴承、轴颈、端盖轴承座三者配合表面的光洁度。

2）装配中的注意事项。配装滚动轴承时，要先将内轴承盖涂好润滑脂套入轴内，然后再套装轴承。在轴颈上涂上薄薄的一层润滑油，便可着手装配轴承。应该注意的是，轴承带型号的一面应朝外，方便检修更换。另外，原来是热套装的轴承，在装配时仍要采用热套配合，不要改冷套配合，否则会使轴承在运行时产生噪声、发热、缩短使用寿命。轴承热套装的方法是，将轴承加热至100℃左右，非密封轴承可在变压器油中煮5min左右，如图4-8b所示。当内圈涨大后，迅速将轴套入轴颈上，待轴承冷却收缩后，轴承内圈便会紧紧地固定在轴颈上。对于密封式轴承，不要用油煮加热，可用电加热法将轴承均匀加热后套入轴内。

3）装配方法。采用套筒打入轴承时，应保证轴承受力均匀，如图4-8a所示。套筒可采用软金属或铜管制成，其内径应比轴颈大2～3mm，其厚度应小于轴承内圈的厚度。套筒或轴承内圈面的接触应紧密。要求套筒事先擦拭干净，清除毛刺和脏物，否则敲打套筒时，脏

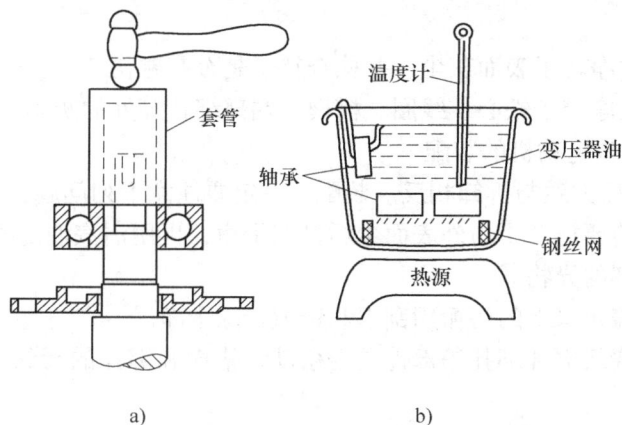

a)　　　　　　　　　b)

图 4-8　轴承的安装方法

物和毛刺会落进轴承内。装配轴承时，不要用铜棒敲打，因轴承内圈受力不均，会使装配质量不高，造成轴承故障。

4）加入润滑脂。轴承内要加入合格的润滑脂。润滑脂的用量不宜超过轴承容积的 2/3，转速在 2000r/min 以上的电动机应为轴承容积的 1/2。

（3）电动机的装配

电动机的装配顺序大致与拆卸顺序相反。做好装配前的检查和准备，装好轴承，将转子小心装入定子内腔，按照标记将两边端盖就位并用螺钉拧紧，拧紧螺钉时应均匀交替进行，并用木榔头敲击端盖，使端盖与机座止口吻合，以保证电动机转子不偏心，最后装上轴承盖、风罩等部件。

实训 1　Y 系列笼型三相交流异步电动机的拆卸与装配

1. 实训目的

掌握 Y 系列笼型三相交流异步电动机的拆卸与装配。

2. 实训器材

Y 系列小型笼型三相交流异步电动机 1 台；电动机修理工具 1 套；辅料若干。

3. 实训内容与步骤

（1）三相交流异步电动机的拆卸

1）拆卸前的准备。用压缩空气将电动机表面灰尘吹净，并将表面污垢擦拭干净。

2）拆卸端盖、抽出转子的步骤。

① 拆下风扇罩。

② 拆除外风扇。

③ 在机座两侧和端盖与机座配合处打上不同的标志。

④ 拆除轴伸端盖螺钉，取出轴伸端端盖。

⑤ 用木块将转子轴伸端垫起呈水平状，使转子不要和定子有接触。

⑥ 拆除非轴伸端端盖螺钉，取下端盖。

⑦ 拆卸连接件。

⑧ 抽出转子。

⑨ 用压缩空气吹净转子表面灰尘，并检查转子是否有碰伤。

⑩ 用压缩空气吹净定子铁心、线圈、槽楔、端部绑扎等处的灰尘。

（2）三相交流异步电动机的装配

电动机的装配顺序大致与拆卸相反。装配前一定要注意下列问题：

1）电动机装配前要把转子内外表面尘垢打扫干净，再用沾汽油的棉布擦拭干净。

2）清除定子内部的异物。

3）将机座和端盖止口上的污垢用刮刀和铲刀铲除干净。

4）检查槽楔、绕组端部绑扎等部件是否松动，槽楔和绑扎的无纬带或绑绳是否高出铁心表面。

5）注意检查绕组绝缘、引线绝缘及出线盒绝缘状况，不得有损伤。绝缘电阻值不应低于规定值。

6）检查零配件是否齐全。

做好上述工作后，就可进行装配了。将转子小心装入定子内腔，按照标记将两边端盖定位并用螺钉拧紧，拧紧螺钉时应均匀交替进行，并用木榔头敲击端盖，使端盖与机座止口吻合，以保证电动机转子不偏心，最后装上轴承盖、风扇、风扇罩等零件。

任务4.2　三相交流异步电动机定子绕组故障的排除

任务要求：了解定子绕组的故障现象，掌握定子绕组故障的检查方法，熟悉修理定子绕组故障的工艺要求。

4.2.1　三相交流异步电动机定子绕组故障的基础知识

绕组是电动机的心脏，又是容易出故障的部件。电动机因受潮、暴晒、有害气体腐蚀、绕组绝缘老化、过载等，均可造成定子绕组的故障。常见故障有三相交流电动机的单相运行以及由于使用方法不当造成的接地、短路和断路和绕组的接线错误。

4.2.2　三相交流异步电动机定子绕组故障的检修方法

1. 定子绕组接地和绝缘不良故障的检修

绕组接地即绕组与机体相接。绕组接地后，会引起电流增大、绕组发热、外壳带电，严重时会造成绕组短路，使电动机不能正常运行，还常伴有振动和响声。

引起电动机绕组接地的主要原因是：电动机长期不用、周围环境潮湿，或电动机受日晒雨淋，造成绕组受潮，使绝缘失去作用；电动机长期过载运行，使绝缘老化；金属异物进入绕组内部损坏绝缘；重嵌绕组线圈时擦伤绝缘，使导线和铁心相碰等。

检查绕组接地的方法有：

（1）绝缘电阻表法　根据电动机电压等级选择绝缘电阻表的规格。380V 的电动机一般应选用 550V 的绝缘电阻表。

用绝缘电阻表测量电动机绕组对机座的绝缘，可分相测量，也可以三相并在一起测量。如测出的绝缘电阻在 0.5MΩ 以上，说明该电动机的绝缘尚好，可继续使用；如果测得绝缘电阻为零，则绕组通地。测得绝缘电阻在 0.2~0.5MΩ 之间，说明电动机受潮，要进行干燥处理。

（2）白炽灯法　先将绕组各相线头拆开，将一根电源线经测试棒触及电动机外壳，灯泡一端接低压交流电电源，另一端通过测试棒逐相接触绕组端子，检查灯泡是否发亮。绕组绝缘良好，则灯泡不亮；若灯泡发亮，说明该相绕组有接地故障；有时灯泡不亮，但测试棒接触电动机时出现火花，则说明绕组严重受潮。白炽灯法如图4-9 所示。

上述两种方法判断出绕组有接地故障后，应进一步查找接地点，恢复绝缘，即可排除故障。

2. 定子绕组断路故障的检修

断路故障多数发生在电动机绕组的端部，各线圈元件的接线头或电动机引出线等处。引起电动机绕组断路的主要原因是：导线受外力的作用而损伤断裂，接线头焊接不良而松脱，导线短路或电流过大，导线过热而烧断。

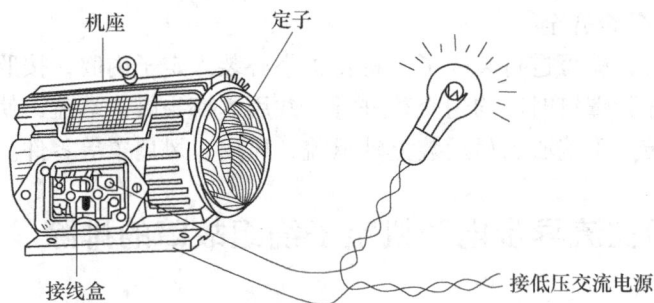

图 4-9　用白炽灯法检查定子绕组接地故障

检查绕组断路的方法有：一般用绝缘电阻表、万用表或校验灯来检验，也可用三相电流平衡法或测量绕组电阻的方法进行检查。

用绝缘电阻表、万用表或校验灯检查星形联结的电动机绕组时，应按图 4-10a 所示的方法测试；检查三角形联结的电动机绕组时，必须把三相绕组的接线拆开后，按图 4-10b 所示的方法对每相分别测试。

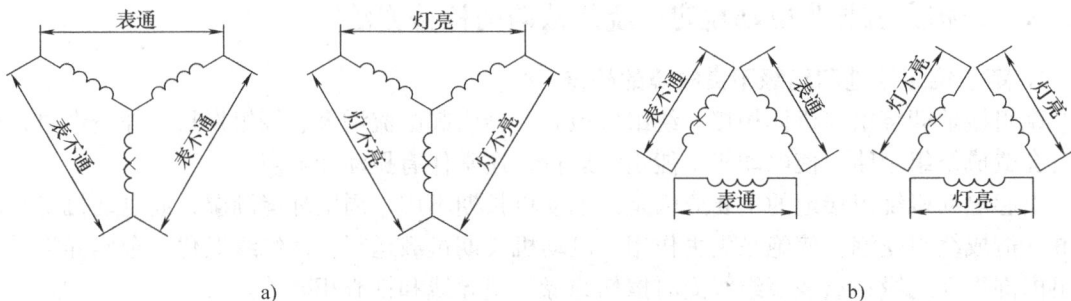

a)

b)

图 4-10　用绝缘电阻表、万用表或校验灯检查绕组断路
a) 星形联结绕组　b) 三角形联结绕组

用上述方法判断出绕组有断路故障后，应进一步检查断路点。找到断路点后重新将断开的导线焊牢，并包好绝缘。如果断路处在铁心线槽内，且是个别槽内的线圈，则可用穿绕修补法更换个别线圈。

3. 定子绕组短路故障的检修

绕组短路故障主要是由于电动机过载运行造成电流过大、电压过高、机械损伤、绝缘老化脆裂、受潮及重新嵌绕时碰伤绝缘等原因引起的。绕组短路故障有绕组匝间短路、极相组短路和相间短路。

检查定子绕组短路故障的方法有：外部检查法、绝缘电阻表或万用表检查法、电流平衡法、直流电阻法、短路测试器法等。

绝缘电阻表或万用表一般用来检查相间短路，当两组绕组间的绝缘电阻为零，则说明该两相绕组短路。电流平衡法一般用来检查并联绕组的短路，即分别测量三相绕组的电流，电流大的一相为短路。直流电阻法就是利用低阻值电阻表，如用万用表低电阻量程或电桥分别测量各相绕组的直流电阻，电阻值较小的一相可能是短路相。这是一种普遍使用的检查方法。短路测试器是用来检查绕组匝间短路的。如手头上没有仪表，也可以用外部检查法来大致判断定子绕组的短路故障，其方法是：使电动机空载运行20min，然后拆卸两边端部，用手摸线圈的端部，如果某一部分线圈比邻近的线圈温度高，则这部分线圈很可能短路；也可以观察线圈有无焦脆现象，如果有，则该线圈可能短路。

定子绕组短路故障的修理方法是：如能明显看出短路点的，则用竹楔插入两线圈间，把这两线圈短路部分分开，垫上绝缘，故障即可排除；如短路点发生在槽内，则先将该绕组加热软化以后，翻出受损绕组，换上新的槽绝缘，将导线损坏部位用薄的绝缘带包好，重新嵌入槽内，再进行必要的绝缘处理，故障即可排除；如个别线圈短路则可用穿绕修补法调换个别线圈。如果短路较严重，或进行绝缘处理的导线无法再嵌入槽内，就必须拆下整个绕组重新绕制；当电动机绕组损坏严重，无法局部修复时，就要把整个绕组拆去，调换新绕组。

4. 三相异步电动机定子绕组引出线首端和末端的识别

在修理电动机时，有些旧的电动机出线端的标记已经丢失或模糊不清，为了正确接线，必须重新判断绕组的首尾。其方法为：首先用万用表进行分相，即用万用表电阻挡在电动机出线盒的六个端子上分出三相绕组，然后把任两相绕组串联，串联的两相和另外一相分别接上交流电源和白炽灯泡，如图4-11所示。若白炽灯泡发亮，说明串联的两相绕组是一相的首端和另一相的末端相连；若白炽灯泡不亮，可将其中一相的首末端对调，再进行实验，即可判断出绕组的首末端。

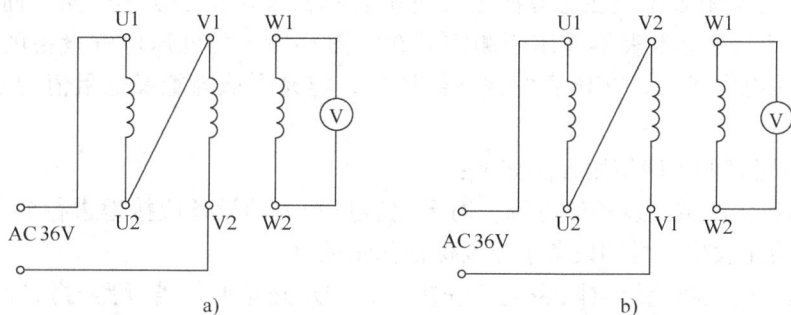

图4-11　判断绕组首末端

4.2.3　三相交流异步电动机定子绕组故障的排除方法

1. 绝缘电阻表的使用及电动机绝缘电阻的测量

（1）绝缘电阻表的结构与原理　绝缘电阻表又称兆欧表，俗称摇表，主要用来测量高压或低压电气设备和电气线路的绝缘电阻。它由手摇发电机和磁电系流比计组成。当摇动手摇发电机时，使导体与永久磁场做相对运动，切割磁力线而产生感应电动势。表头部分是由交叉线圈式流比计组成。其中动圈1回路的电流I_1与被测绝缘电阻R_j的大小有关，被测绝缘电阻越小，I_1就越大，磁场与I_1相互作用产生转动力矩，使指针向标度尺"0"的方向偏转。动圈2所通过的电流I_2与被测绝缘电阻无关，仅与发电机电压及绝缘电阻表中的电阻R_2有关。两动圈电流的引入方向，应使得磁场与它们相互作用所产生的转动力矩T_1与反作用力矩T_2的方向相反，如图4-12所示。

由于气隙中磁场的分布是不均匀的，T_1与T_2随着可动部分偏转的角度而变化。当接入

63

被测绝缘电阻后，摇动发电机手柄时，由于 T_1、T_2 两个方向相反的力矩同时作用的结果，仪表可动部分将转到 $T_1 = T_2$ 的某一位置，方可停止。当被测绝缘电阻的数值改变时，T_1、T_2 两力矩相互平衡的位置也相应改变。因此，根据绝缘电阻表指针偏转的角度，即可指示出绝缘电阻的数值。

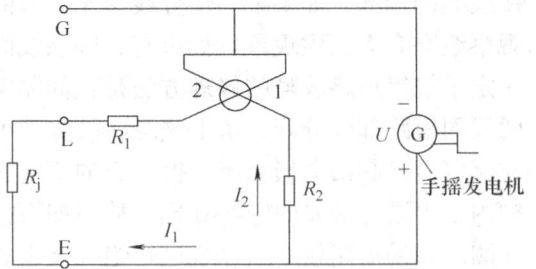

当被测绝缘电阻小到零时，I_1 最大，指针向右偏转到最大位置即"0"值；当被测绝缘电阻非常大，如外部开路时，I_1 为零，转动力矩也为零，则在 I_2 所产生的反作用力矩 T_2 的作用下，使指针向左偏转到刻度"∞"的位置。

图 4-12　绝缘电阻表的原理电路

（2）绝缘电阻表的选择与使用

1）绝缘电阻表的选用，主要是选择电压及测量范围，高压电气设备需使用电压高的绝缘电阻表，低压电气设备需使用电压低的绝缘电阻表。一般绝缘子、母线、刀开关要选用2500V 以上绝缘电阻表，额定电压 500V 以下的低压电气设备，选用 500V 绝缘电阻表。要使测量范围适应被测绝缘电阻的数值，避免读数时产生较大的误差。

2）选用绝缘电阻表还应注意有些绝缘电阻表的标度尺不是从零开始，而是从 1MΩ 或 2MΩ 开始，这种绝缘电阻表不适用于测定处在潮湿环境中的低压电气设备的绝缘电阻值。因为此时的绝缘电阻较小，在仪表中找不到读数，容易误认为绝缘电阻值为零而得出错误结论。

3）绝缘电阻表的正确使用方法如下：

① 测量前应切断被测设备的电源，对于电容量较大的设备应接地进行放电，消除设备的残存电荷，防止发生人身和设备事故及保证测量精度。

② 测量前，应先将绝缘电阻表进行一次开路和短路试验，若开路时指针不指在"∞"处，短路时指针不指在"0"处，说明表不准，需要调换或检修后再进行测量。若采用半导体型绝缘电阻表，不宜用短路法进行校验。

③ 从绝缘电阻表到被测设备的引线，应使用绝缘良好的单芯导线，不得使用双股线，两根连接线不得绞缠在一起。

④ 同杆架设的双回路架空线和双母线，当一路带电时，不得测试另一路的绝缘电阻，以免感应高电压危害人身安全和损坏仪表；对平行线路也要注意感应高压，若必须在这种状态下测试，应采取必要的安全措施。

⑤ 测量时要由慢逐渐加快摇动绝缘电阻表的手柄，如发现指针为零，表明被测绝缘物存在短路现象，这时不得继续摇动手柄，以免表内动圈因发热而损坏。摇动手柄时，不得时快时慢，以免指针摆动过大而引起误差。手柄摇到指针稳定为止，时间约为 1min，摇动速度一般为 120r/min。

⑥ 测量电容性电气设备的绝缘电阻时，应在取得稳定读数后，先取下测量线，再停止摇动手柄，测完后立即将被测设备进行放电。

⑦ 在绝缘电阻表未停止转动和被测设备未放电之前，不得用手触摸测量部分和绝缘电阻表的接线柱或进行拆除导线，以免发生触电事故。

⑧ 将被测设备表面擦干净，以免造成测量误差。

⑨ 有可能感应出高电压的设备，在这种可能未消除之前，不可进行测量。

⑩ 放置地点应远离大电流的导体和有外磁场的场合，并放在平稳的地方，以免摇动手柄时影响读数。

绝缘电阻表一般有三个接线柱，分别为"L"（线路）、"E"（接地）、"G"（屏蔽）。测量电力线路的绝缘电阻时，L 接被测线路，E 接地线；测量电缆的绝缘电阻时，还应将 G 接到电缆的绝缘层上，以得到准确结果。

（3）三相交流异步电动机绝缘电阻的测量　在电动机中，绝缘材料的好坏对电动机的正常运行和安全用电都有重大影响，而说明绝缘材料性能的重要标志是它的绝缘电阻值的大小。由于绝缘材料常因发热、受潮、老化等原因使绝缘电阻降低以至损坏，造成漏电或发生短路事故。因此，必须定期对电动机的绝缘电阻进行测量。绝缘电阻值越大，说明绝缘性能越好。若发现绝缘电阻下降，就应分析原因，及时处理，保证电动机的正常运行。

三相交流异步电动机绝缘电阻的测量分为定子绕组相间绝缘电阻的测量和定子绕组对机壳绝缘电阻的测量。

1）在进行三相定子绕组相间绝缘电阻的测量时，将三相定子绕组出线盒内的绕组连接片拆开，将绝缘电阻表水平放置，把两支表笔中的一支接到电动机一相绕组的接线端上（如 U 相），另一支表笔待接于另一相绕组的接线端上（如 V 相）。顺时针由慢到快摇动绝缘电阻表手柄至转速 120r/min，将待接表笔接于绕组的接线端上，摇动手柄 1min，读取数据。然后，先撤表笔，后停摇。按以上方法再摇测 U 相与 W 相，V 相与 W 相之间的绝缘电阻。将测量结果记录于表 4-1 中。

表 4-1　三相定子绕组相间绝缘电阻的测量值

U－V 相绝缘电阻/MΩ	U－W 相绝缘电阻/MΩ	V－W 相绝缘电阻/MΩ

2）在进行三相定子绕组对机壳绝缘电阻的测量时，应将绝缘电阻表的黑色表笔（E）接于电动机外壳的接地螺栓上，红色表笔（L）待接于绕组的接线端上。如图 4-13 所示。摇动手柄转速至 120r/min，将红表笔接于绕组的接线端上（如 U 相）；摇动手柄 1min，读取数据。然后，先撤表笔后停摇。按以上方法再摇测 V 相对机壳，W 相对机壳的绝缘电阻。将测量结果记录于表 4-2。

新电动机的绝缘电阻值不应小于 1MΩ；旧电动机定子绕组的绝缘电阻值不小于 1kΩ；绕线转子电动机转子绕组的绝缘电阻值不小于 0.5kΩ。将测量数据与上述合格值进行比较，绝缘电阻值大于合格值的电动机可以使用。

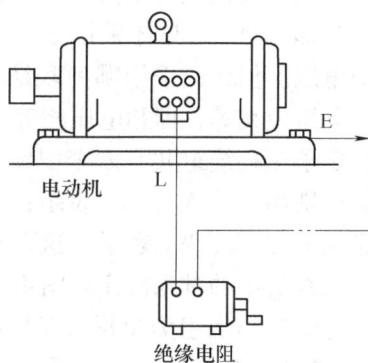

图 4-13　电动机的绝缘电阻的测量方法

在进行三相交流异步电动机绝缘电阻的测量时还应注意，在做绝缘电阻表短路试验时，表针指零后不要继续摇手柄，以防损坏绝缘电阻表，不能使用双股绝缘导线或绞形线做测量线，以免引起测量误差。

表 4-2 三相定子绕组对机壳绝缘电阻的测量

U 相对机壳绝缘电阻/MΩ	V 相对机壳绝缘电阻/MΩ	W 相对机壳绝缘电阻/MΩ

2. 定子绕组首末端子判别

判别步骤如下：

1）用万用表进行分相。

2）把任两相绕组串联，串联的两相和另外一相分别接上交流电源和灯泡，如图 4-11 所示。若灯泡发亮，说明串联的两相绕组是一相的首端和另一相的末端相连；若灯泡不亮，可将其中一相的首末端对调，再进行试验，即可判断出绕组的首末端。

3）将判断出的定子绕组首末端子标上标签。

任务 4.3　三相交流异步电动机定子绕组的拆换

任务要求：掌握三相交流异步电动机定子旧绕组的拆除、铁心清理、绕线模的制作、定子绕组线圈的绕制、嵌线、接线与绑扎等的方法、步骤与工艺，并初步了解槽绝缘结构与绝缘材料的知识。

4.3.1　三相交流异步电动机定子绕组的基础知识

三相交流异步电动机的定子绕组主要有三相单层绕组和三相双层绕组两大类。其中三相单层绕组主要有同心式绕组、链式绕组和交叉绕组等联结方式；三相双层绕组主要有三相双层叠绕组和三相双层波绕组等联结方式。

三相交流异步电动机在额定电压下运行时，其定子三相绕组可以接成星形（Y），也可以接成三角形（△）。具体采用哪种联结方式取决于电源电压。但无论采用哪种联结方式，相绕组承受的电压应相等，即相电压相等。

定子三相绕组共有六个引线端。三相绕组的首端分别用 U_1、V_1、W_1 表示；三相绕组的末端分别用 U_2、V_2、W_2 表示。这六个引线端在机座上的接线盒中的排列次序如图 4-14 所示。

定子三相绕组为星形（Y）联结时，联结方式如图 4-14a 所示；定子三相绕组为三角形（△）联结时，联结方式如图 4-14b 所示。

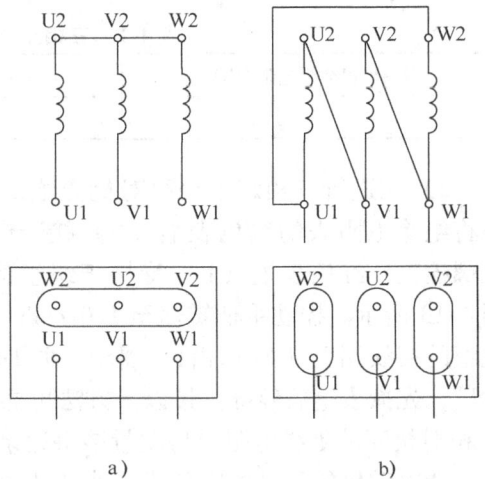

图 4-14　定子绕组的联结方式
a）星形联结　b）三角形联结

4.3.2　三相交流异步电动机定子绕组的拆换方法

1. 旧绕组拆除前的准备工作

拆除旧绕组前，应先记录以下数据，作为制作绕线模、选用导线规格、绕制线圈等的依据。

1）铭牌数据：电动机的型号、制造厂名、产品编号、电动机的容量、电压、电流、相数、频率、联结方式、绝缘等级、转速等。

2）铁心数据：定子铁心外径、定子铁心内径、定子铁心总长、气隙值、通风槽数和尺寸、槽数和槽形尺寸等。

3）绕组数据：定子绕组形式、线圈节距、导线型号、导线规格、并绕根数、并联支路数、每槽匝数、线圈伸出铁心长度等。

4）槽绝缘材料、槽绝缘厚度、槽楔材料、槽楔尺寸等。

5）绕组接线草图。

6）引出线的材料、截面积和牌号。

2. 拆除旧绕组

绕组在冷态时较硬，拆除很困难，可采用大剪刀将绕组一端齐铁心剪断，加热绕组至200℃左右，使绕组绝缘软化后，趁热迅速用手钳拔出。如果是大电动机，可利用拔线机逐槽拔出。

加热旧绕组的方法有：

（1）通电加热法

1）如是 380V 三角形联结的小型电动机，可改成星形联结，间断通入 380V 电源加热。

2）用三相调压器通入约 50% 的额定电压，间断通电加热。

3）将三相绕组接成开口三角形联结，间断通入单相 220V 电压。

通电加热时通入电流较大，很快可使绝缘软化至冒烟，容易把旧绕线组拆出，用通电加热方法的温度容易控制，但要有足够容量的电源设备还需注意安全。对于有故障的线圈，在通电加热时，要使电动机可靠接地。

（2）火烧法（慎重使用）　采用喷灯、瓦斯火焰、柴火等加热绕组时，要注意火势不要太猛，时间不可过长，不要让铁心损坏或过热，过热会影响硅钢片导磁性能，或使绝缘漆变成碳质，起导体作用，使片间短路。

3. 清理铁心

旧绕组全部拆除后，要趁热将槽内残余绝缘物清理干净，尤其是在通风道处不准有堵塞。清理铁心时，不许用火烧铁心，铁心槽口不齐时不许用锉刀锉大槽口，对有毛刺的槽口要用软金属（如铜板）进行校正。对于不整齐的槽形需要修正，否则嵌线困难，不齐的冲片会将槽绝缘割破。铁心清理后，用沾有汽油的擦布擦拭铁心各部分，尤其是在槽内不许有污物存在。再用压缩空气吹净铁心，使清理后的铁心表面干净，槽内清洁整齐。

4. 绕线模的制作

绕制线圈前，应根据旧线圈的形状和尺寸或根据线圈的节距来制作绕线模。绕线模的尺寸应做得相当准确，因为尺寸太短，端部长度不足，嵌线就会发生困难，甚至嵌不进槽。如尺寸太长，既浪费导线，又影响电气性能，还影响通风，甚至碰触端盖。

因三相交流异步电动机种类、型号繁多，有条件的地方应配备通用绕线模。该绕线模调整方便，可节约修理时间。若无通用绕线模，则应配备常用电动机成套的绕线模。图 4-15 ～ 图 4-18 是一些常用的绕组模型图。

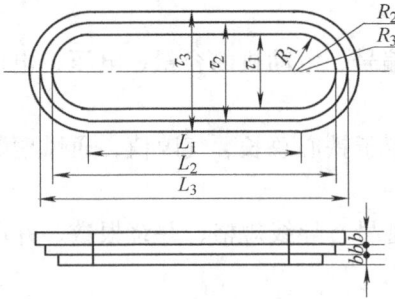

图 4-15　单层同心式绕组的木模图

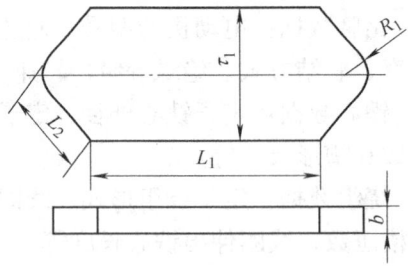

图 4-16　双层叠绕组的木模图

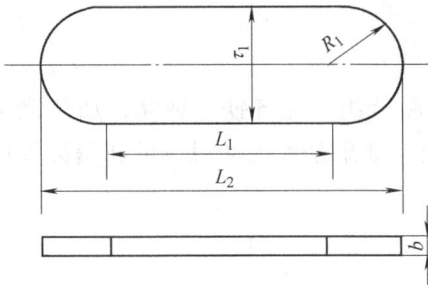

图 4-17　单层链式绕组的木模图

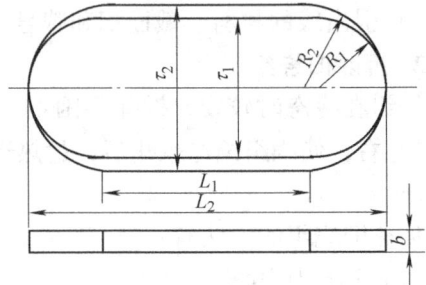

图 4-18　单层交叉式绕组的木模图

如遇到机壳无铭牌的三相交流异步电动机，且线圈绕组是软绕组形式的，可根据原线圈的形状和尺寸，按下列方法计算绕线模尺寸。

（1）菱形绕线模尺寸的计算　菱形绕线模尺寸的计算公式如下。

$$A = \{ Y\pi(D_1 - h_0) \}/z - b_n \tag{4-1}$$

式中　A——模心宽度（mm）；

$\quad Y$——节距（如节距为 $1 \sim 9$，则 $Y = 8$）；

$\quad D_1$——定子铁心内径（mm）；

$\quad h_0$——铁心槽高度（mm）；

$\quad b_n$——铁心槽宽度（mm）；

$\quad z$——定子铁心槽数。

$$B = L + 2b \tag{4-2}$$

式中　B——模心直线部分长度（mm）；

$\quad L$——定子铁心长度（mm）；

$\quad b$——线圈伸出铁心的长度（mm）。b 一般在 $10 \sim 25\text{mm}$ 之间，功率大、极数小的电动机应取较大值。

$$C = \frac{A}{0.82 \times 2} \tag{4-3}$$

式中　C——模心端部长度（mm）。

$$D = 0.574C \tag{4-4}$$

式中　D——绕线模的厚度（mm）。

绕线模的厚度一般为 $10 \sim 25\text{mm}$，应能被绕制成线圈的绝缘导线的直径整除，以利于导线排列整齐。

（2）多用活络绕线模　在拆除旧电动机定子绕组时，必须留下一个完整的线圈作为制作绕组模的依据。如遇到机壳无铭牌的三相交流异步电动机，且线圈绕组是软绕组形式的，可根据原线圈的形状和尺寸，选用或设计、制作绕线模。

由于电动机种类很多，修理时需准备各种类型的绕线模，不但费工费料，而且影响修理进度，应用多用活络绕线模可解决这一问题。

活络绕线模使用方便，它由绕线模底板（见图4-19a）、绕线模支架（见图4-19b）和两种垫圈（见图4-19c和图4-19d）组成，绕线前只需要根据尺寸调节线模上的6只螺栓位置就能应用。每个极相组几只一联可根据需要任意拆装，其部件尺寸如图4-19所示，总装图如图4-20所示。

绕线时，把导线放在线盘架上，线模固定在绕线机上，一次把属于一极相组的线圈连续绕成，引线放长一些，并套上套管。

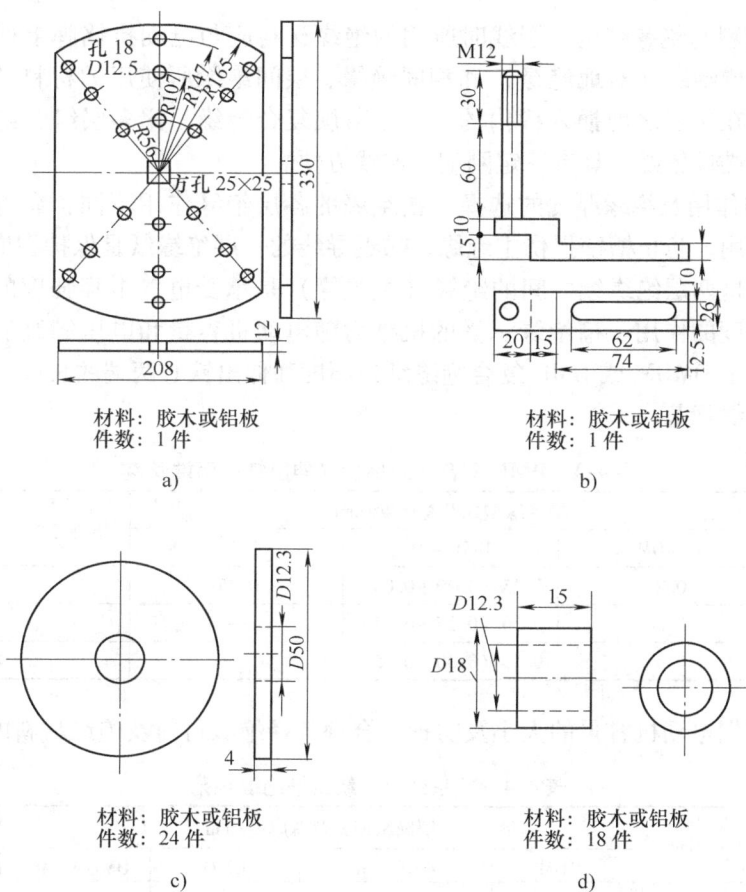

图4-19　活络绕线模各部件尺寸

a）绕线模底板　b）绕线模支架　c）垫圈一　d）垫圈二

5. 绝缘结构与绝缘材料的准备

交流异步电动机因线圈绕组结构上的不同而分成软绕组（散嵌绕组）绝缘结构与硬嵌

绕组绝缘结构两种。图 4-21 为两种典型结构的示意图。

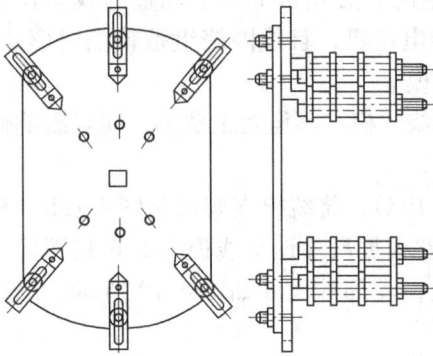

图 4-20 活络绕线模总装图

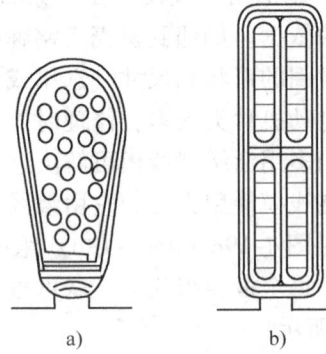

图 4-21 软嵌线、硬嵌线绝缘结构示意图
a）软嵌线 b）硬嵌线

（1）绝缘材料与绝缘结构 嵌线时所用的绝缘材料应与电动机铭牌上标志的绝缘等级相符合。绕组的槽绝缘（对地绝缘）和相间绝缘、层间绝缘所使用的材料基本相同。散嵌绕组的槽绝缘是在嵌线之前插入槽内的，采用薄膜复合绝缘，比多层组合绝缘剪裁工艺简便、耐热性、黏结性较好，具有一定刚度，嵌线方便。

（2）绝缘的作用及绝缘厚度的选择 槽绝缘的各层绝缘作用不同，靠近槽壁的绝缘主要起机构保护作用，防止槽壁损伤主绝缘，靠近导线的一层绝缘纸是保护在嵌线过程中不损伤主绝缘的，在这两层绝缘纸之间的绝缘（主绝缘）是承受电气击穿强度的，如聚酯薄膜主要承受电场强度的作用。槽绝缘承受的机械力随电动机容量和电压等级的提高而相应增加。表 4-3 是采用 DMDM 或 DMD 复合绝缘纸的厚度和伸出铁心两端的长度。表 4-4 是 Y 系列定子绕组槽绝缘规范。

表 4-3 DMD 复合绝缘厚度和伸出铁心两端长度

机 座 号	槽绝缘型式及总厚度/mm			槽绝缘伸出铁心两端长度/mm
	DMDM	DMD + M	DMD	
1 ~ 3 号	0.25	0.25（0.20 + 0.05）	0.25	6 ~ 7
4 ~ 5 号	0.30	0.30（0.25 + 0.05）	—	7 ~ 10
6 ~ 9 号	0.35	0.35（0.30 + 0.05）	—	12 ~ 15

因此，应根据电动机容量的大小及防护等合理选择绝缘材料及绝缘材料的厚度。

表 4-4 Y 系列定子绕组槽绝缘规范

外壳防护等级	中心高/mm	槽绝缘型式及总厚度/mm				槽绝缘均匀伸出铁心两端长度/mm
		DMDM	DMD + M	DMD	DMD + DMD	
IP44	80 ~ 112	0.25	0.25（0.20 + 0.05）	0.25		6 ~ 7
	132 ~ 160	0.30	0.30			7 ~ 10
	180 ~ 280	0.35	0.35			12 ~ 15
	315	0.50			0.50	20
IP23	160 ~ 225	0.35	0.35			11 ~ 12
	250 ~ 280	0.40			0.40	12 ~ 15

（3）绝缘材料的裁剪 裁剪绝缘材料时，要注意纤维的方向。玻璃漆布应与纤维成45°的方向裁，以获得最高的机械强度；绝缘的纤维方向应和槽绝缘的宽度方向一致，否则封槽时较困难。

（4）槽楔的使用 槽楔的作用是固定槽内线圈并防止外部机械损伤。槽楔及垫条常用材料列在表4-5内。

MDB复合槽楔厚度为0.5～0.8mm，中心高80～160mm的电动机，选用0.5～0.6mm的槽楔；中心高180～280mm的电动机，选用0.6～0.8mm的槽楔。应用MDB复合槽楔，可以提高槽利用率。修理时也可用薄环氧板代用。竹楔厚度通常为3mm，各种层压板槽楔厚度为2mm左右。槽内垫条厚度为0.5～1.0mm。

表4-5 槽楔及垫条常用材料

耐 热 等 级	槽楔及垫条的材料名称、型号、长度
A	竹（经油煮处理）、红钢纸、电工纸板（比槽楔短2～3mm）
E	酚醛层压纸板3020，3021，3022，3023（比槽楔短2～3mm）；酚醛层压布板3025，3027（比槽楔短2～3mm）
B	酚醛层压玻璃布板32030，3231（比槽楔短4～6mm）；MDB复合槽楔（等于槽楔长度）
F	环氧酚醛玻璃布板3240（比槽楔短4～6mm）；F级MDB复合槽楔（等于槽楔长度）
H	有机硅环氧层压玻璃布板3250（比槽楔短4～6mm）；聚二苯醚层压玻璃布板338（比槽楔短4～6mm）

6. 绕制线圈

将绕线模具紧固在绕线机上，把线轴上的漆包线端头拉至绕线模上固定，并在模具挡板槽上放置扎线，如图4-22所示。

绕制线圈时应注意以下几点：

1）绕线圈前应检查电磁线的质量和规格，检查的项目如下：

① 外观检查。漆包线表面应光滑清洁，无气泡和杂质，纱包线的纱层无断头和脱落现象。

② 线径和绝缘厚度检查。可用明火烧或用溶剂除去绝缘层，用千分尺测量线径和绝缘厚度是否符合要求。

2）检查绕线机运转情况，要放好绕线模，调好计数器。

3）为了不使导线弯曲，要有专用的放线架，绕线时对导线的拉力应适当。

4）线匝要排列整齐，不得交叉混乱。

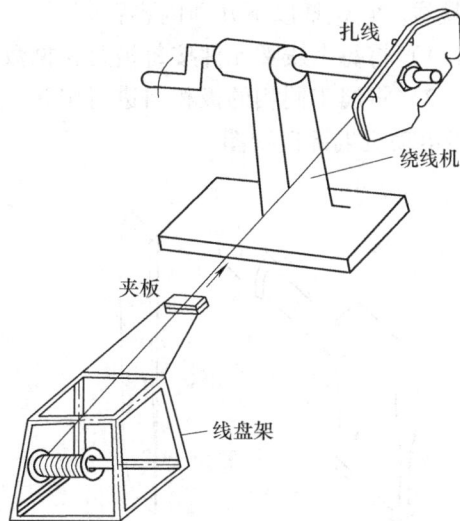

图4-22 线圈绕制示意图

5）随时注意导线的绝缘，如发现绝缘损坏，须用同级的绝缘材料进行修补；如果中途断线，应在线圈端部的斜边位置上接头，并用锡焊好后包上绝缘，不能在线圈直线部分或鼻端附近接头。多根并绕的线圈接头要注意错开，不能在一处接头。

6）线圈的引出线要留在端部，不能留在直线部分。

7）线圈绕好后应仔细核对匝数，以免产生差错。

8）如无绝对把握，在绕制好一个线圈组后应先试嵌线，以确定线圈大小是否合适，如不合适，则可调整绕线模，重新绕制，以免造成重大返工。

7. 嵌线

嵌线是一道很重要的工序，对电动机绕组的修理质量影响很大。嵌线前，应检查槽绝缘的尺寸是否正确、安放是否恰当。为使线圈能顺利入槽，嵌线前必须将导线理齐。嵌线时，线圈的引出线端要放在靠近机座出线盒的一端（拆除旧绕组时要做好标记）。线圈入槽时，要防止定子铁心槽口刮破导线绝缘。线圈入槽后，应随时用理线板（见图4-23b）将槽内的导线理直，并用压线板（见图4-23a）将导线压实；线圈端部要理齐，使导线相互平行，以保持线圈绕制时的形状。使用理线板及压线板时，用力要适当，以免损伤导线绝缘。嵌线过程中，应注意线圈两端伸出铁心的长度，使其基本相等。绕组端部的相间绝缘要垫好；对于双层绕组，还要放好层间绝缘。最好将伸出槽口的槽绝缘剪掉，并覆好槽绝缘，打入槽楔。功率较大的电动机，其绕组端部要用扎线扎紧，使绕组端部连成整体。线圈全部嵌好后，剪去相间绝缘伸出线端部的多余部分（应留一定的余量），并将线圈端部敲成喇叭口，使线圈端部的内表面不致高出定子铁心内孔，以防电动机运行时，定子绕组端部与转子相擦，并使其通风流畅。敲喇叭口时，用力要轻巧均匀。喇叭口不能过大，以免定子绕组端部碰端盖。

8. 接线

嵌线完毕后，需要将线圈连接成三相绕组，同时将各组绕组的始末端引出，这道工序称为接线。它包括以下几项内容：

1）将每个线圈元件按每极每相槽数和线圈分配规律连成极相组。

2）将属于同相的极相组进行串联、并联、混联，接成相绕组，图4-24为一典型的三相4极电动机端部接线图。

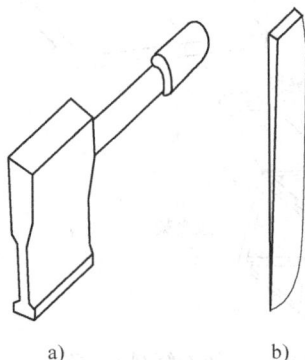

图4-23 嵌线工具
a）压线板 b）理线板

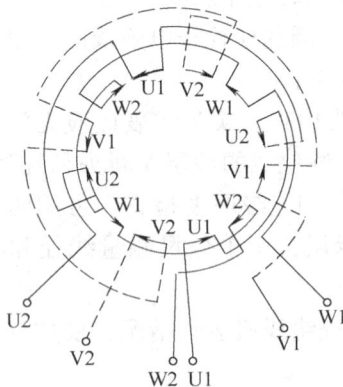

图4-24 三相4极电动机端部接线图

3）将三相绕组按铭牌规定的接法接好。

4）将三相绕组的首末端用电线（或电缆）引到出线盒的接线板上。电动机引出线截面积应符合电流要求，一般按电流密度为4A/mm^{2}选择。

接线时，应将接线头剥去漆膜、砂光。对于扁铜线头、并头套、铜楔、接线鼻等要事先挂好锡面。

对于引接线直径在 1.35mm 及以下并有 2 根及以下并绕，以及引出线截面积在 6mm² 及以下者，可采用并铰接法连接。对于引接线直径在 1.5mm 及以下并有 4 根及以下并绕，以及引出线截面积在 16mm² 及以下者，可采用对铰接法连接。对于引接线直径在 1.5mm 以上并有 4 根及以上并绕，以及引出线截面积在 16mm² 以上或扁铜线者，可采用辅助绑扎接法连接。当引出线截面积大于 25mm² 时，要分两股绑扎连接。采用并头套连接时，并头套长度应为 20～25mm。使用接线鼻时要包合并压紧，在中间部位要轧压紧坑，线鼻距引出线绝缘为 5～10mm。

所有连接点都要采用焊接，要求焊接严密牢固，表面光洁。

引出线的绝缘包扎应按交流电动机绕组绝缘规范进行，要求包扎紧密，无空隙。

9. 浸漆

电动机绕组浸漆的目的是提高绕组的绝缘强度、耐热性、耐潮性以及导热能力，此外也可增加绕组的机械强度和耐腐蚀能力。电动机绕组浸漆的步骤与方法如下：

（1）预烘　电动机浸漆前应进行预烘，预烘的目的是使绕组在浸漆前，将绕组内潮气和挥发物驱除，并加热绕组便于浸渍。预烘的方法是，一般电动机预烘的升温速度为 20～30℃/h，受潮严重的电动机的升温速度应控制在 8℃/h 左右，或者先加热至 50～60℃，保持 3～4h，待大量潮气驱除后，再正常加温烘干。

预烘温度高低取决于电动机绕组绝缘等级和结构，不可超过电动机本身温升所规定的允许值。

预烘时间与绝缘受潮程度、绝缘材料性质、烘干条件等有关，一般以绕组热态绝缘电阻持续 3h 基本保持稳定为准，即在 3h 内所测得的绝缘电阻值之差不大于 10%。

（2）浸漆　浸漆常用的方法有浇漆、滚漆、沉浸和真空加压浸漆，修理时，根据现有设备条件、电动机体积大小以及绝缘质量要求等情况，选择其中的一种浸漆方法。

1）浇漆。此法适于单台电动机浸漆处理，尤其适用于大中型电动机。先把电动机垂直放在滴漆盘上，用装有绝缘漆的漆壶浇绕组的一端，经 20～30min 滴漆后，将电动机翻过来，再浇另一端绕组，直到浇透为止。

这种方法设备简单，但效率不高，适用于单台生产。

2）滚漆。这种方法最适于转子或电枢绕组浸漆处理。漆槽内装入绝缘漆，将转子水平放入漆槽内，这时漆面应没过转子绕组 100mm 以上。如果漆槽太浅，转子绕组浸漆面积小时，需要多次滚动转子，或者一边滚动，一边用刷子刷漆。一般滚动 3～5 次为止，要求绝缘漆浸透绝缘。

3）沉浸。将欲浸漆的电动机吊入漆罐中，保证漆面没过电动机 200mm 以上，使绝缘漆浸透到所有绝缘孔隙内，填满线圈各匝之间以及槽内所有空间。

4）真空加压浸漆。真空加压浸漆的特点是需要有一套真空加压浸漆设备。

（3）烘干　烘干的目的是将漆中的溶剂和水分挥发掉，使绕组表面形成较坚固的漆膜。烘干在余漆滴干后即可进行。烘干过程最好分两个阶段进行，第一阶段是低温阶段，温度控制在 70～80℃，约烘 2～4h，如果这时温度太高，会使溶剂挥发太快，在绕组表面形成许多小孔，影响浸漆质量。同时，过高的温度会将工件表面的漆很快结膜，渗入内部的溶剂受热后产生的气体无法排出，也会影响浸漆质量。第二阶段是高温阶段，温度控制在130℃左右，烘8~16h（根据电动机的尺寸而定），目的是要在绕组表面形成坚固的漆膜。

烘干时，通常要求最后3h内绝缘电阻基本稳定，数值一般要在5MΩ以上，绕组才算烘干。

在实际操作中，由于烘干设备和方法不同，烘干的温度和时间都会有所差异，需按具体情况决定，总之应使绕组对地绝缘电阻稳定而且合格为准。

常用的烘干设备有循环热风干燥室、红外线干燥室和远红外线烘干室等。

实训2　Y系列笼型三相交流异步电动机定子绕组的拆换

1. 实训目的

掌握Y系列笼型三相交流异步电动机定子绕组的拆卸和嵌线。

2. 实训器材

Y系列小型笼型三相交流异步电动机1台；电动机修理工具1套；漆包线等辅料若干。

3. 实训内容与步骤

（1）清理电动机表面　用压缩空气吹净电动机表面的灰尘，并将表面污垢擦拭干净。

（2）记录铭牌数据　将电动机铭牌数据，填入表4-6。

表4-6　三相交流异步电动机铭牌

三相交流异步电动机				
型　　号				
额定功率		kW	额定电流	A
额定电压		V	额定频率	Hz
额定转速		r/min	接法	
绝缘等级			防护等级	
生产厂家			生产日期	

（3）拆卸端盖、抽出转子

1）拆下风扇罩。

2）拆除外风扇。

3）在机座两侧和端盖与机座配合处打上不同的标志。

4）拆除轴伸端盖螺钉，取出轴伸端端盖。

5）用木块将转子轴伸端垫起呈水平状，使转子不要和定子有接触。

6）拆除非轴伸端端盖螺钉，取下端盖。

7）抽出转子。

8）用压缩空气吹净转子表面灰尘，并检查转子是否有碰伤。

（4）记录电动机有关技术数据

1）用压缩空气吹净定子铁心、线圈、槽楔、端部绑扎等处的灰尘。

2）根据电动机型号，查阅其他有关的电动机手册，记录相关技术数据填入表4-7~表4-9，并根据电动机定子实物测量核定。

74

表 4-7　定子铁心数据

	外径/mm	内径/mm	长度/mm	槽　数	气　隙
理论值					
实测值					

表 4-8　定子绕组数据

	定子绕组形式	线圈节距	导线直径/mm	并绕根数	联结方式	每台电动机线圈数	线圈匝数	线圈平均半匝长
理论值								
实测值								——

表 4-9　槽数绝缘数据

耐热等级	结构方案编号	项号	结缘材料名称	型　号	层　数	每层厚度/mm	总厚度/mm	槽楔材料
		1						
		2						
		3						

3）画出绕组接线草图。

4）记录引出线的数据，填入表 4-10。

表 4-10　引出线数据

引出线牌号	材　料	截面积/mm^2

（5）拆除旧绕组

1）将电动机固定在水泥基座工作台上。

2）用通电法加热电动机定子绕组至 200℃ 左右。

3）用斜口钳切割旧绕组端部。

4）用手钳拔出每根导线。

5）旧绕组全部拆除后，要趁热将槽内残余物清理干净。

6）对槽口进行修正。

7）对槽形进行修正。

8）用擦布沾汽油对铁心进行擦拭。

9）用压缩空气吹净铁心，使清理后的铁心表面干净，槽内清洁整齐。

（6）绕制线圈

1）根据电动机型号，查阅有关的电动机手册，记录定子线圈线模尺寸参数填入表 4-11。

表 4-11　定子线圈线模尺寸参数 　　　　　　　　　（单位：mm）

τ_1	τ_2	τ_3	L_1	L_2	L_3	R_1	R_2	R_3	b

注：τ 表示线模宽度；L 表示线模直边长度；R 表示线模半径；b 表示线模厚度。

2）对照表 4-11 调整通用绕线模并固定。

3）检查漆包线的直径及质量。

4）绕线。

（7）准备绝缘材料

1）按尺寸下料，准备绝缘材料。

2）按尺寸下料，准备槽楔材料。

（8）嵌线　按工艺要求嵌线，覆好槽绝缘并打槽楔。

（9）接线　嵌线完毕后，将线圈按铭牌规定接成三相绕组，并将三相绕组的始末端用电线（或电缆）引到接线盒的接线板上。

（10）定子绕组的浸漆和烘干

1）预烘。预烘 3～4h，预烘温度保持在 50～60℃。

2）浸漆。根据设备条件选择浇漆、滚漆或沉浸等方法中的一种对定子绕组进行浸漆处理。

3）烘干。按工艺要求，根据设备条件选择循环热风干燥室法、红外线干燥法和远红外线烘干法中的任一种方法对定子绕组进行烘干处理。

（11）电动机的装配　电动机的装配顺序大致与拆卸顺序相反。装配前一定要注意下列问题：

1）电动机装配前要把转子内外表面尘垢打扫干净后再用沾汽油的棉布擦拭干净。

2）清除定子内部的异物和浸漆留下的漆瘤。

3）将机座和端盖止口上的漆瘤和污垢用刮刀和铲刀铲除干净。

4）检查槽楔、绕组端部绑扎等部件是否松动，槽楔和绑扎的无纬带或绑绳是否高出铁心表面。

5）注意检查绕组绝缘、引线绝缘及出线盒绝缘状况，不得有损伤。

6）绝缘电阻值不应低于规定值。

7）用压缩空气将端盖、风扇、风扇罩上的灰尘吹净，并将表面污垢擦拭干净。

8）检查零配件是否齐全。

做好上述工作后，就可进行装配了。将转子小心装入内腔，按照标记将两边端盖定位并用螺钉拧紧，拧紧螺钉时应均匀交替进行，并用木锤敲击端盖，使端盖与机座止口吻合，以保证电动机转子不偏心，最后装上轴承盖，风扇、风扇罩等零件。

任务 4.4　三相交流异步电动机修复后的试验

任务要求：了解三相交流异步电动机修复后的试验项目，掌握试验方法与步骤，学会用试验数据判断电动机修复后的质量。

4.4.1　三相交流异步电动机修复后试验的基础知识

电动机修复后试验的目的在于检查修复后的电动机是否符合产品说明书的数据、修理的质量要求和标准等。三相交流异步电动机修复后的试验项目，取决于电动机修理情况，详见表4-12。

表4-12　三相异步电动机修复后的试验项目

试 验 名 称	电动机修理情况		
	不修理绕组	局部或整个修理绕组	变更计算数据重绕线圈
绝缘电阻测定	*	*	*
绕组在实际冷却状态下直流电阻测定	+	*	*
绝缘耐电压试验	+	*	*
超速试验	−	+	*
温升试验	+	+	*
转子绕组开路电压的测定（仅对绕线转子电动机及换向器式调速电动机）	−	*	*
空载检查和空载试验	+	*	*
堵转试验	−	*	*
效率、功率因数及转差率的测定	+	+	*

注：*为必须进行的试验；+为推荐进行的试验；−为不必进行的试验。

4.4.2　三相交流异步电动机修复后试验方法

1. 试验前的准备及要求

试验前应做好准备并进行必要的检查，以保证试验不发生人身或设备事故，并使试验能顺利完成。

（1）一般检查　试验前应检查电动机的装配质量，主要检查以下几项：

1）电动机各种标志检查。包括出线端标志、接地标志及其他特殊标志（如防爆电动机有的特殊标志）。

2）紧固件检查。紧固用螺钉、螺栓及螺帽是否齐全和拧紧。

3）机械检查。检查转子转动是否灵活，轴的径向偏摆是否在规定允许的范围内。

（2）气隙大小及其对称性检查　一般仅对中大型交直流电动机及凸极同步电动机进行。对于装配好的封闭式小型电动机，直接测量气隙有一定困难，一般由零件加工精度来保证气隙。

（3）轴承运行情况和电动机振动情况检查　检查是在电动机空载运行时进行的，轴承运转应平稳、轻快、无停滞现象、声音均匀无杂声；滑动轴承应无漏油及温度过高等不正常现象；电动机应无振动。

2. 绝缘电阻测定

绝缘电阻测定是电动机试验中最重要的非破坏性试验，在各种电动机的试验方法标准中，第一项试验便是测定电动机绕组各相之间及其对机壳（地）的绝缘电阻。因为电动机绕组的绝缘电阻可以反映电动机绕组绝缘处理的质量，可以反映电动机绕组绝缘受潮和表面污染情况。当绝缘电阻降低到一定值时，不仅会影响电动机的耐压试验，也会影响电动机起动和正常运行，甚至会危及使用者的人身安全并损坏电动机。

测量电动机绕组绝缘电阻通常选用绝缘电阻表。根据被试电动机绕组的额定电压，采用不同的规格，一般额定电压在36V及以下电动机选用250V绝缘电阻表，500V及以下电动机选用500V绝缘电阻表，500V以上电动机选用1000V绝缘电阻表。

测量绝缘电阻时，如各组绕组的始末端均引出，应分别测量每相绕组对机壳及其相互间的绝缘电阻。如三相绕组已在电动机内部连接仅引出三个出线端时，则测量所有绕组对机壳的绝缘电阻。对绕线转子异步电动机，应分别测量定子绕组和转子绕组的绝缘电阻。对多速多绕组的电动机，各绕组对机壳的绝缘电阻必须逐个进行测量，并逐个测量组间的绝缘电阻。测完后应使绕组对地放电。

各类电动机绕组在热状态时或温升试验后的绝缘电阻限值，在其相应的产品技术条件中有规定。通常规定为不低于下式所求得的数值：

$$R = \frac{U}{1000 + \frac{P}{100}} \tag{4-5}$$

式中　R——电动机绕组的绝缘电阻（MΩ）；

　　　U——电动机绕组的额定电压（V）；

　　　P——电动机的额定功率，直流电动机及交流电动机（kW）；交流发电动机，（kV·A）；调相机（kvar）。

3. 绕组在实际冷却状态下直流电阻的测定

绕组在实际冷却状态下直流电阻的测定，就是测量交流电动机的每相绕组的直流电阻。如果交流电动机的每相绕组都从始末端引出，直接测量每相绕组的电阻。如三相绕组已在电动机内部连接，仅引出三个出线端，则在每两个出线端间测量电阻。

在测量绕组在实际冷却状态下的直流电阻时，应注意：

1) 绕组的直流电阻用双臂电桥或单臂电桥测量。电阻在1Ω及以下时，必须采用双臂电桥测量。

2) 当采用自动检测装置或数字式微欧计等仪表测量绕组的电阻时，通过被测绕组的试验电流，应不超过其正常运行时电流的10%，通电时间不应超过1min。

3) 测量交流电动机的直流电阻时，转子静止不动，定子绕组的电阻应在电动机的出线端上测量。对绕线转子电动机，转子绕组的电阻应尽可能在绕组与集电环连接的接线片上测量。

4. 对地绝缘耐压试验

（1）耐压试验的一般要求　试验前应先测定绕组的绝缘电阻，在冷却状态下测得的绝缘电阻，按绕组的额定电压计算应不低于1MΩ/kV。如需进行温升试验，则本项试验应在温升试验后立即进行。

试验应在电动机静止状态下进行。

试验时，电压应施加于绕组与机壳之间，其他不参与试验的绕组和铁心均应与机壳连接，对额定电压在 1kV 以上的多相电动机，若每相的两端均单独引出时，试验电压应施加于每相（两端并接）与机壳之间，此时其他不参与试验的绕组和铁心均应与机壳连接。

（2）试验电压和时间　对于功率小于 1kW（或 kV·A）且额定电压低于 100V 的电动机绝缘绕组，其试验电压（有效值）为 500V + 2 倍额定电压；对功率小于 10kW（或 10kV·A）的电动机绝缘绕组，其试验电压（有效值）为 1000V + 2 倍额定电压，但最低电压不能小于 1500V。

试验时，施加的电压应从不超过试验电压全值的一半开始，然后以不超过全值的 5% 均匀或分段地增加至全值，电压自半值增加至全值的时间应不少于 10s。全值电压试验时间应持续 1min。

5. 超速试验

超速试验的目的，是为了检验转动部分零部件及绝缘体的机械强度能否承受超速情况下的离心力作用。超速试验时的转速，对三相交流异步电动机而言，为额定转速的 1.2 倍；对于多速电动机，应取其中最高转速作为额定转速。持续时间为 2min。电动机的超速可根据具体情况采用变速法或原动机拖动法来获得。由于超速试验的危险性比较大，试验时的安全性尤为重要，因此，做超速试验时，要特别注意如下事项：

1）超速试验前，应仔细检查被试验电动机的装配质量，特别是轴承和油封的装配质量，以避免因不正常的摩擦而引起事故。

2）电动机的最薄弱部位是绕组端部的绑扎线，在封闭式和防护式电动机中，绑扎线断裂后一般不会飞出机外，而在开启式电动机中，断裂的绑扎带有可能飞出而对周围人员和设备造成损伤。因此，试验时应要求所有人员离开试验场地。如果电动机转子装有风翼等可移零件，超速时也需特别注意，防止这些零件飞出。

3）被试电动机的控制以及转速、振动和油温的测量，应在远离被试电动机的安全区域内进行。

4）在升速过程中，当电动机达到额定转速时观察转速、振动、油温以及电流、电压等运行情况，如无异常现象，才可继续均匀地升到规定的转速。

5）试验持续到规定的时间后，便可均匀地降低转速直至完全停止（一般来说，切断试验线路的电源即可）。

6）试验结束后，应仔细检查电动机的转动部分是否有损坏或变形，紧固件是否松动及有无其他不正常现象。如电动机具有换向器或集电环，则应测量这些部件的偏摆情况。

6. 温升试验

电动机某部分温度与冷却介质温度之差即为该部分的温升。电动机温升通常是指在额定负载下绕组的温升。

电动机的温升是电动机的一项关键指标。温升过高，超过了所用绝缘材料的温度限值，将使绕组受到损害，降低使用寿命；温升过低，表示电动机有效材料利用率低，经济性差。

温升试验方法有直接负载法和等效负载法两种，在工程中一般优先采用直接负载法。

用直接负载法做温升试验时，被试电动机处于实际工作状态，即发电动机在额定电压、电流及转速下运行；电动机在额定电压、转速及转矩下运行。

温升试验时，可用电阻法、埋置检温计（ETD）法、温度计法和叠加法（也称双桥带电测量法）测量电动机绕组和其他各部分的温度。

电动机绕组温度的测量方法一般选用电阻法。

用电阻法测取绕组的温度时，冷热态电阻必须在相同的出线端上测量。此时绕组的平均温升 $\Delta t(℃)$ 按式（4-6）计算：

$$\Delta t = \frac{R_2 - R_1}{R_1}(K_a + t_1) + t_1 - t_0 \tag{4-6}$$

式中　R_2——试验结束时的绕组电阻（Ω）；

　　　R_1——试验开始时的绕组电阻（Ω）；

　　　t_1——试验开始时的绕组温度（℃）；

　　　t_0——试验结束时的冷却介质温度（℃）；

　　　K_a——常数，铜取 235℃；铝取 225℃。

用温度计测量温度时，温度计应紧贴在被测点表面，并用绝热材料覆盖好温度计的测温部分，以免受周围冷却介质的影响。有交变磁场的地方，不能采用水银温度计。

连续定额电动机试验时，被测电动机应保持额定负载，直到电动机各部分温度达到热稳定状态为止。

试验期间，应采取措施，尽量减少冷却介质温度的变化。

为缩短时间，温升试验开始时，可以适当过载。

7. 空载检查和空载试验

电动机检修总装后都要进行空载试验，检查转动时的振动、响声及轴承、电刷和电刷提升装置的运行情况，并调整到完好状态。空转检查的持续运转时间大约 $10\sim30min$。外施电压可低于额定电压（约 $0.5U_N$），这样既简化起动装置，也可改善电网功率因数。

空载试验的目的，是为了测定额定频率和额定电流下的空载电流和空载损耗，检查三相电流的平衡度。若要确定铁耗和机械损耗，则要测取空载特性曲线，即测试不同外加电压与空载电流、空载损耗的关系。

绕线转子异步电动机的空载试验要将转子绕组在出线端短路，多速电动机应对每一种转速都进行空载试验。为使电动机的机械损耗达到稳定，空载试验是在电动机空载运转 30min 后开始记录数据，要记录三相电压、三相电流和三相输入功率。三相电流中任一相不得大于平均值的 10%。若三相电压相等，且改换电源相序后三相空载电流不平衡的情况不变（某相电流仍大），且运转时有嗡嗡声，则表明被试电动机有缺陷。一般中小型异步电动机的空载电流大约为电动机额定电流的 30%~60%，高速大容量电动机的空载电流百分率要小些，低速及小容量电动机则大些。空载损耗约为电动机额定功率的 3%~8%。同规格异步电动机空载电流的波动值在 15% 以内，空载损耗的波动值在 20% 以内。空载电流大，主要会使电动机的功率因数降低，空载损耗大，使电动机效率下降。

空载试验结束后，应立即在两个出线端间测量定子绕组的电阻。

实训 3　Y 系列笼型三相交流异步电动机修复后的检查

1. 实训目的

掌握 Y 系列笼型三相交流异步电动机修复后的检查方法。

2. 实训器材

Y 系列小型笼型三相交流异步电动机 1 台；开尔文电桥；万用表 4 台；功率表 2 台；电工常用工具 1 套。

3. 实训内容与步骤

（1）绕组在实际冷却状态下直流电阻的测定　将三相定子绕组出线盒内的绕组连接片拆开，将开尔文电桥或惠斯顿电桥两支表笔中的一支接到电动机一相绕组的接线端上（如 U1），另一支表笔接于同一相绕组的另一接线端上（如 U2）。读取数据。然后按以上方法再测量 V1 与 V2，W1 与 W2 之间的直流电阻。将测量结果记录在表 4-13。

表 4-13　三相定子绕组在实际冷却状态下直流电阻的测量值

U1－U2 相直流电阻/Ω	V1－V2 相直流电阻/Ω	W1－W2 相直流电阻/Ω

（2）空载检查和空载试验

1）空载检查。检查电动机空载时转动的振动、响声及轴承等装置的运行情况，并将检查结果记录在表 4-14。

表 4-14　空载检查的结果

额定电压 U_N/V	外施电压 U/V	时间/min	振　动	响　声	轴承运行状态

2）空载试验。空载试验接线如图 4-25 所示。按图接线，起动、运转电动机。为使电动机的机械损耗达到稳定，在电动机空载运转 30min 后开始记录三相电压、三相电流和三相输入功率等数据。将测量结果记录在表 4-15。

三相电流平均值为

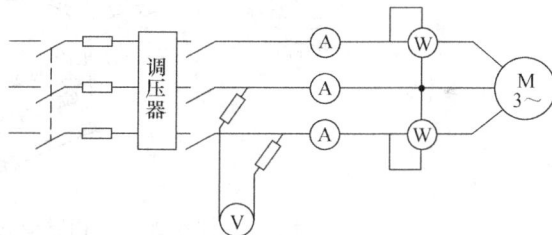

图 4-25　空载试验接线图

$$I_0 = \frac{T_U + I_V + I_W}{3}$$

$$某相线电流偏差值 = \frac{某相线电流 - 三相电流平均值}{三相电流平均值} \times 100\%$$

三相电流中任一相不得大于平均值的 10%。若三相电压相等，且改换电源相序后三相空载电流不平衡的情况不变（某相电流仍大），且运转时有嗡嗡声，则表明被试电动机有缺陷。

表 4-15　三相交流异步电动机空载试验测量值

U－V 线电压/V		V－W 线电压/V		U－W 线电压/V	
U 相线电流/A		V 相线电流/A		W 相线电流/A	
U 相线电流偏差值（%）		V 相线电流偏差值（%）		W 相线电流偏差值（%）	

任务 4.5　单相交流异步电动机的故障检修

任务要求：了解单相交流异步电动机的结构特点，掌握单相交流异步电动机故障检修的方法、步骤与工艺。

4.5.1　单相交流异步电动机的基础知识

小功率单相交流异步电动机具有结构简单，噪声小，只需要单相交流电源等特点，广泛用于小型机电设备和家用电器等场合。尽管单相交流异步电动机种类繁多，但其结构与三相笼型异步电动机基本相似，转子是笼型的，定子槽内嵌放着定子绕组，所不同的只是定子只有单相绕组。但实际上，为了帮助单相异步电动机起动，定子上一般都有两个绕组。一个是主绕组，也称为工作绕组，通电后产生主磁场；另一个是副绕组，也称为起动绕组，用来帮助电动机起动。一般工作绕组与起动绕组在空间互差90°电角度。图4-26所示为单相异步电动机的基本结构。

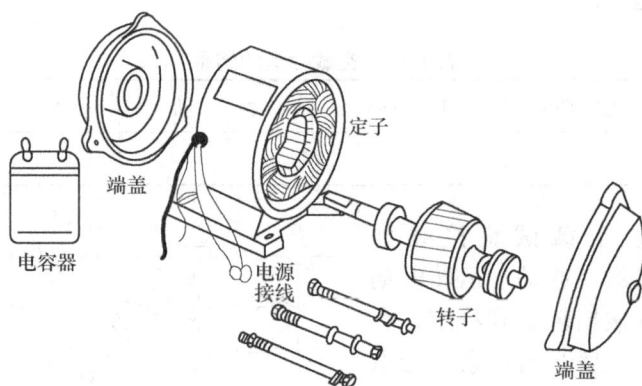

图 4-26　单相异步电动机的基本结构

单相异步电动机主要由定子（机座、铁心、绕组）和转子（转轴、铁心、绕组）两大部分组成，有的还附有起动装置（离心开关式和起动继电器式两大类）。

单相异步电容机不能自行起动，必须依靠外力来完成起动过程。不过它一旦起动，即可朝起动方向连续不断地运转下去。根据起动方式的不同，单相异步电动机可以分为许多不同的类型，常用的有分相式电动机（见图4-27）、罩极式电动机（见图4-31）和电容式电动机三种，其中电容式电动机又可分为电容起动式（见图4-28）、电容运转式（见图4-29）和电容起动运转式（见图4-30）三种。

除电容运转式电动机和罩极式电动机外，一般单相异步电动机在起动结束后，辅助绕组都必须脱离电源，以免烧坏。因此，为保证单相异步电动机的正常起动和安全运行，就需配有相应的起动装置。起动装置主要分为离心开关式和起动继电器式两大类。离心开关式由安装于转轴上的旋转部分和安装于前端盖内的固定部分组成。起动继电器一般装在电动机机壳上，主要有电压型、电流型和差动型三种。

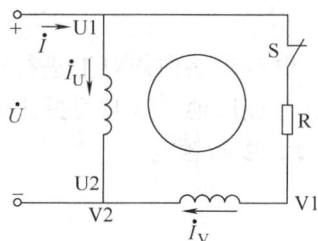

图 4-27　单相电阻分相式电动机

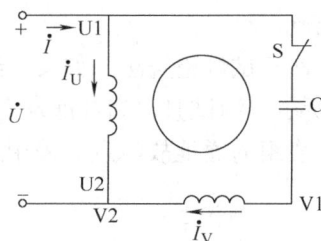

图 4-28　单相电容起动电动机

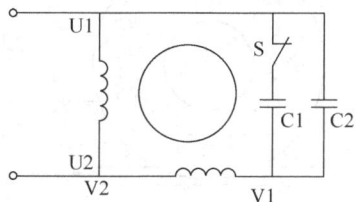

图 4-29　单相电容运行电动机

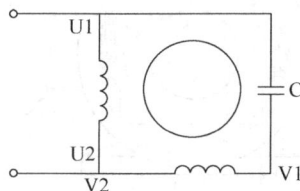

图 4-30　单相电容起动运转电动机

4.5.2　单相交流异步电动机故障的检修方法

单相异步电动机的故障检修涉及 4 个方面的内容，即定子绕组、转子绕组、起动装置和电容器。

1. 定子绕组的故障及修理

定子绕组是单相异步电动机中任务最繁重、结构最薄弱、最易受损造成故障的部件。定子绕组的常见故障与检修方法主要有以下几个方面：

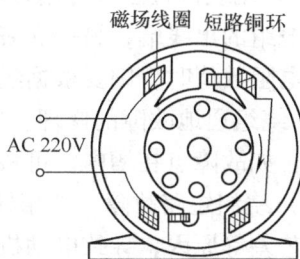

图 4-31　单相罩极式电动机结构示意图

（1）绕组绝缘受潮　受过雨淋、水浸的电动机，或在潮湿环境下长期未用的电动机，其绕组绝缘均可能受潮。这类电动机在重新使用前，必须要用 500V 绝缘电阻表检查绕组的绝缘电阻，主绕组、辅助绕组对机壳的绝缘均要检测。测得的绝缘电阻若小于 0.5MΩ，则说明电动机绕组绝缘受潮严重，需要烘干处理以后才能使用。电动机绕组绝缘的加热烘干可用白炽灯泡、电炉、电吹风和烘箱等进行。有些电动机由于使用日久绕组绝缘老化，可在烘干后再浸漆处理一次，以增强其绝缘能力。

（2）绕组通地故障　电动机长期超载运行，因温升过高而导致绝缘老化，或因受潮、腐蚀、定转子相擦、机械损伤、制造工艺不良等，都有可能产生绕组通地故障。绕组通地时整个电动机都会带电，这将会造成电气设备的损坏，甚至引起人身伤亡的严重事故。单相异步电动机绕组通地故障的检查有以下几种方法：

1）外观检查法。仔细目测电动机定子铁芯内、外侧、槽口、绕组直线部分、端接部分，引出线端等，查看有无绝缘破损、烧焦、电弧痕迹的现象，以及绝缘的烧焦气味。仔细观察找出故障处。

2）绝缘电阻表检查法。对额定电压 220V 及以下的单相异步电动机，可用 500V 绝缘电阻表检测。测量时，绝缘电阻表的 L 端接电动机绕组，E 端接电动机金属外壳，按照绝缘电阻表规定的转速（通常为 120r/min）转动手柄。如指针指零，表示绕组通地。当指针在零附近摇摆不定时，则说明它尚具有一定的电阻值。用绝缘电阻表检查绕组通地故障的方法如

图 4-32 所示。

3）220V 试灯检查法。如没有绝缘电阻表，可用 220V 电源串接白炽灯泡进行检查，如图 4-33 所示。测试时，如灯泡发亮，表明绕组绝缘损坏已直接通地。这时可拆出端盖和转子，查找绕组的通地故障点。采用这种方法要特别注意安全，以防触电。

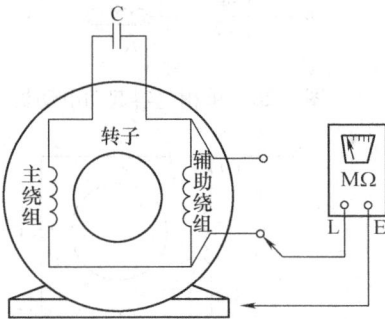

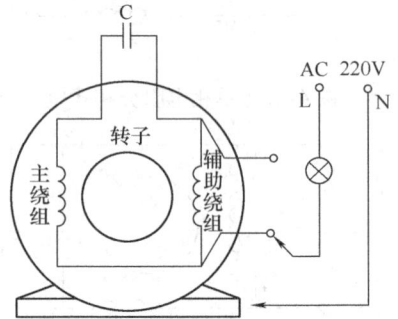

图 4-32　用绝缘电阻表检查绕组接地故障　　　　图 4-33　用试灯检查绕组接地故障

4）万用表检查法。可用万用表 $R \times 10k$ 档检测绕组接地故障。测量时，万用表的一支表笔接绕组的出线端，另一支表笔接电动机外壳。如测出的电阻为零，则绕组已直接通地。测出有电阻数值时，则要根据经验分析判断电动机是受潮还是击穿故障。

5）绕组通地故障的修理。用以上方法找到通地故障点后，如故障点在槽外，可采用局部修理；如故障点在槽内，可根据具体情况做局部或重换绕组的处理。

（3）绕组短路故障　单相异步电动机由于起动装置失灵、电源电压波动大、机械碰撞、制造工艺差等原因，导致电动机电流过大，线圈绝缘损坏而产生短路。绕组短路及检查方法通常有以下几种。

1）外观检查法。绕组短路故障可分为匝间短路、线圈间短路、极相组间短路以及主、辅绕组间短路。发生短路时，由于短路线圈内产生很大的环流，使线圈迅速发热、冒烟、发出焦臭气味以及绝缘因高温变色。除一些轻微的匝间短路外，较严重的线圈间、极相组间、各绕组间的短路，经仔细目测大多能找到故障点。

2）空转检查法。对于小功率的单相电动机的短路故障，如手头一时没有仪表，则可采取让电动机空载运转 15～20mim（如出现烧熔体、冒烟等异常情况时应立即停止运行）。然后迅速拆开电动机两端，用手依次触摸绕组端部的各个线圈，对温度明显高于其他地方的线圈应仔细察看直至找出故障点。这种方法很简便，但对轻微的匝间短路却难以奏效。

3）电桥检查法。先确定主绕组、辅助绕组中是哪套绕组短路，然后用电桥逐一测量该套绕组各极相组的电阻值，阻值明显比其他极相组小时，即可能为短路线圈。

4）短路测试器法。这是查找单相（及三相）定子绕组匝间短路或线圈间短路的最常用方法。

短路测试器法是用通用 DDT－2 线圈、短路测试仪进行短路测试，电机短路测试仪如图 4-34所示，使用方法如下：

① 开机前将电场强度、报警音量等逆时针旋到头，将测试探头接到探头输入端子（探头长短与长短探头开关同步）。

② 打开电源开关。

③ 将电场强度、报警音量顺时针旋至最大，此时绿框灯均亮起，说明该仪器工作正常。

④ 用测试探头靠近被测工件表面，若有短路，红框灯亮并且报警声同步响起。

⑤ 测试完毕，将电场强度及报警音量同时关到最小，方可关闭电源。

⑥ 测试时，测试探头槽口两边应同时靠近被测工件，避免一边在铁心上，而另一边离开很大距离。

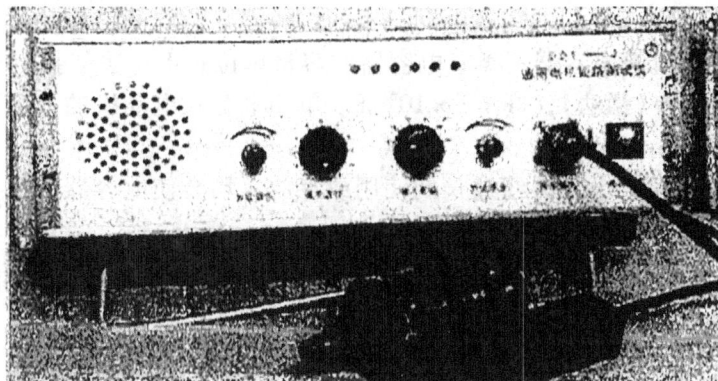

图 4-34　短路测试仪

5）绕组短路故障的修理。如绕组绝缘未整体老化且短路绕组线圈的导线还没有烧坏，则可以局部修复，否则，最好重换绕组。

（4）绕组断路故障　绕组由于受机械碰撞、焊接不良、严重短路等原因，都可能使线圈产生断路故障。绕组断路的检查较容易，可以用绝缘电阻表、万用表、电桥或试灯检查。用万用表检查时，将开关转至电阻档，先从电动机接线板查起，找出断相的是哪套绕组。然后采用分组淘汰的办法，拆开断相绕组测量各极相组的电阻值，不通的即为断路极相组，最后找出断路线圈。断路故障点如发生在端部且相邻处绝缘完好，则只需重新连接和做好绝缘。假如断路发生在槽中，就必须采用穿绕法重换新线圈。

2. 起动装置的故障及修理

单相异步电动机需要一套辅助绕组帮助起动，对起动后需切断辅助绕组的这类电动机，常带有起动装置。起动装置的类型是多种多样的，主要分为机械式和电气式两大类。机械式是直接利用电动机转动产生的机械力来断开接点，如利用离心力断开接点的离心开关。电气式则是利用电磁力、电热原理使起动开关动作并断开接点，如电磁式继电器、热继电器等。

常用的起动装置要求在单相异步电动机接入电源，转速达到75%～80%同步转速时，把辅助绕组自动从电路切除。所以，起动装置一定要工作可靠，如果在整个起动过程中不能断开起动绕组。也就是说，起动绕组长时间进入电动机运行状态的话，由于起动绕组线径小、电流密度较高，这样就有可能使电动机辅助绕组烧毁。起动装置对电动机的可靠运行是极为重要的，常见的起动装置故障及修理如下所述。

（1）离心开关的故障及修理　这种起动开关结构复杂，而且要装在电动机端盖内侧，不便于检查维护。由于它在单相异步电动机中的使用日益减少，已逐渐为其他型式的起动装置所取代。限于篇幅，请参阅有关资料。

（2）起动继电器的故障及修理　单相异步电动机用起动继电器有多种型式，常见的主要故障有：继电器工作失灵、继电器触点烧坏、线圈故障等。对起动继电器的故障，一般不做修理，更换一个同型号的起动继电器即可。

3. 电容器的故障及检查

电容器是单相电容式电动机不可缺少的一个重要元件，由于采用了电容器移相，单相起动式、运转式、起动运转式电动机才获得了优良的起动和运转特性。电容器损坏后一般不能修复，只能更换，故掌握电容器的故障类型和检查方法就十分重要。

（1）电容器的类型　单相电容式电动机用的电容器，按它的结构和类型可分为纸介电容器、油浸电容器和电解电容器三类。电容器的容量单位是 F（法［拉］），但这个单位太大，经常使用的为 μF（微法），$1F = 1 \times 10^6 \mu F$。单相电容式电动机的电容器容量一般均不大于 $150\mu F$。

（2）电容器的故障　电容器经过长期使用或存放，均会使电容器的质量受到一定影响而引起故障，常见的故障有以下几种：

1）过电压击穿。电动机如长期工作在超过额定值的过高电压下，会使电容器的绝缘介质被击穿而发生短路或断路。

2）电容量减小。电解电容器经长期使用或长期放置在干燥高温的地方，则可能因其电解质干枯而使电容量减小。

3）电容器断路。电容器经长期使用或保管不当，至使引线、引线端头等受潮腐蚀、霉烂，引起接触不良或断路故障。

（3）电容器的检查　电容器常用的检查方法有以下几种：

1）电容器的容量检查。检查电容器容量时，可将被测电容接入 50Hz 交流电路中，测量出通过电容器两端的电压和电流，如图 4-35 所示，此时可由式（4-7）算出电容器的电容量 $C(\mu F)$：

$$C = I/(2\pi f U) \qquad (4-7)$$

式中　　U——电容器两端外加试验电压（V）；

　　　　I——电容器电路中的电流（A）；

　　　　f——试验电源频率（Hz）。

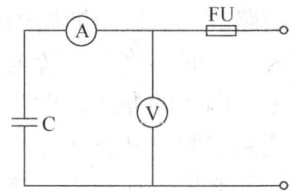

图 4-35　电容器电压 – 电流表检测法

2）伏安法检查电容器的断路和短路。用图 4-35 所示方法检查电容器的断路和短路故障，断路时电流表的读数为零，而短路时电压表的读数为零。但是这时必须在电路中串入一个熔体，以保护电路中的仪表。

3）万用表检查电容器断路和短路。将万用表转到 R×10k 或 R×1k 档，为确保安全，先将电容器的残余电量放光，然后再测量电容器的故障。测量时，用万用表测电容器两极之间的电阻，若阻值很大，即表针不动且无充放电现象，则为线端与极片脱离的断路故障。若电阻极小且表针不返回则是极间短路。

（4）电容器的更换　电容器损坏后，电容器的容量虽然也可以通过较为繁复的方法算出来，但算出来的电容值还得在电动机的试运行中验证和调整。因此，最简便可靠的方法是仍按厂家所配电容器的规格进行更换。如原来所配电容器丢失，则可参照同类型的电动机选用的电容器容量等参数选配。

4.5.3　单相交流异步电动机常见故障的判断与检修

单相交流异步电动机常见故障的判断与检修见表 4-16。

表 4-16 单相交流异步电动机常见故障的判断与检修

序 号	故障现象	故障原因	故障处理
1	电源电压正常，通电后电动机不能起动	1）引线开路 2）主绕组或辅绕组开路 3）离心开关触点合不上 4）电容器开路 5）轴承卡住 ①轴承已坏 ②轴承进入杂物 ③润滑脂干涸 ④轴承装配不良 6）定、转子相碰 7）过载	1）用万用表查找出断处并修理好 2）用万用表确定故障，更换线圈 3）检查离心开关触点是否已坏，或者不灵活，加以调整 4）更换电容器 5）清理或更换轴承 ①更换轴承 ②清理轴承，去除杂物 ③清理轴承，换上新润滑脂，润滑脂的容量不得超过轴承室容积的70% ④重新装配，调整使之转动灵活 6）锉去转子冲片突出部分 7）减少负载，选择较大容量的电动机
2	能起动或在外力帮助下能起动，但起动迟缓且转向不定	1）辅助绕组开路 2）离心开关触点合不上 3）电容器损坏	1）查出断路处并加以修复 2）检查离心开关触点是否已坏或不灵活，加以调整、修理或更换 3）更换电容器
3	电动机转速低于正常转速	1）电源电压过低 2）转子电阻太大 3）主绕组内有部分绕组反接或接线错误 4）轴承摩擦加大 5）负载过大	1）调整电源电压至额定值 2）更换转子 3）改正绕组的接线错误 4）清理轴承，加上适当的润滑脂 5）查找原因或更换容量较大的电动机
4	起动后电动机很快发热，甚至烧坏绕组	1）主绕组短路或接地 2）主、辅助绕组短路 3）起动后离心开关触点断不开 4）主、辅助绕组接错 5）电动机的负载选择不当，过大或过小 6）电压不准确	1）用万用表测量电阻的大小 2）用万用表检查电阻值，更换绕组 3）测量总电流或副相回路电流，检修或更换离心开关 4）测量其电阻或复查触点符号，改正一次、二次绕组接线 5）应按电容运转和分相起动的特点选择负载 6）用电压表校准
5	起动后电动机发热，输入功率大	1）电动机过载 2）绕组短路或接地 3）定、转子相擦 4）轴承损坏	1）调整电动机负载 2）用万用表测量电阻值的大小，用绝缘电阻表测量绕组是否接地 3）检查转子铁心是否变形，轴是否弯曲，端盖的止口是否过松 4）保养或更换轴承
6	电动机转动时噪声太大	1）绕组短路或接地 2）离心开关损坏 3）轴承损坏 4）轴向间隙太大 5）电动机内落入杂物	1）测量电阻值和绝缘电阻，排除故障 2）修理或更换离心开关 3）修理或更换轴承 4）将间隙调至适当值 5）拆开电动机，消除杂物
7	通电后熔丝熔断	1）绕组短路或接地 2）引出线接地	1）测量电阻和绝缘电阻，排除故障 2）把引出线接好

（续）

序　号	故障现象	故障原因	故障处理
8	电动机有不正常的振动	1）转子不平衡 2）带盘不平衡 3）轴伸弯曲	1）校动平衡 2）校静平衡 3）校直或更换转轴
9	轴承过热	1）轴承损坏 2）轴承内、外圈配合不当 3）润滑油过多、过少或油太脏，混有铁屑 4）传动带过紧或联轴器装得不好	1）更换轴承 2）选择适当配合，使轴承内外圈配合处不相对滑动 3）加油或清洗换油，使油脂的容量不超过轴承室容积的70% 4）调整带张力

任务 4.6　直流电动机的维修

任务要求：掌握直流电动机拆卸与装配的方法、步骤与工艺；能够检查、清洗零部件，换装轴承等；掌握直流电动机换向器与电刷装置故障的修理及调试方法、步骤与工艺。

4.6.1　直流电动机的基础知识

直流电机是一种能将直流电能和机械能相互转换的旋转电器。将机械能转换为直流电能的是直流发电机，将直流电能转换为机械能的是直流电动机。

根据直流电机可逆运行的原理，直流电机既可作为发电机又可作为电动机使用。图 4-36 为直流电动机的外形图。

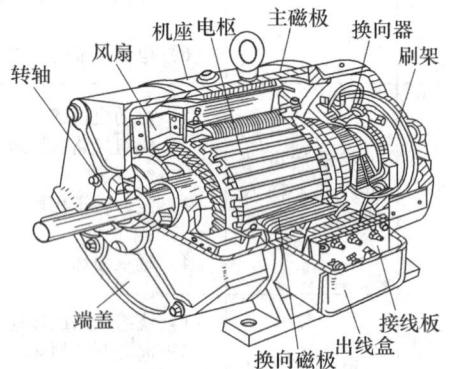

直流电动机是一种旋转电器。通常把产生磁场的部分做成静止的，称为定子；把产生感应电动势或电磁转矩的部分做成旋转的，称为转子（又叫电枢）。定子由主磁极、换向磁极、机座、端盖和电刷装置等组成。转子由铁心、绕组、换向器、转轴和风扇等组成。直流电动机的剖视图如图 4-37 所示。

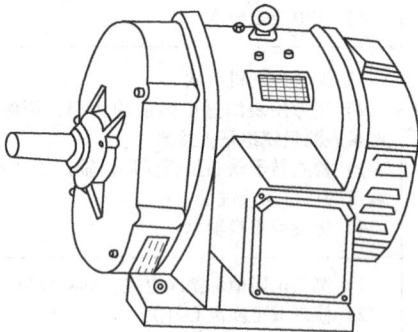

图 4-36　直流电动机的外形图

图 4-37　直流电动机的剖视图

直流电动机在进行能量转换时，不论是将机械能转换为电能的发电机，还是将电能转换为机械能的电动机，都是以气隙中的磁场作为媒介的。除了采用磁钢制成主磁极的永磁式直流电动机以外，直流电动机都是在励磁绕组中通以励磁电流产生磁场的。励磁绕组获得电流的方式称作励磁方式。

直流电动机常用的励磁方式有他励、并励、串励和复励。

（1）他励　他励是励磁绕组的电流由单独的电源供给，如图4-38a所示。（永磁式也是他励的一种形式）。

（2）并励　并励是励磁绕组与电枢绕组并联，如图4-38b所示。

（3）串励　串励是励磁绕组与电枢绕组串联，如图4-38c所示。

（4）复励　复励是励磁绕组分为两部分，一部分与电枢绕组并联是主要部分；另一部分与电枢绕组串联，如图4-38d所示。两部分励磁绕组的磁通量方向相同称为积复励；方向相反称为差复励。

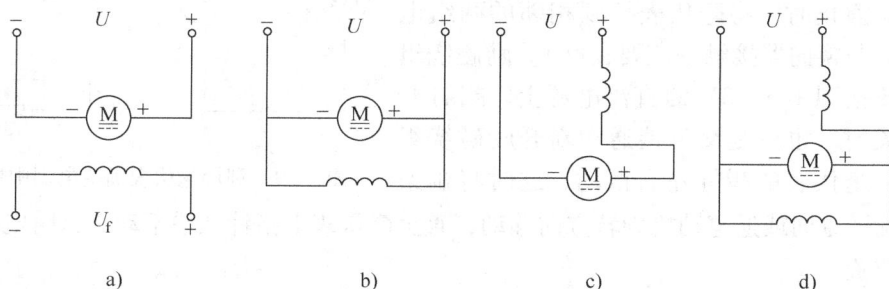

图4-38　直流电动机常用的励磁方式接线图

a）他励　b）并励　c）串励　d）复励

对于直流发电机，由于电枢绕组为输出直流电的部分，因此，并励、复励式励磁绕组的电流都由自己的电枢电动势所提供，统称为自励发电机。

4.6.2　直流电动机的拆卸和装配方法

直流电动机在结构上除具有电刷装置与换向器（这一点其实与三相绕线转子异步电动机在结构上相似）外，其他均与三相交流异步电动机一样。所以4.1.2节所介绍的有关三相交流异步电动机拆装的方法与注意事项同样适用于直流电动机的拆装。因此，在进行直流动电动机拆装时，必须完全按照执行。除此以外，针对直流电动机在结构上与三相异步电动机相比具有电刷装置与换向器等部件的特点，在直流电动机拆装时还应补充下面几点：

1）在直流电动机拆卸时，应特别注意要标明直流电动机外部接线中的并励绕组、电枢绕组与外部接线的对应标记，不可遗漏。

2）在拆卸直流电动机的端盖时，应注意要先拆下换向器端盖的螺钉、轴承盖螺钉，取下轴承外盖，再拆下换向器的端盖。

3）拆卸电刷时，应先将电刷从刷握中取出，再拆掉接到电刷装置上的连接线。要特别注意在电刷中性线的位置做上标志。

4）当直流电动机修理维护完毕后，需将其装配还原，这个过程是拆卸的逆过程。只需要按标记将部件及接线复位即可。在装配过程中要特别注意电刷的安装位置，因为它十分重要，其安装位置的准确与否直接影响电动机的性能。在可逆的直流电动机中，电刷位置一般都处在几何中性线上；而直流发电机或单方向旋转的直流电动机，电刷的位置原则上也应该在几何中性线上，但有时为了调整电动机的某些工作特性，往往将电刷位置在几何中性线左右偏移一个角度，但偏移的角度不宜过大。总之，电刷处的位置应该使换向器上的火花等极、电动机的转速调整率都在规定范围内。

电刷中性位置是指当电动机作为发电机空载运转时，其励磁电流及转速保持不变的情况下，在换向器上测得最大感应电动势时的位置。确定电刷中性位置的方法有感应法、正反转发电动机法、正反转电动机法和零转矩法四种。限于篇幅，本节仅介绍用磁电式毫伏表来确定电刷中性位置的感应法。其他方法请参阅有关文献。

感应法是最常用的一种确定电刷中性位置的方法，利用毫伏表确定电刷中性位置的电路如图4-39所示。

当电枢静止时，将毫伏表接到相邻的两组电刷上（电刷与换向器接触一定要良好）。励磁绕组通过开关S接到1.5～3V的直流电源上。当打开和闭合开关时，也就是交替接通和断开励磁绕组的电流时，毫伏表的指针左右摆动，这时将刷架顺电动机旋转方向或逆电动机旋转方向移动，直至毫伏表上指针几乎不动，这时电刷的位置就是中性位置。

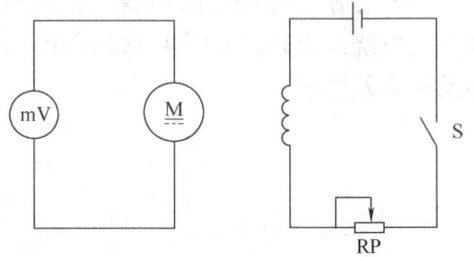

图4-39　利用毫伏表确定电刷中性位置

4.6.3　直流电动机换向器及电刷装置的基础知识

换向器是直流电动机的重要部件，它用来实现电枢绕组中的交变电动势、电流和电刷间的直流电动势，电流之间的相互转换。换向器的结构如图4-40所示。电刷安装在以刷杆座为转动中心的刷杆上的刷握中，如图4-41所示。其作用是将旋转的电枢与固定不动的外电路相连，把直流电压和直流电流引入或引出。

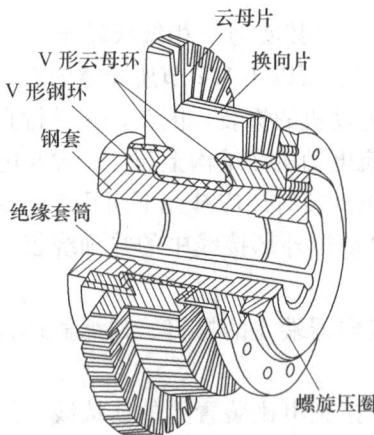

图4-40　普通换向器的结构

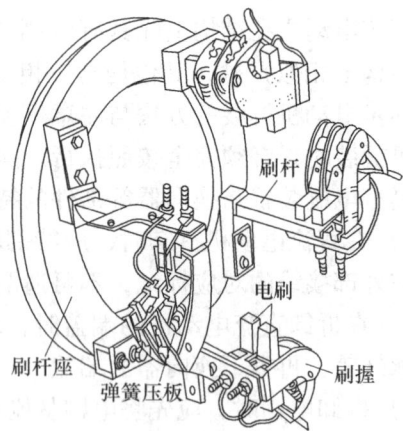

图4-41　电刷装置

4.6.4　直流电动机换向器及电刷装置的检修方法

1. 换向器表面有伤痕及磨损的修理

换向器在长期运行后，常被电刷在表面磨出高低不平的深沟，有时由于电刷下火花严重，也会使换向器表面烧成斑点。对于这种故障，应将转子架在车床上，将换向器表面精车一刀。通常车削时，换向器圆周速度为 $2 \sim 2.5 \text{m/s}$，进刀量为 $0.2 \sim 0.33 \text{mm/r}$；精车时进刀量为 $0.1 \sim 0.15 \text{mm/r}$。切削后，至少应达到 $R_a = 1.6 \mu\text{m}$ 的表面粗糙度。切削结束后，可适当提高转速，用 240 目以上细砂布（不能用金刚砂布）打磨一次。

在打磨和车削换向器后，必须将换向器云母沟下刻和换向片倒棱，以改善换向器表面的工作状态，保持良好地滑动接触，减少电刷磨损和防止片间闪络。

（1）云母沟下刻 下刻深度为 $0.5 \sim 1.5 \text{mm}$，见表 4-17。下刻深度太小，易产生云母片突出；下刻深度过大，云母沟中易积存炭粉。

表 4-17 换向器云母下刻深度 （单位：mm）

换向器直径	云母下刻深度	换向器直径	云母下刻深度
< 50	0.5	150 ~ 300	1.2
50 ~ 150	0.8	> 300	1.5

云母沟下刻要求光滑平直，两边残存云母片必须弄净。云母沟下刻工具可用钢锯条改制。也可用手持式电动工具或风动工具下刻云母沟。

（2）换向片倒角 换向片倒角能减少电刷磨损和云母沟积灰，对于防止换向片铜毛刺和闪络的发生，也是有效的。换向片倒角通常要求 $0.5 \times 45°$，要求均匀平直，倒角工具一般是用锯片磨制成的。

换向器下刻和倒角操作时，用力要均匀，操作要细心，特别要防止划伤换向器表面。图 4-42 所示为换向器云母片的挖削方法。

2. 换向器片间短路的修理

当换向器片间的沟槽被电刷粉、金属屑或其他导电物质填满，或有腐蚀性物质与灰尘等侵入使云母片碳化时，会造成换向器片间短路。特别是片间电压较高时，更容易导致换向器片间短路，从而引起火花或产生电弧，损坏换向片。

修理时先清除杂物，用毫伏表检查确定无短路后，再用云母与绝缘漆填补，待干燥后即可装配。毫伏表检查法如图 4-43 所示。

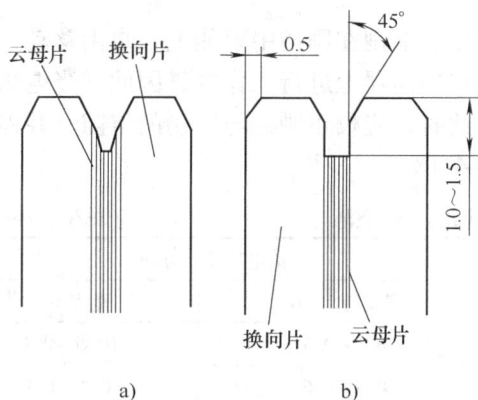

图 4-42 换向器云母片的挖削方法
a）不正确的挖削 b）正确的挖削

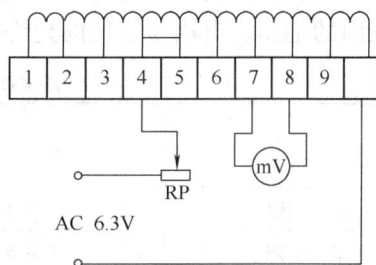

图 4-43 用毫伏表法检查换向片间
短路（或电枢绕组短路）

用 6.3V 交流电压（用直流也可以），加在相隔 $K/2$ 或 $K/4$（K 为换向片数）两片换向片上，用毫伏表两支表笔依次测相邻两片换向片之间的电压。若发现毫伏表读数突然变小，例如图中 4 与 5 两片换向片，则说明该两片换向片间短路，或与该两片换向片相连的电枢绕组元件有匝间短路。

3. 换向器接地的修理

V 形云母环尖角端在压装时绝缘损坏或金属屑、灰尘等未清除干净，都会造成换向器接地故障。修理方法是，先清除换向器击穿烧坏处的斑点、灰尘等，然后用云母绝缘材料及虫胶干漆填补，最后用 0.25mm 厚的可塑云母板覆贴 1 ~ 2 层，并加热压入。如果换向器接地是因换向片 V 形角配合不当使压装时绝缘损坏而造成的，则应改变换向片的 V 形角或者调换 V 形压环。

4. 换向器凸片的修理

换向器过热、短路或装配不良等，都会引起换向器松弛而导致换向片过高。检查时，用手抚摸换向器表面，即可发现换向片过高处形成凸片。修理时，可用锤轻敲凸片，将其调整到正确位置后再拧紧螺母，然后用车床将换向器表面车光。车削时，进刀量控制为 0.1 ~ 0.15mm/r。切削后，至少应达到 $R_a = 1.6\mu m$ 的表面粗糙度。切削结束后，可适当提高转速，用 240 目以上细砂布（不能用金刚砂布）打磨一次。若换向器已装在电动机上而无法拆下时，也可用磨石来磨光。转动电枢并将磨石压在换向器上，直到换向器表面光滑为止，然后用细砂纸（240 目以上）进行精修。

5. 换向器修复后的检查

换向器修复后应做以下检查：

1）用小铁锤轻敲换向片，根据发出的声音来判断安装是否牢固。若发出较清脆的声音，表明换向器装置牢固；如果发出空壳声，则表明换向器松弛，应重新装配。

2）检查换向片的轴向平行度，使换向片沿轴线的偏斜度不超过片间云母片的厚度，否则会造成换向不良。

3）做对地耐压试验，试验电压通常为两倍的额定电压加 1000V，持续时间为 1min。

4）用 220V 检验灯逐片检查片间是否短路，若有短路应加以排除。

6. 刷握故障的修理

刷握可与换向器表面垂直，也可倾斜一个角度。电刷在刷握中要能上下自由移动，但不应出现摇晃。由于电刷是靠相当大的弹簧压力压在换向器上进行工作的，因此，当电刷与刷握配合不当，刷握内表面与电刷就会产生磨损，此时，应校正刷握与电刷的空隙，并锉光刷握内表面的毛刺。电刷与刷握的允许空隙参见表 4-18。

表 4-18　电刷与刷握的允许空隙　　　　　（单位：mm）

	轴　　向	集电环旋转方向	
		宽度为 5 ~ 16	宽度 > 16
最小空隙	0.2	0.1 ~ 0.3	0.15 ~ 0.4
最大空隙	0.5	0.3 ~ 0.6	0.4 ~ 1.0

刷握与换向器的距离要保持 2 ~ 4mm，刷握前后两端与换向器的距离必须相等，不能倾斜。

当电动机绝缘不良时，流过弹簧的电流过大，会使弹簧退火而失去弹性，应及时更换已失去弹性的弹簧。

7. 电刷的研磨与更换

由于电刷的磨损导致电刷与换向器的接触面小于70%时，就应对电刷进行研磨，研磨后电刷的接触面应在90%以上。

如电刷磨损超过60%时即要更换，更换电刷时，应确定电刷的规格，原则上应更换相同规格的电刷，若尺寸稍大，可做适当的加工，但如果相差过大，则不能选用。

使用电刷时的注意事项如下：

1）同一台电动机应采用同一型号的电刷，否则会使各个电刷的电流不均匀，造成个别电刷过热及火花过大等。

2）电刷在刷握内应能活动自如，既不能太松，也不能过紧。电刷过松会晃动，容易引起火花，电刷太紧则会卡死。

3）更换电刷时不宜一次全部更新，否则会引起电流分布不均匀。

4）更换电刷时，应采用00号玻璃砂纸沿电动机的转动方向研磨电刷，使电刷与换向器的接触面积达到80%左右。研磨时不能用粗的金刚砂布，以防金刚砂粒嵌入换向槽内，擦伤电刷表面。

5）更换电刷后要及时调整弹簧的压力，使每只电刷的压力基本均匀，以免引起电流分布不均匀。电刷的压力因电动机工作条件及电刷型号的不同而有所差异，一般在15000~25000Pa范围内。

实训4　小型直流电动机的拆卸与装配

1. 实训目的
掌握小型直流电动机的拆卸与装配方法。
2. 实训器材
小型直流电动机1台；电动机修理工具1套。
3. 实训内容与步骤
按任务4.1.2所介绍的有关三相交流异步电动机的拆装方法、步骤与工艺和本任务所介绍的几点补充内容对直流电动机进行拆卸与装配作业。

实训5　直流电动机换向器及电刷装置的修理

1. 实训目的
熟悉直流电动机换向器及电刷装置的修理方法与工艺。
2. 实训器材
有故障的直流电动机换向器1个；有故障的直流电动机电刷装置1套；电动机修理工具1套；辅料若干。
3. 实训内容与步骤
按本任务所介绍的方法、步骤与工艺完成下列实训内容。

1）换向器表面有伤痕及磨损的修理。

2）换向器片间短路的修理。

3）换向器接地的修理。

4）换向器凸片的修理。

5）换向器修复后的检查。

6）刷握故障的修理。

7）电刷的研磨与更换。

习　　题

1. 电动机装配时应注意哪些问题？

2. 如何识别三相异步电动机定子绕组的首末端？

3. 异步电动机定子绕组的拆换有哪些步骤？

4. 异步电动机修复后要做哪些试验？

5. 异步电动机一般有哪些故障？

6. 如何修理直流电动机的换向器及电刷装置？

学习情境五　电气控制线路故障诊断与维修

本章要点
- 电气控制线路图的绘制原则及识图方法
- 低压电器元件的检测与维修
- 电气控制线路布线
- 电气控制线路的故障排除
- 典型机床电气控制线路的故障及排除

任务5.1　电气控制线路图的绘制原则与识图方法

任务要求：掌握用查线读图法和图示读图法阅读电气原理图，会根据电气原理图绘制电气安装图。

5.1.1　电气控制线路图

用电气图形符号、带注释的围框或简化外形表示电气系统或设备中组成部分之间相互关系及连接关系的一种图，即为电气图。广义地说，表明两个或两个以上变量之间关系的曲线，用以说明系统、成套装置或设备中各组成部分的相互关系或连接关系，或者用以提供工作参数的表格、文字等，也属于电气图之列。

电气控制系统是由各种控制电器和执行元件（如电动机、电磁阀等）组成的，用以完成某一特定控制任务。为了表达电气控制系统的设计意图，便于分析系统的工作原理，安装、调试和检修控制系统，必须按照国家标准采用统一的图形符号和文字符号根据需要来绘制相应的电气原理图和电气安装图。

1. 电气原理图

用图形符号和项目代号表示电路中各个电器元件的连接关系和电路工作原理的图称为电气原理图。它是按照电流经过的路径，将所有的触点、线圈、电阻、信号灯、按钮等元件展开绘制的。电气原理图只是清晰地表明各电器元件之间的电路联系，并不表示各电器元件的实际位置关系。由于电气原理图结构简单、层次分明，适用于研究和分析电路的工作原理，在设计部门和生产现场都得到广泛的应用。因此，它是电气图中最重要的一种，图5-1所示为三相交流异步电动机能耗制动控制电路的电气原理图。

电气安装图用来表示电气控制系统中各电器元件的实际安装位置和接线情况。它有电器布置图和电气安装接线图两部分。

2. 电器布置图

电器布置图又称电器位置图，主要用来表征电器设备、零件在面板上的安装位置。其绘制方法是，在电器位置图中表示面板的符号内，一般用电器设备简单的外形轮廓并辅以文字

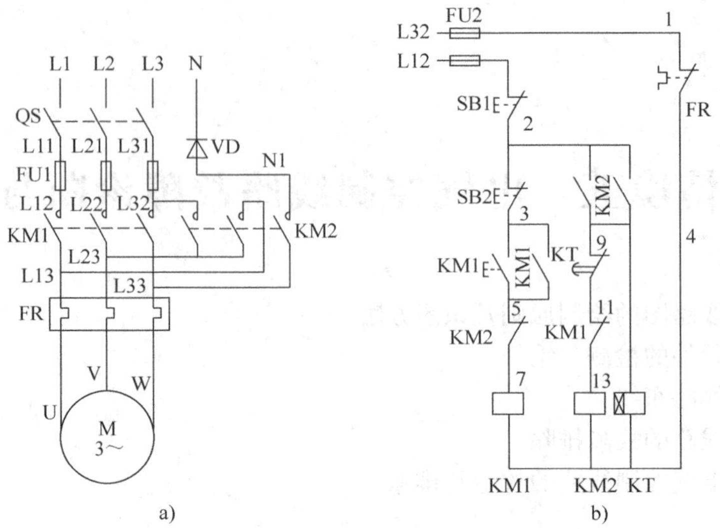

图 5-1 三相交流异步电动机能耗制动控制电路电气原理图

a）主电路 b）控制电路

符号来表示。应注意的是，图中各电器设备、零件、文字符号应与有关电路图和电器设备清单上所对应的元器件相同。在图中，往往留有 10% 以上的备用面积及导线管（槽）的位置，以供改进设计布线时用。图 5-2 所示为三相交流异步电动机能耗制动控制电路电器布置图。

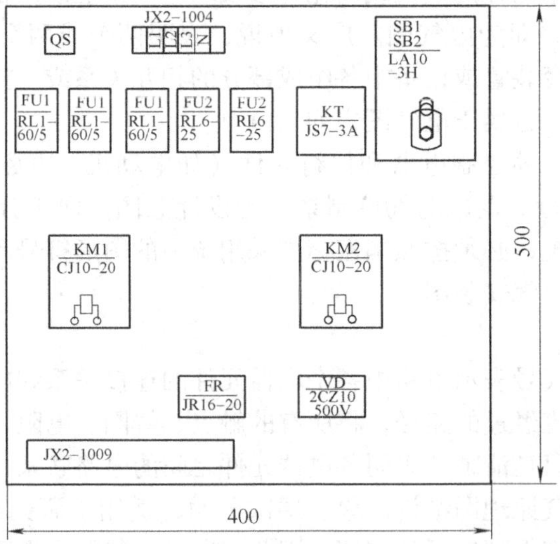

图 5-2 三相交流异步电动机能耗制动控制电路电器布置图

3. 电气安装接线图

电气安装接线图又称电气互连图，它用来表明电气设备各元器件、各单元之间的接线关系。它清楚地表明了电器元件及电气设备外部元件的相对位置及它们之间的电气连接，是实际安装接线的依据，在具体施工和检修中能够起到电气原理图所起不到的作用，在生产现场得到广泛应用。图5-3所示为三相交流异步电动机能耗制动控制电路电气安装接线图。

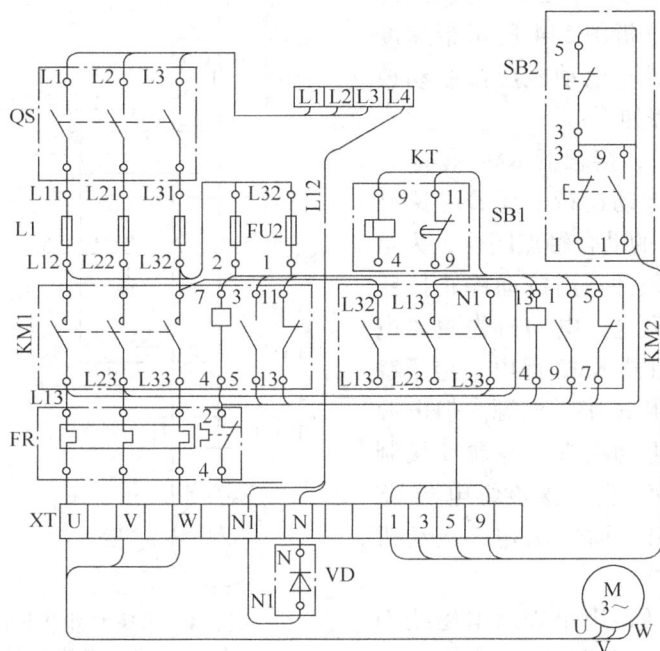

图5-3　三相交流异步电动机能耗制动控制电路电气安装接线图

对于复杂的电气控制线路，还可专门画出端子板接线图，以方便施工接线和检修。

5.1.2　电气控制线路图的识图方法与绘制原则

1. 电气原理图的阅图方法

为了能顺利地安装接线、检查、调试和排除线路故障，必须认真阅读电气原理图。通过电气原理图，可以知道该电气系统中电器元件的数目、种类和规格，线路中各电器元件之间的控制关系。所以，读懂电气原理图是电气设备制造、运行、维护和维修的基础，熟悉和掌握电气原理图的读图方法，对电气设备制造与运行的人员来说十分重要。

电气原理图的读图方法有查线读图法、图示读图法和逻辑代数读图法三种。但在工程中常使用的方法只有查线读图法和图示读图法这两种。

（1）查线读图法　查线读图法是分析继电器－接触器控制电路的最基本方法。继电器－接触器控制电路主要由信号元件、控制元件和执行元件组成。

用查线读图法阅读电气控制原理图时，一般先分析执行元件的线路（即主电路）。查看主电路有哪些控制元件的触点及电器元件等，根据它们大致判断被控制对象的性质和控制要求等，然后根据主电路分析的结果所提供的线索及元件触点的文字符号，在控制电路上查找有关的控制环节，结合元件表和元件动作位置图进行读图。读图时假想按动操作按钮，跟踪线路，观察元件的触点信号是如何控制其他控制元件动作的。再查看这些被带动的控制元件的触点又怎样控制其他控制元件或执行元件动作的。如果有自动循环控制，则要观察执行元件带动机械运动将使哪些信号元件状态发生变化，并又引起哪些控制元件状态发生变化。

97

查线读图法的优点是直观性强，容易接受；缺点是分析复杂电路时易出错。因此，在用查线读图法分析线路时，一定要认真细心。下面用查线读图法分析图 5-4 所示带速度继电器的三相交流异步电动机反接制动控制电路图。动作过程如下：

按起动按钮 SB2，接触器 KM1 得电并自锁，电动机直接起动运行，随着转速升高，速度继电器 KS 的动合触点闭合，为停车反接制动准备了条件。当按动停止按钮 SB1 后，KM1 线圈失电，电动机先脱离电源。与此同时，接触器 KM2 得电，定子绕组通过制动限流电阻 R 接入电源。但电源的相序已相反了，电动机进入电源反接制动状态，电动机转速下降，速度继电器 KS 动作，常开触头打开，KM2 失电，电动机脱离电源，制动完毕。

为分析问题方便，用↑表示电磁线圈通电或开关受外力作用而动作，↓表示电磁线圈失电或开关上的外力撤消。

图 5-4　带速度继电器的三相交流异步电动机反接制动控制电路图

用查线读图法，可以得到如下的流程：

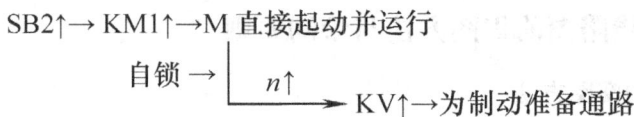

起动过程：

SB2↑→ KM1↑→M 直接起动并运行

自锁→ ⌐ n↑ → KV↑→为制动准备通路

制动过程：

SB1↑→KM1↓→M 脱离电源

KM2↑→M↓→M 反接制动

n↓ → KS↓→M 脱离电源制动完毕

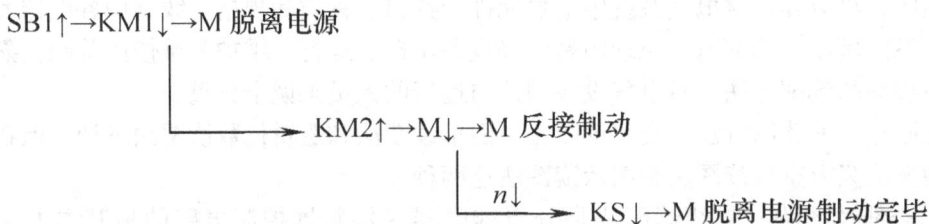

查线读图法的最大优点是可以用控制电器的动作顺序（即动作流程）来表示，从而可以免去冗长的文字叙述。

（2）图示读图法　图示读图法的形式是以纵坐标表示控制电器的工作状态、称为状态坐标轴；以横坐标表示控制作用的时间，称为时间坐标轴或程序坐标轴。再借助查线读图法，一边读图一边画图。用此图可将整个线路的工作过程表示清楚，避免冗长的文字叙述。

下面采用图示读图法分析图 5-5 所示为手动控制的三相交流异步电动机可逆运行电气原理图。先用查线法读图，边查边画。从主电路看，电动机的正反转由接触器 KM1 及 KM2 控制。再查看控制电路，当按动正转按钮 SB2 并立即松开时，在图 5-5b 上的元件 SB2 的横轴

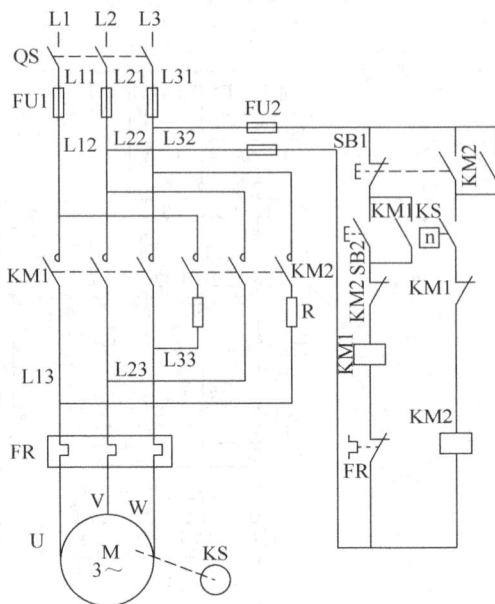

线上画一脉冲形的信号。这时接触器 KM1 得电，在 KM1 的横轴线上也画一个矩形波，并用箭头①表示出它们的从动关系。KM1 得电后，电动机 M 就正转，其状态标注在横轴下方。当按下 SB3 时，KM1 线圈失电，电动机 M 先脱离电源，同时又使反转接触器 KM2 得电。它们的动作因果关系用箭头②、③、④表示。KM2 得电，电动机 M 反转，如要停车，只要按一下停止按钮 SB1 即可。图示读图法中的箭头表示控制元件之间动作的因果关系，箭头的号码基本上表示出动作的先后次序。

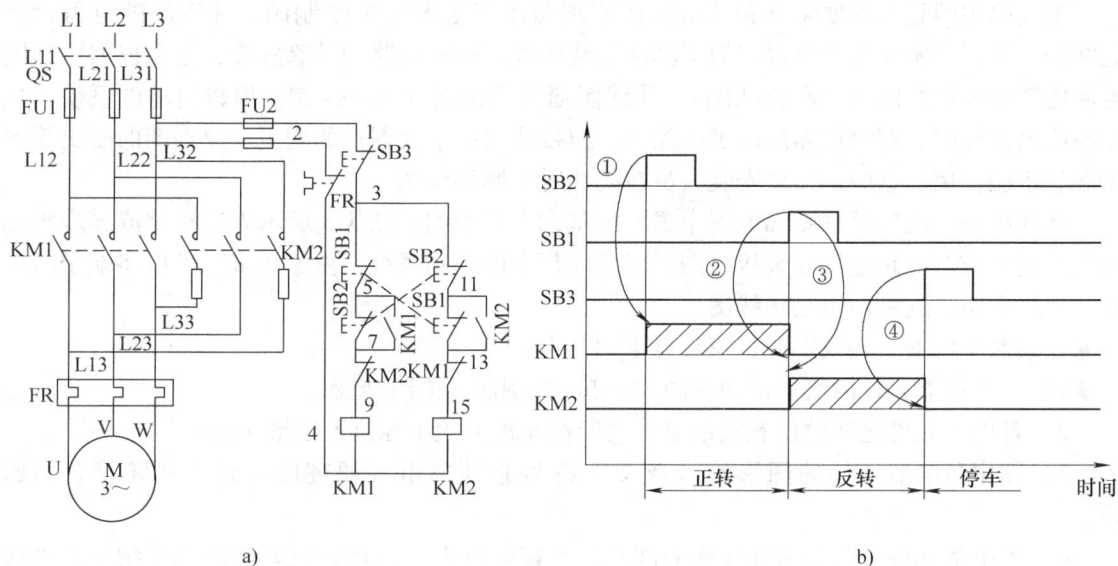

图 5-5　手动控制的三相交流异步电动机可逆运行图
a）原理图　b）分析图

2. 电器布置图及其绘制

电器元件要固定在柜（箱）内的铁板或绝缘板上，通常把这块板称作面板，其几何尺寸、板厚以及柜（箱）体的几何尺寸都是由元件的多少、元件的几何尺寸、重量以及元件合理的排列所决定的。如何表述电器元件在面板上的安装位置及安装工艺要求，就要由布置图来完成。布置图是反映电器元件在面板上的安装位置及安装工艺要求的图样。布置图通常由设计绘出，有时设计也不绘出，由安装人员在施工时设计、绘制。绘制布置图的一般方法是：

1）初选一标准柜（箱），查出该柜（箱）面板的长、宽等尺寸。

2）在电器设备手册或设备说明书中查出元件的几何尺寸并标注在面板图上。在实际工作中，常常是把元件按规定间距排列在平台上，然后实测实量，并标注在面板上。

3）设计时，一般情况下总开关装在最上方，其次是互感器、接触器，最下方为限流装置，如频敏变阻器、起动电阻、自耦变压器等。

4）继电器宜装在总开关的两侧，但有些继电器为了便于取得信号，也可装在总开关和接触器之间的主回路中，如电流继电器、热继电器等，而通过互感器的热继电器也宜装在总开关的两侧。

5）接线端子板应装在便于更换和接线的地方，一般宜置于面板的两侧或下方。

6）元器件间的排列应整齐、紧凑、并便于接线；元器件间的距离应适于元器件的散热

99

和导线的固定排列。元器件之间的左右间距一般为 50mm，至少不得小于 30mm；上下间距应大于 100mm；面板边缘的元器件距边至少 50mm。

7）布置图中各电器元件代号应与其电气原理图和电器设备清单上所标注的元器件代号相同。图 5-1 所示为三相交流异步电动机能耗制动控制电路电气原理图。图 5-2 所示为根据三相交流异步电动机能耗制动控制电路绘制的电器布置图。

3. 电气安装接线图及其绘制

电气原理图是为方便阅读和分析控制原理而用"展开法"绘制的，并不反映电器元件的结构、体积和实际安装位置。为了具体安装接线、检查线路和排除故障，必须根据原理图绘制电气安装接线图（简称接线图）。接线图通常应由设计人员绘制，但较简单的系统，也可不给出接线图。有时虽然给出了接线图，但接线时由于元器件的变更、原理图的变更等原因导致不能使用，这时，需要安装人员在接线时绘制接线图。

接线图是在电气原理图和电器布置图的基础上绘制的，图 5-3 所示为三相交流异步电动机能耗制动控制电路电气安装接线图。对于较复杂的控制系统，由于线多，可以将端子板的接线专门画出，这种图也是接线图。

在绘制电气安装接线图时，应注意下列几点：

1）一个电器元件的所有部件应画在一起，并用点画线框起来。

2）各电器元件之间的位置关系应与它们在面板上的实际位置尽量一致。

3）图中各电器元件的图形符号及文字符号必须与电气原理图一致，并要符合国家标准。

4）各电器元件上凡是需要接线的部件端子都应绘出，并且一定要标注端子编号；各接线端子的编号必须与电气原理图相应的端子线号一致。同一根导线上连接的所有端子的编号应相同。

安装在控制柜（箱）面板上的电器元件之间的连线及柜（箱）内与柜（箱）外的电器元件之间的连线，应通过接线端子板进行连接。

实训 1　根据电气原理图绘制电气安装图

1. 实训目的

阅读三相交流异步电动机双重联锁可逆控制线路电气原理图（见图 5-6），根据电气原理图绘制电气安装图（即电器布置图和电气安装接线图）。

2. 实训器材

交流接触器（CJ10—20，380V）2 只；熔断器（RL6—25，6A）2 只；熔断器（RL6—63，35A）3 只；热继电器（JR16—20/3D）1 只；按钮 LA4（380V，5A）3 只；刀开关（HK1—15/3）1 只，接线端子板（JX2—1009、JX2—1003）各 1 副；绘图工具 1 套。

3. 实训内容与步骤

1）阅读图 5-6 所示的三相交流异步电动机双重联锁可逆控制线路电气原理图。

2）根据电气原理图绘制电器布置图。

3）根据电气原理图绘制电气安装接线图。

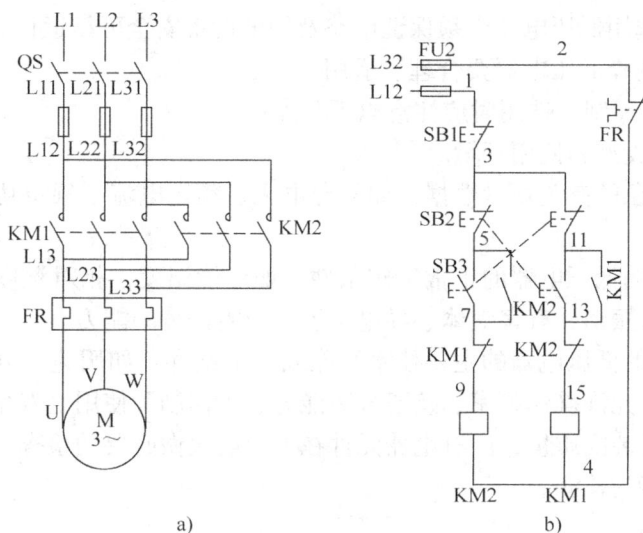

图 5-6　三相交流异步电动机双重联锁可逆控制线路电气原理图
a）主电路　b）控制电路

任务 5.2　低压电器元件的检测与维修

任务要求：了解低压电器元件的检测内容，掌握低压电器元件的安装固定方法、步骤与工艺，能够根据电器布置图按工艺要求对低压电器元件进行安装、固定等。

5.2.1　低压电器的基础知识

低压电器通常是指工作在额定电压 AC1200V 或 DC1500V 及以下的电器，广泛应用于输配电系统、电气控制系统中，在电路中起着开关、转换、控制、保护和调节作用。在机械设备电气控制系统中，考虑到控制方便、安全及设备的通用性等因素，一般均选用 380V、220V 电压标准。

低压电器种类繁多，用途广泛，但根据其控制的主要对象，可分为两大类：

（1）用于传动控制系统中　对电器的要求是：工作准确可靠、操作频率高、寿命长、尺寸小。主要电器有：继电器、接触器、行程开关、主令电器、变阻器、控制器和电磁铁等。

（2）用于低压配电系统及动力装备中　配电系统对电器的要求是：动作准确，工作可靠，有足够的热稳定性（指电器能承受一定的电流值的二次方与通电时间的乘积 i^2t 值，其所有零部件应不引起热损伤）和电动稳定性（指电器能承受一定的电流值下的电动力作用，其所有的零部件应无损坏和无永久变形）。主要电器有：刀开关、熔断器和断路器等。

通常低压电器产品分为 12 大类，它们分别是：刀开关和刀形转换开关、熔断器、断路器、控制器、接触器、起动器、控制继电器、主令电器、电阻器、变阻器、调整器、电磁铁和其他低压电器。

正确选用低压电器应注意以下两个原则：

（1）安全性　选用低压电器必须保证电路及用电设备安全可靠运行。

（2）经济性　选择低压电器要合理、适用。

为满足以上两个原则，选用时应注意以下几点：

1）控制对象的类型和使用环境。

2）确认控制对象的有关技术数据，如额定电压、额定电流、额定功率、负载性质、操作频率和工作制等。

3）了解所选用的低压电器的正常工作条件，如环境温度，相对湿度，海拔，允许的安装方位角度，抗冲击振动、有害气体、导电尘埃、雨雪侵袭的能力。

4）了解所选用的低压电器的主要技术性能或技术条件，如用途、分类、额定电压、额定电流、额定功率、允许操作频率、接通分断能力、工作制和使用电寿命等。

为了保证电器的装配质量，所有电器元件在上板前应做必要的检查及试验。内容主要有机械性能和电气性能的检测。

（1）一般性检验。

1）所有元器件必须有产品合格证书、使用说明书、接线图，仪表还必须有计量检定部门出示的检定证书。断路器、接触器、频敏变阻器、过电流继电器、热继电器还应有厂家产品制造许可证的复印件。元器件的铭牌应清晰、规则。

2）检查外观应无破损和机械损伤，可动部分灵活无卡，附件完整齐全，线圈参数清楚可见，铁件无锈蚀，铁心截面光滑整洁、无毛刺。仪表表面完整，指针可动，接线螺钉坚固。

3）用500V绝缘电阻表测试断路器、继电器、接触器等元器件的相与相、相与外壳（上下闸口都要测）以及频敏变阻器或元器件的线圈等正常工作时通电部件端子对金属外壳的绝缘电阻，其阻值应大于2MΩ。

（2）通电试验　通电试验就是给元器件的工作线圈通电，然后测量其触点的开关性能和接触电阻。方法是使用升流器给开关的主触点或电流线圈通以电流，测量触点在额定电流或过载电流下的工作状态，以及电流线圈的工作状态，进而证明元器件的可靠性和稳定性。

通电试验时，先从电源上引下临时电源，和单相刀开关接好，并装好熔丝。电源的电压应和元器件的线圈电压相符。

1）接触器试验。用绝缘导线将接触器线圈的两端接好（将剥开绝缘的线芯压紧在线圈端子的瓦片下即可），另一端接在单相刀开关的下接线端，取下接触器的灭弧罩，并将一小条强度较大的薄纸条放在静触点和动触点之间的缝隙中。检查无误后，即可将单相刀开关合上，接触器立即吸合。这时用力抽取小纸条，如触点接触紧密，压力足，小纸条则抽不出，或者用力抽，则撕破；如接触不好，则容易抽出，这样的触点运行中易烧坏。

同时可根据纸条撕破的痕迹判断触点的接触面积，如小于90%，则应用0号砂纸打磨或更换新触点。

将刀开关断开，接触器应立即释放，再合上刀开关应立即吸合，否则说明有卡阻或铁心粘连，如卡阻，则应找出卡阻的位置并修复，用棉丝沾酒精或汽油将铁心截面擦洗干净。线圈通电后，接触器应无声响或声响微小。

2）中间继电器的试验。中间继电器的试验和接触器的试验基本相同。

3）电流继电器的试验。电流继电器一般采用空投试验的方法，即用手将电磁铁的衔接按下，使电磁铁在压力下吸合，这相当于负载电流大于整定电流，产生的磁通势使电磁铁吸合。这时可用万用表电阻档测试其微动开关触点的状况，常开触点闭合，常闭触点打开；当手松开时，衔铁在弹簧力的作用下复位，这相当于负载电流小于整定电流，产生的磁通势克服不了弹簧的拉力，使电磁铁释放。这时再用万用表测量其常开触点断开、常闭触点闭合。也可用两只万用表分别跨接在常开触点和常闭触点上，重复上述的试验，观察触点打开和闭合的情况。

4）空气阻尼时间继电器的试验。空气阻尼时间继电器的空投试验同样是用手按下衔铁，使其在压力下吸合，这相当于线圈通电。对通电延时的时间继电器来讲，手按下衔铁时，其常开触点应延时闭合，常闭触点应延时打开；当手松开后（相当于线圈断电），常开触点应立即打开，常闭触点应立即闭合。对断电延时的时间继电器来讲，手按下衔铁时，其常开触点应立即闭合，常闭触点应立即打开；当手松开后（相当于线圈断电），常开触点应延时打开，常闭触点应延时闭合。对通电和断电都延时的时间继电器来讲，手按下衔铁时，其常开触点应延时闭合，常闭触点应延时打开；当手松开后（相当于线圈断电），常开触点应延时打开，常闭触点应延时闭合。我们可根据微动开关动作的声音判断触点的动作情况，同样也可以用万用表电阻档来观察触点的开闭及延时情况。空投正常后，即可将时间继电器的线圈接到额定的单相电源上，同时将两只万用表分别接在常开触点和常闭触点上，然后把闸合上，触点的开闭情况可通过表针来显示，应和空投相同。同时由螺钉旋具调节时间整定螺钉，应看到延时有变化，并可测出最大延时时间和最小延时时间。否则，时间继电器不能使用。

5）其他元器件的试验。

① 电压表。电压表可接在调压器的输出端和标准电压表比对进行试验，其误差不应超过表本身的准确度等级。

$$误差 = \frac{示值误差}{示值} \leqslant 表准确度等级（\%）$$，示值误差为标准表的读数减去被校表的读数，示值为标准表的读数。试验时至少应取三点进行比较，一般取 0 刻度、1/2 刻度和满刻度，试验前应调零位。

② 电流表。电流表可接在升流器的二次回路里和标准电流表进行比对校验，其误差不应超过表本身的准确度等级，其他同电压表。

③ 按钮。按钮可接在万用表电阻档的回路里试验，按动按钮，观察指针的变化；按动后应稳定一小段时间，再松手，其指针不能晃动。也可通以 5A 电流进行电流试验。

④ 指示灯。指示灯应加以额定电压试亮。

⑤ 接线端子板。接线端子板应用万用表电阻档对其测试，其中螺钉不得有脱扣现象，也可做 5A 电流试验。必要时应用绝缘电阻表摇测相邻端子的绝缘电阻，一般应≥2MΩ。

（3）电器元件的安装固定　电器元件在面板上的安装固定包括画线、钻孔、攻螺纹、垫绝缘、固定等工序。

1）画线定位。将面板置于平台上，把板上的元器件（断路器、接触器、继电器、端子板、单相闸、互感器等）按布置图设计排列的位置、间隔、尺寸摆放在面板上，摆放必须正确，并核对间距。对原设计有无修正和更变，必须在画线定位前确定下来，画线定位后，不得再进行更改。

2）画线。按照元器件在面板上的排列位置，用划针画出元器件底座的轮廓和安装螺钉孔的位置，画线前再次复核元器件摆放是否正确。

3）开孔及攻螺纹。断路器和接触器一般用 $\phi8$ 或 $\phi10$ 的螺钉固定，开孔则用 $\phi6.7$ 或 $\phi8.4$ 的钻头，然后用 $\phi8$ 或 $\phi10$ 的丝锥攻螺纹。其他元器件应用 $\phi4$ 螺钉固定，应用 $\phi3.3$ 的钻头开孔，用 $\phi4$ 的丝锥攻螺纹，元器件直接固定在面板上。对于体积、质量较大的元器件，除在面板上固定外，在面板后应用电气梁加固。

4）元器件的固定。准备 0.1 ~ 0.2mm 厚的青壳纸或玻璃纸、油笔和剪子，将元器件放在纸上，然后用油笔沿元器件底座的轮廓画出元器件的底座轮廓线，并用剪子将其剪下。再用冲子在纸上冲出元器件固定的螺钉孔。选择和所攻螺纹相应规格的螺钉，先把剪好的绝缘纸垫好，再把元器件用螺钉紧固于面板上。

元器件全部装好后，应用 500V 绝缘电阻表再次测量元器件正常工作时的，带电部分及不带电部件、底座与面板的绝缘电阻，应分别大于 $2M\Omega$ 及 $0.5M\Omega$。

5.2.2　低压电器元件的常见故障与维修

各种电器元件经过长期使用或因使用不当会造成损坏，这时就必须及时进行维修。电气线路中使用的电器很多，结构各不相同，这里首先分析各电器所共有的各零部件常见故障及维修方法，然后再分析一些常用电器的常见故障及维修方法。

1. 电器零部件共有的常见故障及维修

（1）触点的故障及维修

1）触点过热。触点接通时，有电流通过便会发热，正常情况下，触点是不会过热的。当动、静触点接触电阻过大或通过电流过大时，则会引起触点过热，当触点温度超过允许值时，会使触点特性变坏，甚至产生熔焊。产生触点过热的具体原因如下：

① 通过动、静触点间的电流过大。任何电器的触点都必须在其额定电流值下运行，否则触点会过热。造成触点电流过大的原因有系统电压过高或过低、用电设备超载运行、电器触点容量选择不当和故障运行 4 种可能。

② 动、静触点间的接触电阻变大。接触电阻的大小关系到触点的发热程度，接触电阻增大的原因有：一是因触点压力不足。弹簧失去弹力而造成压力不足或触点磨损变薄，针对此情况应更换弹簧或触点。二是触点表面接触不良。例如在运行中，粉尘、油污覆盖在触点表面，加大了接触电阻。再如，触点闭合分断时，因有电弧会使触点表面烧毛、灼伤，致使接触面积减小而造成接触不良。因此应对运行中的触点加强保养。对铜制触点、表面氧化层和灼伤的各种触点可用刮刀或细锉修正。对大、中电流的触点，表面不求光滑，重要的是平整。对小容量触点则要求表面质量好。对银制触点，只需用棉花浸汽油或四氯化碳清洗即可，其氧化层并不影响接触性能。

在修磨触点时，切记不要刮削太过，以免影响使用寿命，同时不要使用砂布或砂轮修磨，以免石英砂粒嵌于触点表面，反而影响触点接触性能。

对于触点压力的测试可用纸条凭经验来测定。将一条比触点略宽的纸条（厚 0.01mm）夹在动、静触点间，并使开关处于闭合位置，然后用手拉纸条，一般小容量的电器稍用力，纸条即可拉出。对于较大容量的电器，纸条拉出后有撕裂现象。以上现象表示触点压力合适。若纸条被轻易拉出，则说明压力不够；若纸条被拉断，说明触点压力太大。

调整触点的压力可通过调整触点弹簧来解决。如触点弹簧损坏可更换新弹簧或按原尺寸自制。触点压力弹簧常用碳素钢弹簧丝来制造，新绕制的弹簧要在 250~300℃ 的条件进行回火处理，保持时间约 20~40min，钢丝直径越大，所需时间越长。镀锌的弹簧要进行去氧处理，在 200℃ 左右温度中保持 2h，以便去脆性。

2）触点磨损。触点磨损有两种：一种是电磨损，由于触点间电火花或电弧的高温使触点金属气化所造成的；另一种是机械磨损，由于触点闭合时的撞击、触点接触面滑动摩擦等原因造成。

触点在使用过程中，因磨损会越来越薄，当剩下原厚度的 1/2 左右时，就应更换新触点，若触点磨损太快，应查明原因，排除故障。

3）触点熔焊。动、静触点表面被融化后焊在一起而分断不开的现象，称为触点的熔焊。当触点闭合时，由于撞击和产生振动，在动、静触点间的小间隙中产生电弧，电弧温度高达 3000~6000℃，可使触点表面被灼伤或熔化，使动、静触点焊在一起。发生触点熔焊的常见原因是选用不当，触点容量太小、负载电流过大、操作频率过高、触点弹簧损坏、初压力减小。触点熔焊后，只能更换新触点，如果因触点容量不够而产生熔焊，则应选用容量大一些的电器。

（2）电磁系统的故障及维修

1）铁心噪声大。电磁系统在工作时发出轻微的"嗡嗡"声是正常的。若声音过大或异常，可判断电磁机构出现了故障。

① 衔铁与铁心的接触面接触不良或衔铁歪斜。铁心与衔铁经过多次碰撞后端面会变形和磨损，或因接触面上积有尘垢，油污、锈蚀等，都将造成相互间接触不良而产生振动和噪声。铁心的振动会使线圈过热，严重时会烧毁线圈，对 E 形铁心，铁心中柱和衔铁之间留有 0.1~0.2mm 的气隙，铁心端面变形会使气隙减小，也会增大铁心噪声。铁心端面若有油垢，应拆下清洗端面。若有变形或磨损，可用细砂布平铺在平板上，修复端面。

② 短路环损坏。铁心经过多次碰撞后，装在铁心槽内的短路环，可能会出现断裂或脱落。短路环断裂常发生在槽外的转角和槽口部分，维修时可将断裂处焊牢，两端用环氧树脂固定。若不能焊接也可换短路环或铁心，短路环跳出时，可先将短路环压入槽内再修理。

③ 机械方面的原因。如果触点压力过大或因活动部分运动受阻使铁心不能完全吸合，都会产生较强振动和噪声。

2）线圈的故障及维修。

① 线圈的故障。当线圈两端电压一定时，它的阻抗越大，通过的电流越小。当衔铁在分离位置时，线圈阻抗最小，通过的电流最大，铁心吸合过程中，衔铁与铁心间的间隙逐渐减小，线圈的阻抗逐渐增大，当衔铁完全吸合后，线圈电流最小，如果衔铁与铁心间不管是何原因，不完全吸合，会使线圈电流增大，线圈过热，甚至烧毁。如果线圈绝缘损坏或受机械损伤而形成匝间短路或对地短路，在线圈局部就会产生很大的短路电流，使温度剧增，直至使整个线圈烧毁。另外，如果线圈电源电压偏低或操作频率过高，都会造成线圈过热烧毁。

② 线圈的修理。线圈烧毁一般应重新绕制。如果短路的匝数不多，短路又在接近线圈的端头处，其他部分尚完好，即可拆去已损坏的几圈，其余的可继续使用，这时对电器的工

作性能的影响不会很大。

3）灭弧系统的故障及维修。灭弧系统的故障是指灭弧罩破损、受潮、碳化，磁吹线圈匝间短路，弧角和栅片脱落等。这些故障均能引起不能灭弧或灭弧时间延长。若灭弧罩受潮，烘干即可使用。碳化时可将积垢刮除。磁吹线圈短路时，可用一字螺钉旋具拨开短路处。弧角脱落时，应重新装上。栅片脱落和烧毁时，可用铁片按原尺寸配做。

2. 常用电器故障及维修

（1）接触器的故障及维修　除去上面已经介绍过的触点和电磁系统的故障分析和维修外。其他常见故障有：

1）触点断相。因某相触点接触不好或联接螺钉松脱造成断相，使电动机断相运行。此时，电动机也能转动，但转速低并发出较强的"嗡嗡"声。发现这种情况，要立即停车检修。

2）触点熔焊。接触器操作频率过高、过载运行、负载侧短路、触点表面有导电颗粒或触点弹簧压力过小等原因，都会引起触点熔焊。发生此故障即使按下停止按钮，电动机也不会停转，应立即断开前一级开关，再进行检修。

3）相间短路。由于接触器正、反转联锁失灵，或因误动作致使两台接触器同时投入运行而造成相间短路；或因接触器动作过快，转换时间短，在转换过程中发生的电弧短路。凡此类故障，可在控制线路中采用接触器、按钮复合联锁控制电动机的正、反转。

（2）热继电器的故障及维修　热继电器的故障一般有热元件烧坏、误动作和不动作等现象。

1）热元件烧断。当热继电器动作频率太高，负载侧发生短路或电流过大，致使热元件烧断。欲排除此故障应先切断电源，检查电路排除短路故障，再选用合适的热继电器，并重新调整定值。

2）热继电器误动作。这种故障的原因是：整定值偏小，以致未过载就动作；电动机起动时间过长，使热继电器在起动过程中就有可能脱扣；操作频率过高，使热继电器经常受起动电流冲击；使用场所强烈的冲击和振动，使热继电器动作机构松动而脱扣；另外如果连接导线太细也会引起热继电器误动作。针对上述故障现象应调换适合上述工作性质的热继电器，并合理调整整定值或更换合适的联接导线。

3）热继电器不动作。由于热元件烧断或脱落，电流整定值偏大，以致长时间过载仍不动作，导板脱扣连接线太粗等原因，使热继电器不动作，因此对电动机起不到保护作用。根据上述原因，可进行针对性修理。另外，热继电器动作脱扣后，不可立即手动复位，应过2min，待双金属片冷却后，再使触点复位。

（3）时间继电器的故障维修　空气式时间继电器的气囊损坏或密封不严而漏气，使延时动作时间缩短，甚至不产生延时。空气室内要求极清洁，若在拆装过程中使灰尘进入气道内，气道将会阻塞，时间继电器的延时时间会变得很长。针对上述情况可拆开气室，更换橡胶薄膜或清除灰尘，即可解决故障。空气式时间继电器受环境温度变化影响和长期存放都会发生延时时间变化，可针对具体情况适当调整。

（4）速度继电器的故障和维修　速度继电器发生故障后，一般表现为电动机停车时，不能制动停转。此故障如果不是触点接触不良，就可能是调整螺钉调整不当或胶木摆杆断裂引起的。只要拆开速度继电器的后盖进行检修即可。

实训2　绘制电器布置图

1. 实训目的

根据5.1.1节中所绘制的电器布置图对电器元件进行安装固定。

2. 实训器材

交流接触器（CJ10—20，380V）2只；熔断器（RL6—25，6A）2只；熔断器（RL6—63，35A）3只；热继电器（JR16—20/3D）1只；按钮LA4（380V，5A）3只；刀开关（HK1—15/3）1只；接线端子板（JX2—1009、JX2—1003）各1副；元器件固定板1块；4mm²、1.5mm²单股塑料铜线若干米；0.1~0.2mm厚青壳纸；XQA端子号管、捆扎用尼龙小绳及固定元器件的螺杆螺帽若干。

工具：电工基本工具、电钻、万用表等。

3. 实训内容与步骤

（1）电器元件的检测与测试

1）一般性检验。

2）通电试验。

（2）电器元件的安装固定

1）画线定位。

2）开孔及攻螺纹。

3）元件的固定。

（3）用500V绝缘电阻表再次测量元器件正常工作时带电部件及不带电部分的绝缘电阻。

任务5.3　电气控制线路布线

任务要求：掌握电气控制线路的布线方法、步骤与工艺，能根据控制电路的电气原理图、电气安装图（即电器布置图和电气安装接线图），按工艺要求进行铜（铝）母线的制作、安装，二次控制回路的布线，捆扎线束、过门软线处理等，了解用行线槽进行二次控制回路配线的工艺方法。熟悉电气控制系统软布线的方法与工艺。

5.3.1　电气控制线路布线的基础知识

1. 配制主回路母线

主回路母线常用铝母带、铜母带制作，对于主回路容量较小的系统也可用铜导线制作。

（1）铜（铝）母线的制作

1）母线模型的制作。截两段长度一定的单根独股2.5~4mm²的导线线芯并将其伸直，然后从两个元器件的结线螺栓孔开始比试，再将导线煨成一定的形状，如图5-7所示。图中所示为断路器到电流继电器的模型及制成母线的示意图。模型煨制两个，其中一个用作模型，比照其制作母线；另一个伸直后作为该段母线长度的下料尺寸。

2）母线的下料。将伸直模型的长度，再加上两倍的母线厚度（一个弯加一个）即为该段母线的下料尺寸。下料应用手工钢锯锯割，不得用扁铲或气割。注意观察所下的料不得有砂眼、气泡等缺陷之处。

3）弯曲成型。将母带夹在台钳上比照模型进行煨制成型，其弯曲的角度应和模型一致。任何时候、任何条件下，不准将煨好的母带弯平直后再重新煨弯，因为这样的弯平直后的母线已有损伤，今后运行时容易烧断或发热。

4）钻孔。先将煨好的母线在两个元器件间进行比试并画出钻孔的位置，然后再在台钻上钻孔。钻好孔后，应用锉将锯口和钻孔部位的毛刺、棱角锉光，使其形成圆弧状，避免尖端放电。

5）刷漆。将煨制好的母线两面按 U、V、W 相序分别刷上黄、绿、红色的调和漆，其端部和元器件接触部分不刷，应留出 30mm（一个板宽）。也可用彩色涤纶不干胶带标出相序。

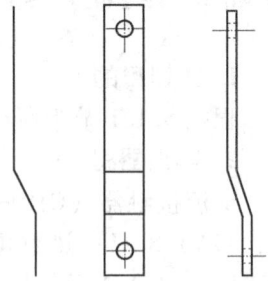

图 5-7　母线模

（2）铜（铝）母线的安装　铜（铝）母线的安装可在刷漆干后进行，安装前应在母线和元件接触部分的两侧抹上导电膏，不要太多，然后用螺栓紧固好，同时应配以平光垫和弹簧垫。紧固时必须用套筒扳手，并用 0.05mm × 10mm 塞尺检查，塞入部分应≤4mm。

（3）制作安装的注意事项

1）主回路的母线必须悬空安装，距面板以及相与相之间最小距离为 30mm，距门的距离应大于 100mm。

2）主回路母线安装好后，应用 500V 绝缘电阻表测量其绝缘电阻，应大于 2MΩ。

3）紧固母线的螺栓，其螺母应露扣 2～3 扣，最多不超过 5 扣，且应一致。

4）对应母线的弯曲应一致，力求美观。

2. 配制二次控制回路导线布线材料的准备

（1）布线材料的准备　配制二次控制回路应用 1.5～2.5mm² 、500V 的单股塑料铜线，一般用黑色导线，不得用铝芯导线配线。如果有电子线路、弱电回路等可用满足电流要求的细塑料铜线配制，但要求正极用棕色，负极用蓝色，接地中性线用淡蓝色；晶体管的集电极用红色，基极用黄色，发射极用蓝色；二极管、晶闸管的阳极用蓝色，阴极用红色，门极用黄色等。

配线前要准备好剥线钳和端子号管。成品端子号管的主要型号有 FH1、FH2、PGH 和 PKH 系列。其中 FH1 和 PGH 为管状接线号，使用时可在导线压接端头以后，利用引导杆将接线号套入导线上。也可直接采用打号机在线上打号。

如采用自制端号管，其方法是采用白色异型管并用医用紫药水按设计图上的编号书写。每隔 15mm 写一组端子的一个号，一组为两个相同编号的端子号，写好后在电炉上烘烤 3～5min 即可，永不褪色。使用时，用剪子剪下，一对一对地使用，分别套在一根导线的两端。写号一般用专用写号笔写。

（2）二次回路的配线及工艺　二次回路的配线是控制柜（箱）制造中的重要环节，技术性强，工艺要求较高。不但要求接线正确可靠，还要求有规则且美观大方，才能达到较高的安装质量。二次回路的配线工艺要求如下：

1）应从控制电源的始端开始接线直至第一条回路接完，并使回路最后回到控制电源的末端，然后按回路编号再接第二条回路、第三条回路直到最后一条回路。如果一个元器件有几个得电的通路，应按顺序一一接完，才算完成该回路的接线。

2）每接完一条回路，应将控制电源的开关合上，使控制回路有电，并操作该回路或通路中的能使回路通电的部件，如按钮、继电器的有关触点等。有时需接临时按钮试验，然后拆掉。继电器触点的动作可用手压下电磁铁的衔铁，使其触点闭合或打开。然后根据电路的原理，看其动作是否正确。若动作不正确或不动作，则说明接线有错误、导线折断、接线松动或者元器件损坏等原因，应立即查出并修复。

3）接往柜门上各个元器件的导线，应将其先接在端子板上。面板上的二次线全部接完以后，再将柜门上各个元器件的导线接至柜门上的端子板，然后对照编号用 2.5mm² 的单芯多股软塑料绝缘铜线将两个端子板上的端子对应连接起来，最后将软铜塑线用绝缘布包扎好。接线时同样应按回路进行试验，以免错误。

4）每接一根导线时，无论接到任何部件上，都应套上接线号，一端一个，最后把接线号固定在元器件的端子一端，字符朝外，任何导线中间不得有接头。端子板或元器件的接线端子一般接一根导线，最多不得超过两根。

5）每个接线端子都应用平光垫或瓦型片及弹簧垫。用瓦型片压接的接线螺钉处，导线剥掉绝缘直接插入瓦片下，用螺钉紧固即可如 π 形线；用圆形垫片压接的接线螺钉处，导线剥掉绝缘后需弯制顺时针的小圆环，直径略大于螺钉直径，穿在平垫的螺钉上，拧紧即可。

6）二次导线应从元器件的结线螺钉接出，然后拐弯至面板并沿着板面走竖直或水平直线到另一元器件的结线螺钉。用上述方法接到另一元器件的端子上，一般不悬空走线，但同一元器件的接点连接，或者相邻很近的元器件之间的连接可以悬空接线。二次导线应横平竖直，避免交叉，拐弯处应为 90°角，但应有足够大的圆弧，以免折断导线。

7）二次导线应从元件的下侧走线，送至端子板或其他元器件，并尽力使两列元器件之间（上下之间、左右之间）的导线走同一路径，并用线卡或捆线带捆紧，使其成为一束，不得用金属线捆扎。一束导线的截面应为长方形、正方形、三角形、梯形等规则图形，如图 5-8 所示。导线束横向 300mm、纵向 400mm 应有一固定点使其不能晃动。二次导线在上述条件的约束下应尽可能走捷径。

8）接线前应将整盘的导线用放线架放开，接线时按需截下一节然后用钳子夹住端部把导线抻直，不得有任何死弯，打扭的线抻直后不得再用。在绝缘导线可能遭到油类腐蚀的地方应采用耐油的绝缘导线或采取防油措施。

（3）用行线槽配线的工艺方法 行线槽，顾名思义就是放导线的槽子。市场上出售的主要有 TC 系列行线槽。采用行线槽配线，比上述配线方法简单，其基本工艺方法是：

1）柜内元器件直接固定在称为电器梁的角钢架上，或者在钢板做成的电器横板上。

2）把行线槽固定在电器板、梁架的后面，元器件的下边或端子板的侧面。

接线顺序、方法和前述相同。只是将导线置于行线槽内。行线槽配线示意图如图 5-9 所示。

（4）配线的修整 装配好的控制柜应进行修整，修整的内容主要有捆扎线束、拧紧螺钉、过门软线处理及其他不妥之处的处理等。

1）捆扎线束。捆扎线束主要是线束的拐角处和中间段，捆扎长度一般为 10～20mm，方法有两种，一种是用塑料或尼龙小绳，另一种是用专用的成品件，型号为 PKD1 型捆线带，如图 5-10 所示。采用塑料或尼龙小绳捆扎，具体方法如图 5-11 所示。不得使用金属性的扎头，如钢精扎头等。

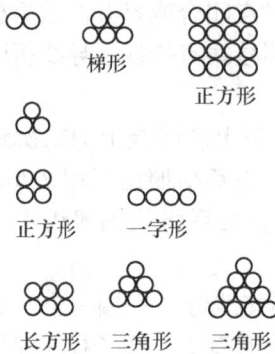

图 5-8　导线束的截面

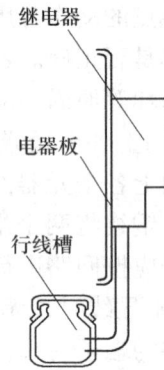

图 5-9　行线槽配线示意图

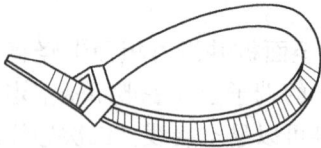

图 5-10　PKD1 型捆线带

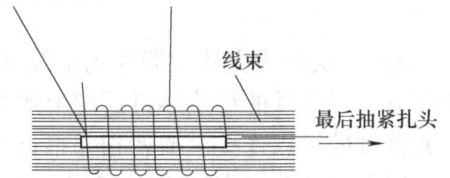

图 5-11　捆扎线束示意图

2）过门软线的处理。主要是增加过门软线的强度和韧性，增加绝缘强度，通常有两种方法：一种是先用小绳隔段捆扎，然后再用塑料带统包二层，最后用卡子将过门软线的两端分别固定在柜侧和柜门上；另一种办法是采用是 PQG 缠绕管，将过门线先用小绳扎住几道，然后将 PQG 缠绕管包在外面。PQG 缠

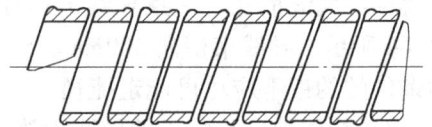

图 5-12　PQG 缠绕管

绕管如图 5-12 所示。规格按直径分为 4mm、6mm、10mm、12mm、16mm、20mm 六种。

3）紧固螺钉。将柜内主回路、二次回路所有的螺钉紧固一遍，并将螺钉漏装平垫圈和弹簧垫圈的补齐。

4）修整其他不妥之处。

5.3.2　电气控制系统的软布线

1. 基本知识

在机械设备电力拖动系统中，其电气控制系统是由各种各样的低压电器元件所构成的，它们完成对执行元件（如电动机、电磁阀等）进行有效的控制和保护，在工程上一般将它们安装、固定在称为控制柜（箱）的柜（箱）内。电气控制柜（箱）与执行机构（如电动

机、电磁阀行程开关等）之间、电气控制柜（箱）与电气控制柜（箱）之间的布线称为软布线。

2. 软布线的方法及工艺

软布线的方法及工艺要求如下：

1）引向执行机构与控制柜（箱）的电线管，应尽量沿最短路径敷设，并减少弯曲，以便穿线方便、节省材料。

2）埋设的电线管与明设的电线管的连接处，应装有接线盒。

3）电线管弯曲时，其弯曲半径应不小于电线管外径的 6 倍，若只有一个弯曲时可减至 4 倍。敷设在混凝土内的电线管弯曲半径不少于外径的 10 倍。管子弯曲后不得有裂缝、凹凸等缺陷，弯曲角度不应小于 90°，椭圆度不应大于 10%。

4）电线管埋入混凝土内敷设时，管子外径不得超过混凝厚度的 1/2，管子与混凝土模板间应有 20mm 间距，并列敷设在混凝土内的管子，应保证管子外皮间有 20mm 以上的间距。

5）明敷电线管时，布置要横平竖直，排列整齐美观，电线管的弯曲处及长管路一般每隔 0.8～1m 应用管夹固定，多排电线管弯曲度应保持一致。

6）金属软管只适用电气设备与铁管之间的连接，或埋管施工有困难的个别线段。金属软管的两端应配置管接头，每隔 0.5m 处应有弧形管夹固定，如需中间引线时要采用分线盒。

7）穿入控制柜内的管子，在柜子内、外处都应配置管垫固定，管头两端均应戴护帽。

8）所有电线管在电气上必须可靠连接，在管子之间、管子与接线盒之间要用金属地线连接，而地线要用直径不小于 4mm 的钢筋连接。

9）所有电线管不得有裂口及脱开现象，电线管接头必须用管接头牢固连接，不可松动或脱节。

10）金属管口不得有毛刺，在导线与管口接触处应套上橡皮（塑料）管套，以免导线绝缘损坏，管中导线不得有接头，并不得承受拉力。

实训 3　电气控制系统软布线

1. 实训目的

掌握电气控制系统软布线的方法和工艺。

2. 实训器材

1.5mm² 单股塑料铜线若干米；XQA 端子号管，电线管若干米；电工工具 1 套；万用表、试灯、蜂鸣器各 1 只；焊锡材料与工具。

3. 实训内容与步骤

（1）电线管穿线的工序

1）穿进管内的绝缘导线其型号、规格应符合设计要求，额定电压不低于 500V，铜线截面积应不小于 0.75mm²，铝线截面积应不小于 1mm²。

2）穿线前应使用压力约为 0.25MPa 的压缩空气将管内的残留水分和杂物吹净，也可在铁丝上绑上抹布在管内来回拉动，使杂物和积水清除干净，然后向管内吹入滑石粉，便可顺利穿线。

3）同一交流回路的导线应穿入同一钢管内，要尽量避免不同回路的导线穿在同一管道内。

4）导线在电线管内不得有接头和扭结，而接头必须在接线盒内连接。

5）导线穿进钢管后应在导线进出口处加装护圈保护导线，并对管口进行密封处理，以防擦伤导线。

6）放线时应量量好长度，用手或放线架逆着导线在线轴上的绕向使线盘旋转，将导线放开，要防止导线扭曲、打扣或互相缠绕。

7）在管内不准穿入单根导线。

（2）配线的工序

1）压接导线时，应先校线、套线号。校线可用万用表、试灯、蜂鸣器等，由两人配合，按电气原理图上的标号测试，每测一线先喊号并答号，随即将预先写好的线号套上，以免发生差错。

2）根据两端接线端子的要求，将削去绝缘的导线端煨成圆环或直接压上，多股导线的压头处应挂烫焊锡，或用开口接线鼻子采用冷压方式压接。

3）在同一接线端子压接两根以上不同截面积的导线时，大截面积放在下层，小截面积放在上层。

4）电气柜内的线槽装线不要超过其容量的70%，以便安装和维修。

5）套在导线上的线号应尽量采用成品接线号，如采用自制塑料线路号管，要用印刷体书写工整，以免读错；或直接用打号机在导线上将线号打上，而导线每端应不少于两处。防止剪导线时将线号剪掉，一时查不出来影响工作。

6）所有压接螺钉要置平垫、弹簧垫、并牢固压紧，以免松动。

7）压接螺钉和垫圈应尽量采用镀锌件。

8）各导电部分对地绝缘电阻应不小于 $1M\Omega$。

9）接线完毕后，应根据电气原理图或接线图仔细检查各元器件与接线端子之间以及相互之间的连接是否正确，并对主回路连线进行检查。当利用导电法检查线路时，应注意线路中电器的常闭触点和某些低阻元件（如电流线圈、二极管等）的影响，必要时要将导线的一端拆下来进行检查。

实训 4　电气控制箱的制作

1. 实训目的

熟悉电气控制箱制作的方法和工艺。

2. 实训器材

控制箱箱体及面板（元器件固定板）各一个（块）；1.5mm²、4mm² 单股塑料铜线若干米；0.1~0.2mm 厚青壳纸、XQA 端子号管、捆扎用尼龙小绳及固定元器件的螺杆、螺母若干。电气控制箱的制作器材见表 5-1。

工具：电工基本工具、电钻、万用表等。

表 5-1　电气控制箱的制作器材

代号	名称	型号规格	数量	代号	名称	型号规格	数量
QS	刀开关	HK1—15/3	1	SB1 ~ SB2	按钮	LA4（380V，54）	2
FU2	熔断器	RL6—25，6A	2	M	三相电动机	JO2—42—2（7.5kW）	1
FU1	熔断器	RL6—63，35A	3	XT	接线端子板	1500V、25A、10A	各 1
KM1、KM2	交流接触器	CJ10—20（380V）	2	KT	时间继电器	JS23	1
FR	热继电器	JR16—20/3D	1	V	硅二极管	2CZ	1

3. 实训内容与步骤

1）阅读分析图 5-13 所示三相交流异步电动机能耗制动电气原理图。

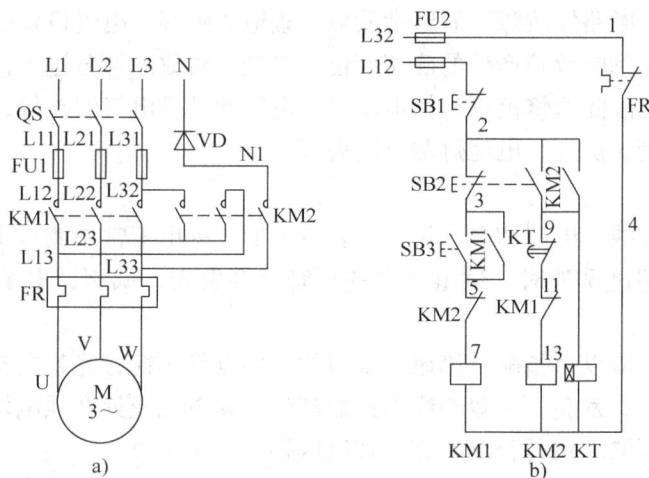

图 5-13　三相交流异步电动机能耗制动电气原理图
a）主电路　b）控制电路

2）绘制电器布置图和电气安装接线图（注意：按钮 SB1、SB2 是安装在箱体门上的）。

3）认真检测各电器元件，发现异常时进行检修或更换，对检查结果做好记录。

4）对照电器布置图在面板和箱体门上进行画线、钻孔。

5）对照电器布置图在面板和箱体门上安装固定电器元件，并注意套丝，垫绝缘工序。

6）元器件全部安装好后，应用 500V 绝缘电阻表测量元件正常工作时带电部分及不带电部分、底板与面板（或箱体门）的绝缘电阻，应分别大于 2MΩ 及 0.5MΩ。

7）对照电气原理图和电气安装接线图，按工艺要求，用 4mm² 单股塑料铜线作为主回路的接线；用 1.5mm² 单股塑料线作为控制回路的接线。注意，先校对，套线号管，再接线。每接完一个回路，或者一个回路中的通路，就通电做测试，以判断接线正确与否，接线是否折断，接线是否松动或者元器件是否损坏等。如有，应立即修复。

8）待全部元器件接线完毕后，对控制箱进行空操作实验，即不带电动机进行通电试验，如果线路出现故障，应分析原因，排除故障，直到线路动作正常。

9）对控制箱进行带电动机负荷试车。电动机接线盒引线主盒使用 4mm² 的三芯橡胶护套线。

10）如控制箱带电动机负荷试车成功，则最后对控制箱进行修正。修正的内容包括捆扎线束、紧固螺钉、过门软线处理等。

任务5.4　电气控制线路的故障排除

任务要求：熟悉电气控制线路故障的类型，掌握电气控制线路故障的快速判断和检修方法、步骤与工艺。

5.4.1　电气控制线路的故障检修基础知识

电气控制线路在运行中会发生各种故障，造成停机而影响生产，严重时还会造成事故。常见的电气故障有：断路性故障、短路性故障和接地故障等。电气设备的故障检修包含检测和修理，检测主要是判断故障产生的确切部位，修理是对故障部分进行修复。

电气控制线路的故障检修范围包括电动机、电器元件及电气线路等，电气线路检修时常用的工具有：试电笔、试灯、电池灯和万用表等。

1. 试电笔

试电笔是检验导线、电器和电气设备是否带电的一种电工常用测试工具，只要带电体与大地之间的电位差超过60V时，试电笔中的氖管就会发光，低压试电笔的测试电压范围为60～500V。

使用试电笔时，应以手指触及笔尾的金属体，使氖管小窗背光朝向自己。试电笔仅需要很小的电流就能使氖管发亮，一般绝缘不好而产生的漏电流及处在强电场附近都能使氖管发亮，这些情况要与所测电路是否确实有电加以区别。

试电笔除用来测试相线与地线之外，还可以根据氖管发光的强弱来估计电压的高低；根据氖管一端还是两端发光来判断是直流还是交流等。

2. 试灯

试灯又叫"校灯"。利用试灯可检查线路的电压是否正常、线路有否断路或接触不良等故障。使用试灯时，要注意使灯泡的电压与被测部位的电压相符，电压过高会烧坏灯泡，过低时灯泡不亮。

检查时将试灯接在被测线路两端，如果试灯亮说明线路两端有电压，同时根据灯泡的明亮程度可以进一步估计电压的高低。一般检查线路是否断路采用10～60W小容量的灯泡，而查找接触不良的故障时应采用150～200W的大灯泡，这样可以根据灯泡的明亮程度来分析故障情况。

3. 电池灯

电池灯又称"对号灯"，由两节1号电池和一个2.5V的小灯泡组成，常用来检查线路的通断及线号等。

测量时，将电池灯接在被测电路两端，如果线路开路（或线路中有接触器线圈等较大电阻）时，电池灯不亮，如果线路通则灯泡亮。

如果线路中串接有电感元件（如接触器、继电器及变压器线圈等），则用电池灯测试时应与被测回路隔离，防止在通电的瞬间因电动势过高而使测试者产生麻电的感觉。

4. 万用表

万用表可以测量交、直流电压及直流电流及电阻，有的万用表还可以测量交流电流、电感及电容等。

电气线路检修时通常使用万用表的电压档及电阻档。使用时，应注意选择合适的档位及量程，使用完毕应及时将选择开关放到空档或交流电压量程的最高档。长期不用应将万用表中的电池取出。

5. 绝缘电阻表

绝缘电阻表可以用来测量电气设备的绝缘电阻，使用时应注意绝缘电阻表的额定电压必须与被测电气设备或线路的工作电压相适应，在低压电气设备的维修中，通常选择额定电压为 500V 的绝缘电阻表。

绝缘电阻表接线柱有三个："线路"（L）、"接地"（E）和"屏蔽"（G）。在进行一般测量时，只要把被测绝缘电阻接在 L-E 之间即可。当绝缘电阻本身不干净或潮湿时，必须在绝缘层表面加接 G 接线柱，保证测出绝缘体内部的电阻值。

5.4.2 电气控制线路的故障检修方法

1. 电气控制线路故障的检修步骤

（1）故障调查 故障调查就是在处理故障前，通过"问、嗅、看、听、摸"来了解故障前后的详细情况，以便迅速地判断出故障的部位，并准确地排除故障。

1）问：向操作者详细了解故障发生的前后情况。一般询问的内容是：故障是经常发生还是偶尔发生？有哪些现象？故障发生前有无频繁起动、停止或过载？是否经历过维护、检修或改动线路？等等。

2）嗅：就是要注意电动机或电器元件运行中是否有异味出现。当发生电动机或电器绕组烧损等故障时，就会出现焦臭味。

3）看：就是观察电动机和电器元件运行中有否异常现象（如电动机是否抖动、冒烟、接线处打火等），检查熔体是否熔断，电器元件有无发热、烧毁、触点熔焊、接线松动、脱落及断线等。

4）听：就是要注意倾听电动机、变压器和其他电器元件在运行时的声音是否正常，以便帮助寻找故障部位。电动机电流过大时，会发出"嗡嗡"声；接触器正常吸合时声音清脆，有故障时常听不到声音或听到"嗒嗒"抖动声。

5）摸：就是在确保安全的前提下，用手摸测电动机或电器外壳的温度是否正常，如温度过高，就是电动机或电器绕组烧损的前兆。

"问、嗅、看、听、摸"是寻找故障的第一步，有些故障还应做进一步检查。

（2）电路分析 简单的机床控制线路，对每个电器元件及每根导线逐一进行检查，固然能找出故障部位，但复杂的机床控制线路往往有上百个电器元件及成千条连线，采取逐一检查不仅要耗费大量的时间，而且也容易发生遗漏，故往往根据调查结果，参考该电气设备的电气原理图进行分析，初步判断出故障产生的部位，然后逐步缩小故障范围，直至找到故障点并加以消除。

分析故障时应有针对性，如接地故障一般先考虑电器柜外面的电气装置，然后考虑电器柜内的电器元件，断路和短路故障应先考虑动作频繁的元器件，后考虑其余元器件。

（3）断电检查　检查前先断开机床总电源，然后根据故障可能产生的部位，逐步找出故障点。检查时，应先检查电源线进线处有无碰伤而引起的电源接地、短路等现象，螺旋式熔断器的熔断指示器是否跳出，热继电器是否动作等，然后检查电器外部有无损坏，连接导线有无断路、松动，绝缘有否过热或烧焦。

（4）通电检查　在外部检查发现不了故障时，可对机床做通电试验检查。

1）通电试验检查时，应尽量使电动机和传动机构脱开，调节器和相应的转换开关置于零位，行程开关还原到正常位置。若电动机和传动机构不易脱开，可将主电路熔体或开关断开，先检查控制电路，待其正常后，再恢复接通电源检查主电路。开动机床时，最好在操作者配合下进行，以免发生意外事故。

2）通电试验检查时，应先用校灯或万用表检查电源电压是否正常，有无断相或严重不平衡情况。

3）通电试验检查，应先易后难、分步进行。每次检查的部位及范围不要太大，范围越小，故障情况越明显。检查的顺序是：先控制电路后主电路，先辅助系统后主传动系统，先开关电路后调整电路，先重点怀疑部位后一般怀疑部位。较为复杂的机床控制线路检查时，应拟定一个检查步骤，即：将复杂线路划分成若干简单的单元或环节，按步骤、有目的地进行检查。

4）通电试验检查也可采用分片试送法，即先断开所有的开关，取下所有的熔体，然后按顺序逐一插入要检查部位的熔体。合上开关，观察有无冒烟、冒火及熔断器熔断现象，如无异常现象，给以动作指令，观察各接触器和继电器是否按规定的顺序动作，即可发现故障。

2. 电气控制线路的检修方法

电气控制线路是多种多样的，其故障又往往和机械、液压、气动系统交错在一起，较难分辨。不正确的检修甚至会造成人为事故，故必须掌握正确的检修方法。一般的检查和分析方法有通电检查法和断电检查法等。通常应根据故障现象，先判断是断路性故障还是短路性故障，然后再确定具体的检修方法。

（1）通电检查法　通电检查法主要用来检修断路性故障。如果按下起动按钮后接触器不动作，用万用表测量线路两端电压正常，则可断定为断路性故障。检修时合上电源开关通电，适当配合一些按钮等的操作，用试电笔、校灯、万用表电压档、短接法等进行检修。

1）试电笔检修法。试电笔检修断路故障的方法如图5-14所示。

检修时用试电笔依次测试1、2、3、4、5、6各点，并按下SB2，测量到哪一点试电笔不亮，即为断路处。在机床控制线路中，经常直接用380V或经过变压器供电，用试电笔测试断路故障应注意防止由于电源通过另一相熔断器而造成试电笔亮，影响故障的判断。同时应注意观察试电笔的亮度，防止由于外部电场泄漏电流造成氖管发亮，而误认为电路没有断路。

2）校灯检修。用校灯检修断路故障的方法如图5-15所示。

检修时将校灯一端接0上，另一端依1、2、3、4、5、6次序逐点测试，并按下SB2，如接至4号线上校灯亮，而接至5

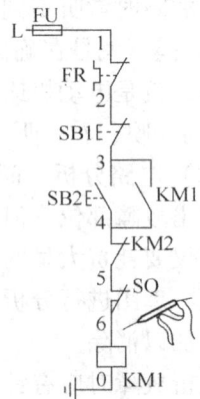

图5-14　试电笔检修断路故障

号线上校灯不亮，则说明 KM2（4-5）断路。

用校灯检修故障时应注意灯泡的额定电压和灯泡的容量要合适。

3）电压的分阶测量法。电压的分阶测量法如图 5-16 所示。检查时把万用表旋到交流电压 500V 档位上。

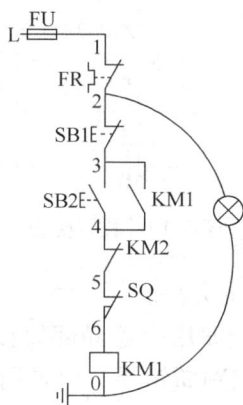

图 5-15　校灯检修断路故障

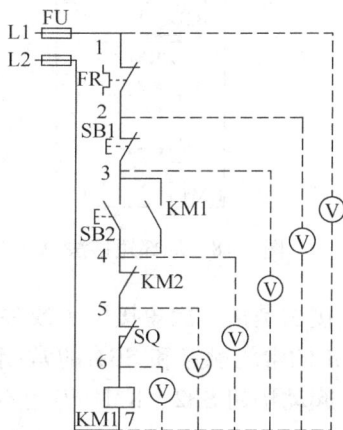

图 5-16　电压的分阶测量法

检查时，首先用万用表测量 7-1 之间的电压，若电路正常应为 380V，然后按下按钮 SB2 不放，依次测 7-2、7-3、7-4、7-5、7-6 之间的电压，正常情况下各阶的电压值均为 380V，如测到 7-2 之间电压为 380V，而 7-3 无电压，则说明按钮 SB1 的常闭触点（2-3）断路。

这种测量方法像台阶一样，所以称为分阶测量法。

4）分段测量法。电压的分段测量法如图 5-17 所示。检查时把万用表旋到交流电压 500V 档位上。

如按下起动按钮 SB2，接触器 KM1 不吸合，说明发生断路故障，用电压表逐段测试各相邻两点间的电压。检查时先用万用表测 1-7 两点电压，看电源是否正常，然后依次测量 1-2、2-3、3-4、4-5、5-6、6-7 间的电压，如电路正常，按下 SB2 后，除 6-7 两点之间电压为 380V 外，其余相邻各点之间的电压均应为零。

5）短接法。短接法是接通电源，用一根绝缘良好的导线，把所怀疑的断路部位短接，如短接过程中，电路被接通，就说明该处断路。这种方法便于快速寻找断路性故障，缩小故障范围。

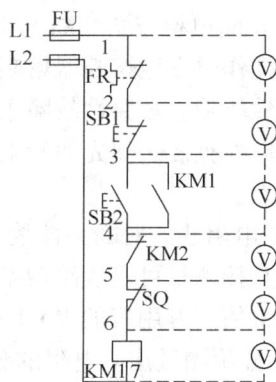

图 5-17　电压的分段测量法

① 局部短接法。局部短接法检查断路故障如图 5-18 所示。

检查时，先用万用表电压档测量 1-7 两点间的电压值，若电压正常，可按下起动按钮 SB2 不放，然后用一根绝缘良好的导线，分别短接 1-2、2-3、3-4、4-5、5-6。当短接到某两点时，若接触器 KM1 吸合，说明断路故障就在这两点之间。

② 长短接法。长短接法检修断路故障如图 5-19 所示。

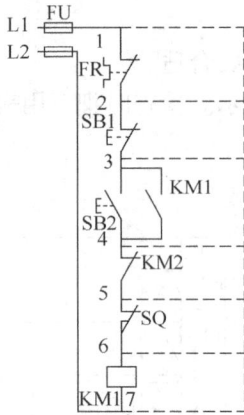

图 5-18　局部短接法　　　　　　　　　图 5-19　长短接法

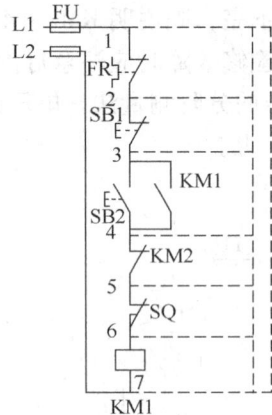

长短接法是指一次短接两个或多个触点来检查断路故障的方法。

当 FR 的常闭触点和 SB1 的常闭触点同时接触不良时，如用上述局部短接法短接 1-2 点，按下起动按钮 SB2，KM1 仍然不会吸合，故可能会造成判断错误。而采用长短接法将 1-6 短接，如 KM1 吸合，说明 1-6 段电路中有断路故障，然后再短接 1-3 和 3-6 等，进一步判断故障部位。

短接法检查断路故障时应注意以下几点：首先，短接法是用手拿绝缘导线带电操作的，所以一定要注意安全，避免触电事故发生。其次，短接法只适用于检查压降极小的导线和触点之间的断路故障。对于压降较大的电器，如电阻、接触器和继电器的线圈等断路故障，不能采用短接法，否则会出现短路故障。第三，对于机床的某些要害部位，必须保障电气设备或机械部位不会出现事故的情况下才能使用短接法。

（2）断电检查法　断电检查法既可检修断路性故障，又可检修短路性故障。合上电源开关，操作时发生熔断器熔断、接触器自行吸合或吸合后不能释放等，都表明控制线路中存在短路性故障。短路性故障采用断电检查法检修，可以防止故障范围的扩大。

断电检查法必须先切断电源，并保证整个电路无电，然后用万用表电阻档、电池灯等判断故障点。

1）电阻法。对断路性故障一般可以采用电阻的分阶测量法和分段测量法，而短路性故障采用直接测量可疑线路两端的电阻并配合适当的操作（断开某些线头等）进行分析。测量时通常使用万用表的 $R \times 1$ 档。

① 分阶测量法。电阻的分阶测量法如图 5-20a 所示。先断开电源，然后按下 SB2 不放，测量 1-7 之间的电阻，如阻值为无穷大，说明 1-7 之间的电路断路。然后分阶测量 1-2、1-3、1-4、1-5、1-6 各点间电阻值。若电路正常，则该两点间的电阻值为"0"；当测量到某标号间的电阻值为无穷大，则说明表笔刚跨过的触点或连接导线断路。

② 分段测量法。电阻的分段测量法如图 5-20b 所示。

　检查时先切断电源，按下起动按钮 SB2，然后依次逐段测量相邻两点 1-2、2-3、3-4、4-5、5-6、6-7 间的电阻。如测得两点间电阻为无穷大，说明这两点间的元器件或连接导线断路。

电阻测量法的优点是安全，缺点是测得的电阻值可能是回路电阻，容易造成判断错误，为此必要时应注意将该电路与其他电路断开。

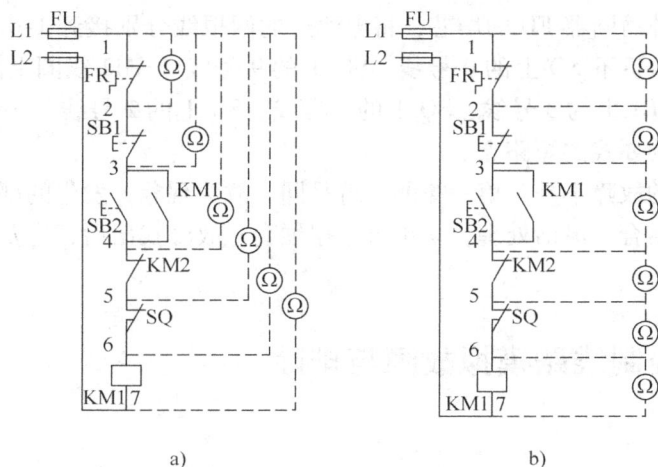

图 5-20　电阻测量法
a）分阶测量法　b）分段测量法

③ 电阻法检修短路故障。如图 5-21 所示，设接触器 KM1 的两个辅助触点在 3 号和 8 号线间因某种原因而短路，这样合上电源开关，接触器 KM2 就自行吸合。

将熔断器 FU 拔下，用万用表的电阻档测 2-9 间的电阻，若电阻为"0"，则表示 2-9 之间有短路故障；然后按 SB1，若电阻为"∞"，说明短路不在 2 号；再将 SQ2 断开，若电阻为"∞"，则说明短路也不在 9 号。然后将 7 号断开，电阻为"∞"，则可确定短路故障点在 3 号和 8 号。

2）电池灯检修法。电池灯检修时的原理、方法与电阻法一样，测量时电阻为"0"，对应电池灯"亮"；电阻为"∞"，对应电池灯"灭"。

下面以电源间短路故障的检修为例，说明电池灯法检修的应用。

电源间短路故障一般是通过电器的触点或连接导线将电源短路，如图 5-22 所示。设行程开关 SQ 中的 2 号线与 0 号线因某种原因连接将电源短路。合上电源，按下按钮 SB2 后，熔断器 FU 就熔断，说明电源间短路。

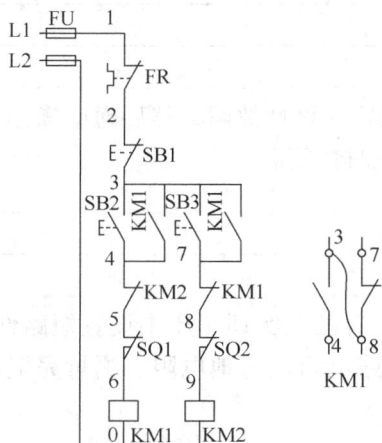

图 5-21　电器触点间的短路故障

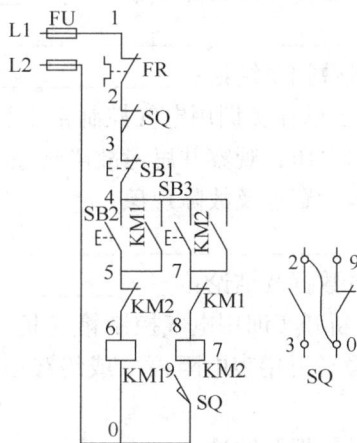

图 5-22　电源间的短路故障

断开电源，去掉熔断器 FU 的熔芯，将电池灯的两根线分别接到 1-0 线上，如灯亮，说明电源间短路。依次拆下 SQ 上的 0 号线、SQ 上的 9 号线、KM2 线圈上的 9 号线、KM2 上的 8 号线、……、SB1 上的 3 号线、SQ 上的 3 号线、SQ 上的 2 号线……如果拆到某处时电池灯灭，则该处即为要找的短路点。

机床控制线路的故障不是千篇一律的，就是同一故障现象，发生的部位也不尽相同，故应理论与实践密切结合，灵活处理，切不可生搬硬套。故障找出后，应及时进行修理，并进行必要的调试。

实训 5　电气控制线路模拟故障与排除

1. 实训目的

掌握电气控制线路常见故障的排除方法。

2. 实训器材

电气控制箱（柜）1 个；万用表 1 只；试电笔 1 只；试灯 1 只；电池灯 1 只；钳形电流表 1 只；绝缘电阻表 1 只。

3. 实训内容与步骤

1）仔细阅读实训用电气控制箱（柜）线路电气原理图，并对照实物阅读该电气控制箱（柜）接线图，熟悉箱（柜）内元器件的安装位置和线路布置。

2）断开实训用电气控制箱（柜）的总电源进线，用绝缘电阻表分别测量线路中几点的对地绝缘电阻。

绝缘电阻值为＿＿＿＿＿＿＿＿＿＿＿＿＿＿＿＿＿＿＿＿＿＿＿＿＿＿＿＿。

3）自己在实训用电气控制箱（柜）的主电路设置断路性故障，然后通电操作，观察并思考故障现象，同时用电压法（万用表交流 500V 档）测量相关线路的电压。在观察测量完毕后，及时恢复。

注意：设置故障前应断开电气控制箱（柜）电源，拆下的线头要用绝缘胶带包缠。如果要设置断相运行的故障，应同时断开两相线路。

故障设置点及故障现象：＿＿＿＿＿＿＿＿＿＿＿＿＿＿＿＿＿＿＿＿＿＿＿＿＿＿＿

＿＿＿＿＿＿＿＿＿＿＿＿＿＿＿＿＿＿＿＿＿＿＿＿＿＿＿＿＿＿＿＿＿＿＿＿＿＿。

测量数据及结论：＿＿＿＿＿＿＿＿＿＿＿＿＿＿＿＿＿＿＿＿＿＿＿＿＿＿＿＿＿＿。

4）自己在实训用电气控制箱（柜）的控制电路设置断路性故障，然后通电操作、测量相关线路电压，观察并思考故障现象。观察完毕后，及时恢复。

故障设置点及故障现象：＿＿＿＿＿＿＿＿＿＿＿＿＿＿＿＿＿＿＿＿＿＿＿＿＿＿＿

＿＿＿＿＿＿＿＿＿＿＿＿＿＿＿＿＿＿＿＿＿＿＿＿＿＿＿＿＿＿＿＿＿＿＿＿＿＿。

测量数据及结论：＿＿＿＿＿＿＿＿＿＿＿＿＿＿＿＿＿＿＿＿＿＿＿＿＿＿＿＿＿＿。

5）断开实训用电气控制箱（柜）的总电源进线，自己在实训车床中设置短路性故障，用电阻法（万用表电阻档）或绝缘电阻表测量相关线路电阻及对地电阻。测量完毕后，及时恢复。

测量数据及结论：＿＿＿＿＿＿＿＿＿＿＿＿＿＿＿＿＿＿＿＿＿＿＿＿＿＿＿＿＿＿。

6）请老师设置故障（要求设置 1～2 处故障），然后对故障用电气控制箱（柜）进行操作，初步判断故障范围。

注意：一旦发现有短路性故障，应立即切除电源，改用万用表电阻档或绝缘电阻表进行测量分析，发现短路性故障后立即排除。

操作现象与初步判断结论：_____。

_____。

7）在通电情况下用万用表的 500V 交流电压档，进一步分析、判断故障范围（必要时配合适当的操作或使用短接法），逐步找出故障点。

操作现象与查找结果：_____。

8）切断电源，修复故障。再次对机床进行操作，看是否已经恢复正常。如还有故障，继续查找。直至一切正常。

检查结论：_____。

任务5.5　典型机床电气控制线路的故障与排除

任务要求：熟悉 CW6140 型车床电气控制线路的工作原理，掌握车床电气控制线路故障的快速判断和检修方法、步骤与工艺。熟悉 X62W 型铣床电气控制线路的工作原理，掌握铣床电气控制线路故障的快速判断和检修方法、步骤与工艺。

5.5.1　CW6140 型车床电气控制线路基础知识

CW6140 型车床的应用极为普遍，在机床总数中占比重最大，主要用于加工各种回转表面（内外圆柱面、圆锥面、成型回转面等）和回转体的端面，是一种用途广泛的金属切削机床。

CW6140 型车床主要由床身、主轴箱、进给箱、溜板箱、刀架和尾座等部件组成。加工时，通常由工件旋转形成主运动，而刀具沿平行或垂直于工件旋转轴线移动，完成进给运动。机床除了主运动和进给运动之外的其他运动称为辅助运动，例如刀架的快速移动、工件的夹紧和放松等。

CW6140 型车床车削加工一般不要求反转，只在加工螺纹时，为避免乱扣，要求反转退刀，再纵向进刀加工，这就要求主轴能够正、反转。另外该车床带有冷却泵，为车削加工时输送冷却液用，只要求单方向起动。CW6140 型卧式车床电气原理图如图 5-23 所示。

1. 主电路分析

主电路有两台电动机：M1 为主轴电动机，由接触器 KM 的主触点来控制 M1 的起动和停止，在拖动主轴旋转的同时，通过进给机构实现车床的进给运动，主轴的正反转由机械摩擦离合器实现。M2 为冷却泵电动机，冷却泵电动机必须在主轴电动机起动后才能工作，受开关 SA1 控制。QS 为机床电源总开关。热继电器 FR1、FR2 分别对电动机 M1 和 M2 进行长期过载保护。FU2 对 M2 实现短路保护。

2. 控制电路分析

控制电路采用 380V 交流电源供电，由于电动机 M1 和 M2 的功率都小于 10kW，采用全压直接起动。

（1）主轴电动机的控制。按下起动按钮 SB2，KM 线圈便得电自锁，M1 起动。按下停

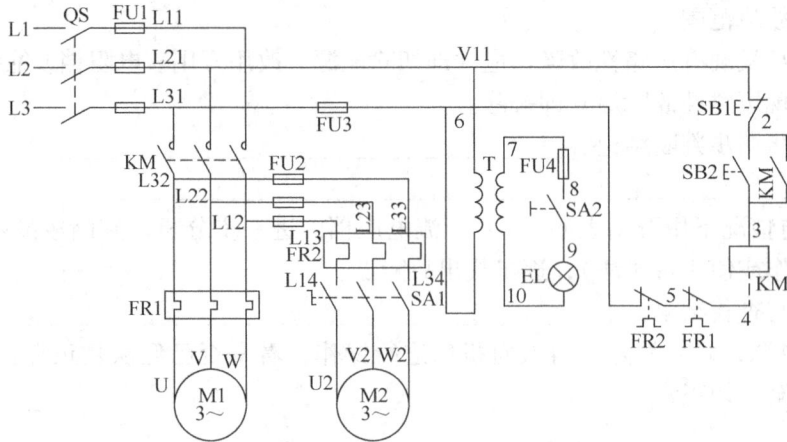

图 5-23　CW6140 型卧式车床电气原理图

止按钮 SB1，KM 线圈断电，主轴电动机停转。

（2）冷却泵电动机的控制。电动机 M2 的功率很小，采用转换开关 SA1 在主电路直接控制电动机的起动和停止。M2 和 M1 是联锁的，只有主轴电动机 M1 运转后，冷却泵电动机 M2 才能运转提供冷却液。

3. 辅助照明电路

机床照明由 380/36V 变压器 T 提供安全电压，经熔断器 FU3 及照明开关 SA2 构成二次低压照明电路，使用时合上 SA2 即可。

5.5.2　CW6140 型车床电气控制线路的故障与排除

检修 CW6140 型车床电气线路故障时，应先根据故障现象进行必要的分析以及适当的操作，以缩小故障范围，然后再着手检修。常见故障的分析与处理方法如下。

1. 接触器不吸合，主轴电动机不起动

合上电源开关 QS，按下起动按钮 SB2，若接触器 KM 不动作，则故障必定在控制电路或电源电路中，并且是断路性故障，以电压法和电阻法为例说明检修步骤。

（1）电压法检修　先检查电源电压及熔断器 FU2 是否正常。用万用表交流 500V 档测量 FU2 进线及出线电压，如果进线没有电压，则为电源故障；如果进线有电压，而出线没有电压，则为 FU2 的熔体断或接触不良。注意，测量电源电压时，因空间狭小，切勿因表笔造成短路，万用表的档位一定要正确，以免损坏万用表。

如没有发现故障，继续用分阶测量法检查 V11-2-3-4-5-6 线路间电路是否正常。先以 6 号线为基准，测量 2-6 之间的电压，如有 380V，则为正常；否则 SB1 按钮常闭触点没接通或两端接线故障。然后以 V11 号线为基准，依次测量 V11-3、V11-4、V11-5 之间的电压，如 V11-5 有 380V 而 V11-4 没有电压，则故障是 4、5 点之间有断路，可进行修复。有时也可以固定以 6 号线为基准，配合按钮 SB2 的操作，测量各点电压来判断故障位置。

（2）电阻法检修　在切断电源电压的情况下，用万用表的 R×1 电阻档测量各点的电阻值，也可以找到故障点。测量 V11-2、3-4、4-5、5-6 间的电阻值，除 3-4 间有低值电阻外，其余几点间的电阻应为零。如果出现某两点间的电阻为无穷大，则这两点间为断路，可修复之。

要注意的是，为了缩小判断范围，应充分利用断点（必要时可以去掉熔体、某一线头等），防止测量到回路电阻而引起错误判断。图 5-23 中，如测量 2-3 间的电阻，不是无穷大，而是一个低值电阻，原因在于测到了变压器 T 和接触器 KM 的线圈电阻，如果先去掉变压器上的 6 号线头再测量，就不会发生上述现象。

若所有各点的电压值（或电阻值）均正常，则是接触器 KM 的动铁心卡死。当电源开关 QS 合闸，按下起动按钮 SB2，接触器 KM 应在线圈通电的情况下有微微抖动及电磁噪声，这时可以断电，拆下接触器 KM 检查，或修理、更换。

电阻法在机床检修中应用非常广泛，有时在测量的同时配合一些按钮等的操作，可以进一步方便找出故障点。

2. 主轴电动机能起动，但不能自锁

按下 SB2，主轴电动机起动运转；松开 SB2，主轴电动机随之停转。其故障原因是：接触器 KM 的自锁触点（2-3）接头松动或接触不良。检修如下：

（1）接触器 KM 自锁功能的测试　断开开关 QS，用螺钉旋具顶压接触器动触点，使接触器呈吸合状态，再用万用表的 R×1 档测量 2-3 间的电阻值。如电阻不为零，则属自锁触点故障，修复后即可排除。

（2）导线连接状况的检测　仍然在切断电源的情况下，人工压合接触器。如自锁触点接触良好，则用万用表 R×1 档测量按钮 SB1 的 2 号与 KM 自锁触点的 3 号间的电阻，KM 自锁触点的 3 号与 SB2 的 3 号及 KM 线圈的 3 号间的电阻。它们的阻值均应为零。如发现电阻有无穷大的情况，则是导线断裂、连接处脱落等造成自锁回路断路，找出故障点后修复。

3. 接触器能吸合，但主轴电动机不起动

这种故障必定发生在主电路，如接触器 KM 主触点接触不良、电源和电动机及热继电器是否断线等，仔细检查即能排除。

如要采用通电检查法，应先拆下主轴电动机的三个线头，然后用电压法或校灯查主电路各点电压寻找故障点。

4. 主轴电动机不能停转

按下停止按钮 SB1，电动机不停转。可能的故障原因是：接触器主触点熔焊、衔铁部位有异物卡住，或新调换的接触器未擦去铁心的防锈油致使衔铁粘住等。这时只有切断电源开关 QS，电动机才能停转。

断开 QS 后仔细观察接触器，应能发现接触器没有复位，拆下后将其修复。

5. 主轴电动机断相运行

按下起动按钮 SB2 后，主轴电动机不能起动或转速极慢，且发出"嗡嗡"声，或在运转中突然发出"嗡嗡"声并伴随较强烈的振动，均为断相运行。此时，应立即按停止按钮 SB1 或关断电源总开关 QS，切断电源，以免烧毁电动机。其故障原因有：进线电源断相，开关或接触器有一相接触不良，热继电器电阻丝烧断，以及电动机内部断线、损坏等。

检测时，合上电源开关（但不要起动电动机），用万用表交流 500V 档测量电源开关 QS 进线及出线电压应为 380（1±10%）V。如果是电源进线断相，可检修电源；若是出线断相，则是开关 QS 损坏，可拆修或更换。

如进线及出线电压正常，可以先断开电源开关，拆下电动机 M1、M2 的接线，再合上

QS，按下 SB2，测量接触器 KM 主触点进线及出线电压，如果进线断相，则是线路断路；如是出线断相，则为接触器 KM 主触点损坏。

6. 主轴电动机在运行过程中自动停转的检修

先检查热继电器 FR1、FR2 的状况。电动机在运行过程中自动停止的故障通常是热继电器动作所致。这时，可在电动机运行时用钳形电流表测量电动机 M1 及 M2 的定子电流，然后判断发生故障的原因后进行排除。

（1）如电动机电流达到或超过额定值的120%，则电动机为过载运行，应减小负载。

（2）电动机定子电流接近或稍大于额定值，使热继电器动作，这是因为电动机运行时间过长、环境温度过高或机床有振动的缘故，从而使热继电器产生误动作。

（3）若电动机定子电流小于额定值，这可能是热继电器的整定值偏移过大。这时可拆下热继电器送有关部门进行校验。

7. 一按起动按钮熔丝立即熔断的检修

这是典型的短路性故障，往往是由于线路短路、开关短路或电动机短路所致。可切断总电源，拆去电动机 M1、M2 接线盒中的连接导线（注意：自始至终要确保设备无电），进行检查。

（1）对地短路故障点的检查

1）用绝缘电阻表检测进线的绝缘电阻。如导线对地电阻或线间电阻为零，则必须更换导线。这种电源线通常是暗管埋地敷设的，更换时先将两端从联结端上拆下，将一端剥去一段绝缘层，与已剥去绝缘层的同截面积的新导线铰接，用绝缘带略加包扎，从另一端将对地短路的导线抽出，同时穿进新线。如果用这种带线方式抽不动旧线时，则只能抽出 4 根导线，重新穿线。

2）用绝缘电阻表测量线路对地和线间的绝缘电阻。合上 QS，卸掉 FU2 熔体，要求所检查的线段到接触器 KM 及熔断器 FU2 的进线处为止。

3）断开 SA1 后测量 KM 出线的对地绝缘电阻及线间电阻。合上 SA1，测量线间及对地绝缘电阻。

4）如在导线上没有发现故障点，则检查开关 QS、SA1。拆去开关所有接线端，检查开关各接线端的对地和接线端之间的绝缘电阻。

5）在安装开关的空间较狭窄时，接线端部分碰地的可能性也是很大的，在用仪表检测的同时，也必须加以观察。

（2）电动机转子是否堵转的检查　电动机转子堵转也能造成电源熔丝在电动机起动瞬间立即熔断。检查时先切断电源，再用人工转动电动机转轴，电动机应能转动。如若纹丝不动，则为电动机转子卡死或传动机构卡死。若传动机构卡死，应请钳工修理。电动机转子本身卡死（卧式车床用的电动机都用滚动轴承，卡死可能性不大，但对于滑动式轴承的其他设备，则有可能使电动机转轴卡死），其原因大多是因为轴承磨损或滚珠碎裂后造成的，可拆修电动机更换轴承。

（3）电动机定子绕组是否短路的检查　断电后用万用表的电阻档分别测量定子绕组 U-V、V-W、W-U 之间的电阻值，看是否对称并且阻值在合理范围。

8. 控制回路熔体熔断的检修

测量控制回路和照明回路是否短路或对地短路。如果 SA2 断开，故障消失，则为照明电路有短路或对地短路。若 SA2 断开后，故障依旧，则短路点在控制回路。控制回路短路的检测常用电阻法：

1）将 QS、SA2 断开，用万用表 $R \times 1$ 档测量接触器 KM 线圈两端间的电阻，这时应有较大的电阻值。如为零则是线圈短路，需更换线圈；如电阻值很小，而且线圈发烫，并有焦臭味，则可能是线圈存在匝间短路，也要拆下更换。

2）用万用表 $R \times 1k$ 档测量 FU2 出线端的 6 号对"地"及 V11 号对"地"电阻，其电阻值应保持在无穷大处。如发现某点对地电阻值极小或为零，则存在对地短路。例如检查 6 号线对地短路，这时可拆去 KM 线圈上的 4 号线，若故障依旧，再拆去热继电器 FR1 上的 4 号线后测量，直到故障消除为止。

9. 照明灯不亮

一般是灯泡 EL 损坏，熔断器 FU3 熔断，灯头接触片短路，变压器 T 的一、二次绕组断线或松脱、短路等原因引起的。此时首先检查灯泡，若灯泡已坏，必须更换 36V 电压的专用灯泡。

（1）短路点的检查　如果 SA2 合闸后 FU2 熔断，这是照明回路存在短路及对地短路的故障。

1）若 SA2 断开，故障消失，则是照明灯存在短路。可取下灯泡，检查灯座中心的铜片有无与灯座内另一导电螺纹圈电极相碰。通常是中心导电极紧固螺钉松动引起位置偏移而短路。将电极铜片拨正，紧固螺钉后即可排除。

2）若 SA2 断开，故障依旧，应切断电源，拆去变压器 T 一、二次侧的全部接线，用万用表 $R \times 1$ 档测量 7、8、9、10 号对地电阻值。如其中某一点对地电阻为零，则为该导线对地短路，这时只需更换导线即可排除故障。

3）如未发现线路、灯具等存在任何接地故障，则属变压器一次或二次绕组内部短路。这种情况通常表现为变压器过热及有焦臭味。

（2）开路点的检查　当照明回路（包括变压器一、二次绕组）存在导线断裂、联结脱落、熔体熔断及变压器绕组开路等故障时，照明灯不亮。

1）合上电源开关后，用万用表测量变压器一次、二次电压及灯座中心对外圈的电压。如某一级有正常电压而后一级没有电压，则开路点为这一段。可针对故障情况予以修复。

2）若各级电压都正常，则通常是灯座中心接触铜片变形内陷。切断电源后，将灯座中心铜片挑高，以保证与灯泡接触。

5.5.3　X62W 型铣床电气控制线路的基础知识

X62W 型铣床的应用极为普遍，可以加工平面（水平面、垂直面等）、沟槽（键槽、T形槽、燕尾槽等）、分齿零件（齿轮、链轮、棘轮、花键轴等）、螺旋形表面（螺纹、螺旋槽）及各种曲面。此外，还可以用于对回转体表面及内孔进行加工，以及进行切断工作等。

X62W 型铣床加工时的运动有：主运动：铣刀的旋转；进给运动：工作台的上、下、左、右、前、后运动；辅助运动：工作台的上、下、左、右、前、后六个方向上的快速运动。这些运动分别由两台电动机拖动，其控制原理如图 5-24 所示。

1. 主电路分析

主电路中共有 3 台电动机，M1 是主轴电动机，M2 是工作台进给电动机，M3 是冷却泵电动机。

对 M1 的要求是在铣削加工时主轴能够正、反转，完成顺铣和逆铣工艺，但这两种铣削方法变换不频繁，所以通过换向开关 SA5 手动控制 M1 的旋转方向。主轴变速由机械机构完成，不需要电气调速。接触器 KM1 接通时主轴正转加工，KM2 接通时串入制动电阻 R 进行电气反接制动或瞬动（冲动）控制，以使主轴快速停转或便于齿轮啮合。对 M2 的要求是能正反转、快慢控制和限位控制，并通过机械机构使工作台能做上下、左右及前后运动方向的改变。对 M3 只要求单向运行，供给铣削用的切削液。

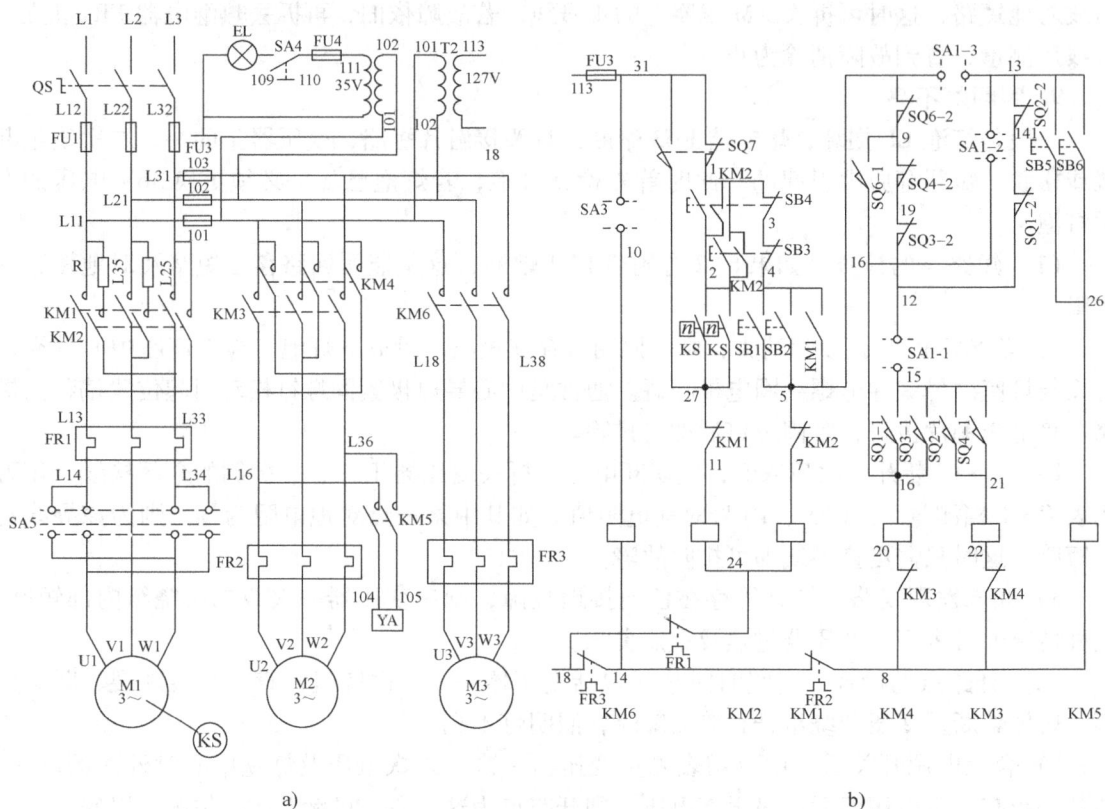

图 5-24　X62W 型万能铣床电气线路图

a）主电路　b）控制电路

2. 控制电路分析

（1）主轴电动机 M1 的控制　主轴电动机起动按钮 SB1、SB2，停止按钮 SB3、SB4。为方便操作，分别装在机床的两个操作位置上，实现双点控制。KM1 是主轴电动机起动接触器，KM2 是反接制动接触器。SQ7 是与主轴变速手柄联动的瞬动行程开关。主轴电动机是通过弹性联轴器和变速机构的齿轮传动链来传动的，可使主轴获得 18 级不同的速度。

1）主轴电动机 M1 的起动。起动前，先合上电源开关 QS，再将主轴换向开关 SA5 扳到主轴所需要的旋转方向，然后按下起动按钮 SB1 或 SB2，接触器 KM1 线圈得电并自锁，主轴电动机 M1 起动。起动后速度继电器 KS 的常开触点闭合，为电动机的停车制动做准备。

2）主轴电动机 M1 的停车制动。主轴需停止时，按下停止按钮 SB3 或 SB4，切断 KM1

通路，KM1 线圈断电释放，同时接触器 KM2 线圈通电吸合，改变了 M1 的电源相序，实现定子绕组串电阻的反接制动。当 M1 的转速低于 100r/min 时，速度继电器 KS 的常开触点自动断开，切断电动机 M1 电源，制动过程结束。

3）主轴变速时的瞬动（冲动）控制。主轴变速时的瞬动（冲动）控制，是利用变速手柄与瞬动行程开关 SQ7 通过机械联锁机构进行控制的。变速时手柄的操作过程为：向下压变速手柄→将手柄向前拉→转动变速盘，选择需要的转速→以连续较快的速度将手柄推回原位。

在拉出或推回变速手柄时，都会使冲动行程开关 SQ7 短时间动作一下，其常闭触点（31-1）断开、常开触点（31-27）接通。手柄拉出时，SQ7 常闭触点断开使 KM1 线圈失电，同时常开触点接通使 KM2 线圈得电动作，M1 被反接制动而快速停车，以方便主轴电动机 M1 工作中直接进行变速操作。手柄推回时，SQ7 动作使 KM2 线圈再次得电，M1 反向转动一下，以利于变速后的齿轮啮合。变速手柄继续以较快的速度推到原来位置时，SQ7 复位，KM2 线圈失电，M1 停转，操作过程结束。

（2）工作台进给电动机的控制　进给运动必须在主轴电动机起动后（5 号线得电）才能进行控制，从而实现了主轴运动和进给运动的联锁。

进给电动机拖动工作台实现上下、左右、前后 6 个方向的运动，通过机械操作手柄（纵向手柄和十字形手柄）控制 3 个垂直方向，利用 M2 的正反转实现每个垂直方向上的两个相反方向的运动。

在工作台进给运动时，是不能进行圆工作台运动的，由转换开关 SA1 控制圆工作台运动。在不需要圆工作台运动时，转换开关 SA1-1、SA1-3 两个触点闭合，SA1-2 触点断开。圆工作台转换开关状态见表 5-2。

表 5-2　圆工作台转换开关状态表

触点	位置	圆工作台的工作状态	
		接通	断开
SA1-1	12-15	-	+
SA1-2	16-13	+	-
SA1-3	13-5	-	+

1）工作台垂直（上下）运动和横向（前后）运动的控制。它是由工作台升降与横向操作手柄（十字形手柄）控制的，由两个完全相同的复式手柄分别装在工作台左侧的前方和后方。手柄的联动机构与行程开关 SQ3、SQ4 相连接，行程开关装在工作台左侧。前面一个是 SQ4，控制向上及向后运动，后面一个是 SQ3，控制工作台向下及向前运动。此手柄有上、下、左、右、中 5 个位置，5 个位置是联锁的。中间位置对应停止；上、下位置对应机械传动链接入垂直传动丝杠；左、右位置对应机械传动链接入横向传动丝杠。工作台横向及升降进给行程开关状态见表 5-3。

工作台向上运动的控制：KM1 闭合后，将十字形手柄扳到"上"位置，机械传动系统接通垂直传动丝杠的离合器，为垂直传动丝杠的转动做准备；电气上十字形手柄压合行程开关 SQ4，其触点 SQ4-2 断开、SQ4-1 闭合，接触器 KM3 线圈得电，M2 正转，工作台向上运动。KM3 线圈得电的电流路径为：5→13→141→12→15→21→22→8→14→18。

表 5-3 工作台横向及升降进给行程开关状态表

触点	位置	向前、向下	停止	向后、向上
SQ3-1	15-16	+	−	−
SQ3-2	12-19	−	+	+
SQ4-1	12-21	−	−	+
SQ4-2	9-19	+	+	−

工作台向下运动的控制：将十字形手柄扳到"下"位置，机械传动系统接通垂直传动丝杠的离合器，为垂直传动丝杠的传动做准备；电气上十字形手柄压合行程开关 SQ3，使 SQ3-2 断开、SQ3-1 闭合，KM4 线圈得电，M2 反转，工作台向下运动。KM4 线圈得电的电流路径为：5→13→141→12→15→16→20→8→14→18。

工作台向后运动的控制：操作手柄扳向"后"时，电路上与向上运动一样，也是由 SQ4 和 KM3 控制，不同之处是通过机械联动机构拨开垂直传动丝杠的离合器使它停止转动，而将横向传动丝杠的离合器接通，横向传动机构使工作台向后运动。

工作台向前运动的控制：将手柄扳向"前"时，电路上与向下运动一样，也是由 SQ3 和 KM4 控制，不同之处是通过机械联动机构将垂直传动丝杠的离合器脱开，而横向传动丝杠的离合器接通传动机构，横向传动丝杠使工作台向前运动。

工作台上下限位终端保护，是利用床身导轨旁的挡铁和工作台座上的挡铁撞动十字手柄，使其回到中间位置，迫使升降台停止运动。横向运动的终端保护，也是利用装在工作台上挡铁撞动手柄来实现的。

2）工作台的纵向（左右）运动。它也是由进给电动机 M2 传动，并由工作台纵向操作手柄来控制。此手柄也是复式的，一个安装在工作台底座的顶部中央部位，另一个安装在工作台底座的左下方。手柄有左、中、右 3 个位置，中间位置对应停止。当手柄扳到"右"或"左"运动方向时，其机械联动机构一方面接通纵向传动丝杠的离合器，为纵向传动丝杠的转动做准备；另一方面压下行程开关 SQ1 或 SQ2，使接触器 KM4 或 KM3 动作，在进给电动机 M2 的正、反转拖动下，实现向左或向右进给运动。工作台纵向进给行程开关状态见表 5-4。

表 5-4 工作台纵向进给行程开关状态表

触点	位置	向左	停止	向右
SQ1-1	15-16	−	−	+
SQ1-2	12-141	+	+	−
SQ2-1	15-21	+	−	−
SQ2-2	13-141	−	+	+

工作台向左运动的控制：KM1 闭合后，将操纵手柄扳向"左"位置，其联动机构压下行程开关 SQ2，使 SQ2-2 断开、SQ2-1 闭合，接触器 KM3 线圈经 5→9→19→12→15→21→22→8→14→18 通路得电，电动机 M2 反转，拖动工作台向左运动。

工作台向右运动的控制：主轴起动后，将操纵手柄扳向"右"位置，其联动机构压下行程开关 SQ1，使 SQ1-2 断开、SQ1-1 闭合，接触器 KM4 得电，电动机 M2 正转，拖动工作台向右运动。KM4 得电的电流路径为：5→9→19→12→15→16→20→8→14→18。

工作台左右行程可调整安装在工作台两端的挡铁来控制，当工作台纵向运动到极限位置时，挡铁撞动纵向操纵手柄，使它回到零位，工作台便停止运动，从而实现了纵向终端保护。

需要注意的是：工作台 6 个方向的运动，在同一时刻只允许一个方向有进给运动，这就存在互锁问题。X62W 型铣床控制电路中，采用机械和电气方法实现互锁。机械方法是使用两套操作手柄，每个操作手柄的每个位置只能有一种操作。而电气互锁是由行程开关 SQ1-2、SQ2-2、SQ3-2、SQ4-2 实现的，两个进给手柄同一时间只能操作一个，否则进给电动机无法工作。当升降与横向操作手柄操作时，SQ3-2 或 SQ4-2 将 9-19-12 通路切断；当纵向进给手柄操作时，SQ1-2 或 SQ2-2 将 13-141-12 通路切断，如果两个手柄同时操作，12 号线无法得电，进给电动机不能工作。这就保证了 6 个进给运动方向的联锁。

3）工作台快速移动控制。为了提高劳动生产率，当工作台在安装工件和对刀时，要求工作台能快速移动。X62W 万能铣床的快速移动是通过机械方法来实现的。也由进给电动机 M2 拖动，在纵向、横向、垂直六个方向都可以实现快移控制，其动作过程如下：

在主轴电动机起动后，将进给操纵手柄扳到所需要位置，工作台按照选定的速度和方向作进给移动时，再按下快速移动按钮 SB5 或 SB6，使接触器 KM5 线圈得电，接通牵引电磁铁 YA，电磁铁通过杠杆使摩擦离合器合上，减少了中间传动装置，使工作台按原运动方向快速移动。当松开快移按钮时，电磁铁 YA 断电，快速移动停止，工作台仍按原进给速度继续移动。

4）变速冲动。在改变工作台进给速度时，为了使齿轮易于啮合，也需要进给电动机 M2 瞬间冲动一下。进给变速与主轴变速控制一样，先外拉变速盘，调好速度，再推回变速盘，在推回过程中，瞬时压动 SQ6，在压下 SQ6 时，SQ6-1（9-16）接通、SQ6-2（5-9）断开，接触器 KM4 线圈经 5→13→141→12→19→9→16→20→8→14→18 通路得电。由于 SQ6 很快就被释放，所以 M2 只是瞬间抖动一下。

（3）圆工作台运动控制　圆工作台进给运动是使工作台绕轴心回转，以便进行弧形加工。先将转换开关 SA1 扳到接通位置，这时 SA1-2 闭合、SA1-1 和 SA1-3 断开。然后将工作台的进给操纵手柄扳到零位，此时行程开关 SQ1～SQ4 的触点都处于复位状态。再按下主轴起动按钮 SB1 或 SB2，主轴电动机起动，进给电动机也因接触器 KM4 线圈得电而起动，并通过机械传动使圆工作台按需要方向移动。KM4 线圈得电的电流路径为：5→9→19→12→141→13→16→20→8→14→18。

圆工作台运动与工作台进给运动间不能同时进行，电路上圆工作台运动的电气回路需经过 SQ1～SQ4 四个行程开关的动断触点，若扳动任一进给手柄，SQ1～SQ4 的常闭触点总有一个会断开，将使圆工作台停止工作，这就实现了的互锁，保证了两种运动不可能同时进行。

5.5.4　X62W 型铣床电气控制线路的故障与排除

X62W 型铣床的主轴运动控制，除旋转外还有在变速过程中采用了电动机的冲动和制动。铣床的进给运动是工作台导轨的左右、上下及前后移动，辅助运动是上述 6 个方向的快速移动，改变进给速度时也采用冲动。工作台 6 个方向的运动控制与互锁控制，以及圆工作台的运动控制是本机床的特殊环节。由于万能铣床的机械操纵与电气控制配合十分密切，因此调试与维修这种机床时，不仅要熟悉电气原理，同时要对机床的操作与机械结构，特别是机电配合应有必要的了解。

X62W 型铣床常见故障的分析与处理方法有如下。

1. 主轴电动机不能起动

由图 5-24 可见，主轴电动机起动线路很简单，它可以在两处分别起动、停止主轴电动机。为了主轴变速方便，电路中加入了变速冲动开关 SQ7。

检查时，可以先按下起动按钮 SB1 或 SB2，若听到接触器吸合的声音，说明故障在主电路，通电后依次检查 FU1、KM1 主触点、FR1 发热元件、SA5 等进线和出线端的电压，可以方便地分析出故障部位；若听不到接触器吸合的声音，说明故障在电源部分或控制电路，可以检查变压器 T2 侧 18 号线对 113、31、1、3、4 号线电压，以及变压器侧 113 号线对 5、7、24、113 号线电压，判断出具体的故障部位。

2. 主轴停车时没有制动作用或产生短时反向旋转

这种故障采用电压法或电阻法检修是较为困难的，应采用分析观察的方法检修。

根据故障现象，其主要原因集中在速度继电器 KS 上，速度继电器 KS 的常开触点不能按旋转方向正常闭合，使停车时没有制动作用；速度继电器触点弹簧调得过紧或永久磁铁转子的磁性消失时，会使反接制动电路过早切断，制动效果不明显；而当速度继电器弹簧调节过松时，会使触点分断过迟，以致在反接的惯性作用下，电动机停止后，仍会有短时反转现象。

检修时应找出故障原因，对速度继电器 KS 进行修理、更换或适当调节 KS 触点，弹簧便可消除故障。

3. 主轴电动机不能冲动（瞬时转动）

主轴变速拉出或推回变速手柄时，行程开关 SQ7 被瞬间压合，触点（31-27）闭合使接触器 KM2 瞬时接通，主轴电动机瞬时冲动。由于 SQ7 经常受到频繁冲击，使开关位置改变（压不上开关），甚至开关底座被撞碎或接触不良，使电路断开，从而造成主轴电动机不能冲动的故障。修理或更换开关，并调整好开关动作行程，就能使主轴电动机恢复瞬时冲动。

切断电源后，用电阻法直接测量 SQ7（31-27）两端的电阻，在操作主轴变速手柄到某点时，阻值应为"0"，否则 SQ7 发生故障。

4. 工作台各个方向都不能进给

铣床工作台的进给运动是通过进给电动机 M2 正反转配合机械传动来实现的。若各个方向都不能进给，多是因为电动机不能起动所致。排除故障时，应先检查主轴电动机接触器是否已吸合，因为只有接触器 KM1 吸合后，控制进给电动机的接触器 KM4、KM3 才能得电。

如果接触器 KM1 不能得电，则表明控制电路电源故障。应该检测控制变压器一、二次绕组和电源电压是否正常，熔断器是否熔断。

如电压正常、接触器 KM1 吸合、主轴旋转后，各个方向仍无进给运动，可扳动手柄至各个运动方向，观察其相关的接触器 KM3、KM4 是否吸合。如吸合，则表明故障发生在主回路或进给电动机上，常见故障有接触器主触点接触不良、主触点脱落、机械卡死、电动机接线脱落和电动机绕组断路等；如不吸合，则表明故障发生在控制回路，应先将进给手柄都放在原位，检查 5、12、15 号线对 18 号线的电压是否正常，如正常再压合其中一个进给手柄，检查 15、16（21）、20（22）、8、14、18 号线对 113 号线电压，判断出故障点。

由于经常扳动操作手柄，开关受到冲击，行程开关 SQ1~SQ4 位置发生变动或开关撞坏使线路断开，变速冲动开关 SQ6-2 在复位时不能闭合接通，开关 SA1-1 接触不良经常使工作台没有进给运动。

5. 进给电动机不能冲动（瞬时转动）

造成进给电动机不能瞬时冲动故障的元件是行程开关 SQ6-1，其故障原因、排除方法与主轴电动机不能冲动相同。

6. 工作台能向左、向右进给，但不能向前、向后、向上、向下进给

铣床工作台 6 个方向的进给运动，向下、前、右进给时 KM4 吸合，向上、后、左进给时 KM3 吸合，由于工作台能够左右进给，所以故障点肯定与接触器无关。

从图 5-24 上可知，控制工作台 6 个方向运动的开关是互相联锁的，使之同时只有一个方向的运动。工作台前、下（或后、上）运动时，KM4（或 KM3）线圈的得电通路为：5→SA1-3→13→SQ2-2→141→SQ1-2→12→SA1-1→15→SQ3-1（或 SQ4-1）→16（或 21），所以故障点主要应该在 13→SQ2-2→141→SQ1-2→12 范围。

排除故障时，用万用表电阻档，测量 SQ1-2 或 SQ2-2 的接触情况，查找故障部位，修理或更换元件，就可排除故障。但是，在测量 SQ1-2 或 SQ2-2 的接触情况时，应手动操纵工作台向前后或向上下手柄，让 SQ3-2 或 SQ4-2 断开。否则，通过 12→SQ3-2→19→SQ4-2→9→SQ6-2→5→SA1-3→13 的导通，会误认为 SQ1-2 或 SQ2-2 开关接触是良好的，这一点应引起注意。

7. 工作台能向前、向后、向上、向下进给，但不能向左、向右进给

故障原因及排除方法与上例类似，只是故障元件应是 SQ3-2 或 SQ4-2 限位开关。

8. 工作台不能快速移动

工作台在进给中，按下按钮 SB5、SB6，接触器 KM5 得电，使牵引电磁铁 YA 得电吸合，从而推动离合器实现工作台的快移。牵引电磁铁由于起动冲击大，操作频繁，经常引起线圈烧坏或线头松动，是本故障的主要原因。按钮 SB5 或 SB6 接线松动、脱落，也会引起工作台没有快移。

检修时先通电操作，在某方向进给运动时按下按钮 SB5 或 SB6，如听到接触器吸合的声音，说明故障在主电路，是 YA 损坏；反之，故障在控制电路，故障范围在 13→SB5、SB6→26→KM5→8 之间。

实训 6　CW6140 型车床电气线路模拟故障与排除

1. 实训目的

掌握 CW6140 型车床电气线路常见故障与排除方法。

2. 实训器材

CW6140 型车床 1 台；万用表 1 只；钳形电流表 1 只；绝缘电阻表 1 只。

3. 实训内容与步骤

1）仔细阅读实训用 CW6140 型车床的电气控制线路原理图，并对照实物阅读 CW6140 型车床的电气安装接线图，熟悉 CW6140 型车床控制元件的安装位置和线路布置。

2）断开实训车床的总电源进线，用绝缘电阻表分别测量线路中几点的对地绝缘电阻。绝缘电阻值为_____。

3）对正常的实训车床进行仔细的操作，观察车床的主要运动形式和相应电器元件的动作情况，并用钳形电流表测量主轴电动机的电流，与电动机的额定电流比较。

车床的主要运动有：_____

_____。

主轴电动机的工作电流及比较结论：_____。

4）自己在实训车床的主电路设置断路性故障，然后通电操作，观察并思考故障现象，同时用电压法（万用表交流500V档）测量相关线路的电压。观察测量完毕后，及时恢复。

注意：设置故障前应断开车床电源，拆下的线头要用绝缘胶带包缠。如果要设置断相运行的故障，应同时断开两相线路。

故障设置点及故障现象：_____

_____。

测量数据及结论：_____。

5）自己在实训车床的控制电路设置断路性故障，然后通电操作、测量相关线路电压，观察并思考故障现象。观察完毕后，及时恢复。

故障设置点及故障现象：_____

_____。

测量数据及结论：_____。

6）断开实训车床的总电源进线，自己在实训车床中设置短路性故障，用电阻法（万用表电阻档）或绝缘电阻表测量相关线路电阻及对地电阻。测量完毕后，及时恢复。

测量数据及结论：_____。

7）请老师设置故障（要求设置1～2处故障），然后对故障车床进行操作，初步判断故障范围。

注意：一旦发现有短路性故障，应立即切除电源，改用万用表电阻档或绝缘电阻表进行测量分析，发现短路性故障后立即排除。

操作现象与初步判断结论：_____

_____。

8）在通电情况下用万用表的500V交流电压档进一步分析、判断故障范围（必要时配合适当的操作或使用短接法），逐步找出故障点。

操作现象与查找结果：_____。

9）切断电源，修复故障。再次对机床进行操作，看是否已经恢复正常。如还有故障，继续查找，直至一切正常。

检查结论：_____

实训7　X62W型铣床电气线路模拟故障与排除

1. 实训目的

掌握X62W型铣床电气线路常见故障及排除方法。

2. 实训器材

X62W 型铣床 1 台；万用表 1 只；钳形电流表 1 只；绝缘电阻表 1 只。

3. 实训内容与步骤

1）仔细阅读实训铣床的电气控制线路原理图，并对照实物阅读 X62W 型铣床的接线图，熟悉 X62W 型铣床控制元件的安装位置和线路布置。

2）断开实训铣床的总电源进线，用绝缘电阻表分别测量线路中几点的对地绝缘电阻。

绝缘电阻值为＿＿＿＿＿＿＿＿＿＿＿＿＿＿＿＿＿＿＿＿＿＿＿＿＿＿＿＿＿＿＿。

3）对正常的实训铣床仔细操作，观察铣床的主要运动形式和相应电器元件的动作情况。用钳形电流表测量主轴电动机和进给电动机的电流，与电动机的额定电流比较。

注意观察铣床的电气联锁，X62W 铣床的联锁有：主轴旋转与进给运动的联锁，工作台 6 个方向的进给联锁，圆工作台回转与进给运动的联锁。

铣床的主要运动有：＿＿＿＿＿＿＿＿＿＿＿＿＿＿＿＿＿＿＿＿＿＿＿＿＿＿＿＿

＿＿＿＿＿＿＿＿＿＿＿＿＿＿＿＿＿＿＿＿＿＿＿＿＿＿＿＿＿＿＿＿＿＿＿＿＿。

测量数据及结论：＿＿＿＿＿＿＿＿＿＿＿＿＿＿＿＿＿＿＿＿＿＿＿＿＿＿＿＿＿。

4）自己在铣床的主电路部分先设置故障，然后用电阻法检查，排除短路性故障后再进行通电操作，观察并思考故障现象。观察完毕后，及时恢复。

注意：设置故障前要切断铣床电源。尽量不要设置短路性及断相运行的故障，以免造成不必要的损失，拆下的线头要用绝缘胶带包缠。

故障设置点及故障现象：＿＿＿＿＿＿＿＿＿＿＿＿＿＿＿＿＿＿＿＿＿＿＿＿＿

＿＿＿＿＿＿＿＿＿＿＿＿＿＿＿＿＿＿＿＿＿＿＿＿＿＿＿＿＿＿＿＿＿＿＿＿＿。

5）自己在主轴电动机控制线路部分设置故障，并进行通电操作，观察并思考故障现象。观察完毕后，及时恢复。

故障设置点及故障现象：＿＿＿＿＿＿＿＿＿＿＿＿＿＿＿＿＿＿＿＿＿＿＿＿＿

＿＿＿＿＿＿＿＿＿＿＿＿＿＿＿＿＿＿＿＿＿＿＿＿＿＿＿＿＿＿＿＿＿＿＿＿＿。

6）自己在工作台进给电动机控制线路部分设置故障，并进行通电操作，观察并思考故障现象。观察完毕后，及时恢复。

故障设置点及故障现象：＿＿＿＿＿＿＿＿＿＿＿＿＿＿＿＿＿＿＿＿＿＿＿＿＿

＿＿＿＿＿＿＿＿＿＿＿＿＿＿＿＿＿＿＿＿＿＿＿＿＿＿＿＿＿＿＿＿＿＿＿＿＿。

7）请老师设置故障（要求设置 1 ～ 2 处故障），对故障车床进行操作，并进一步用万用表的 500V 交流电压档判断故障点。

操作现象与判断结果：＿＿＿＿＿＿＿＿＿＿＿＿＿＿＿＿＿＿＿＿＿＿＿＿＿＿。

＿＿＿＿＿＿＿＿＿＿＿＿＿＿＿＿＿＿＿＿＿＿＿＿＿＿＿＿＿＿＿＿＿＿＿＿＿。

8）切断电源，修复故障。再次对机床进行操作，看是否已经恢复正常。如还有故障，继续查找，直至一切正常。

检查结论：＿＿＿＿＿＿＿＿＿＿＿＿＿＿＿＿＿＿＿＿＿＿＿＿＿＿＿＿＿。

习　题

1. 什么是电气原理图？

2. 电气原理图的读图有哪些方法？电器布置图的绘制有哪些原则？

3. 绘制电气安装接线图要掌握哪些原则？

4. 简述零部件常见故障及维修方法及常用电器的常见故障及维修方法。

5. 电气控制线路布线要掌握哪些原则？

6. 简述电气控制线路的故障检修方法。

7. 简述 X62W 型铣床电气控制线路故障及排除方法。

8. 简述 CW6140 型车床电气控制线路故障及排除方法。

学习情境六　可编程序控制器维修

任务 6.1　PLC 的认识与操作

任务要求：了解 PLC 的产生、特点、应用和发展状况等；掌握和理解 PLC 的基本结构和工作原理；熟悉 FX_{2N} 系列 PLC 的软元件，掌握主要软元件的功能和应用注意事项；了解 PLC 的各种编程语言。

6.1.1　PLC 概述及 FX_{2N} 系列 PLC 的认识

可编程序控制器（Programmable Controller）的英文缩写是 PC，容易与个人计算机（Personal Computer）混淆，因此通常都称其为 PLC（Programmable Logic Controller）。PLC 是在接触器－继电器控制基础上以微处理器为核心，将自动控制技术、计算机技术和通信技术融为一体而发展起来的一种新型工业自动控制装置。目前 PLC 已基本替代了传统的接触器－继电器控制系统，成为工业自动控制领域中最重要、应用最多的控制装置。

1. PLC 的产生

在 PLC 出现前，接触器－继电器控制在工业控制领域中占据主导地位，但是接触器－继电器控制系统具有明显的缺点：设备体积大、可靠性低、故障检修困难等；由于接线复杂，当生产工艺和流程改变时必须改变接线，这种硬件编程系统的通用性和灵活性较差。现代社会制造工业竞争激烈，产品更新换代频繁，迫切需要一种新的更先进的"柔性"控制系统来取代传统的接触器－继电器控制系统。

20 世纪 60 年代，随着电子技术和计算机技术的发展，先后出现了用晶体管和中小规模集成电路构成的逻辑控制系统及用小型计算机取代接触器－继电器的控制系统，但由于小型计算机价格高昂，对恶劣的工业环境难以适应，其输入/输出信号与被控电路不匹配，再加上控制程序的编制较难，不像 PLC 的梯形图易于被操作人员掌握，这一"瓶颈"阻碍了其进一步发展和推广应用。

1968 年，美国通用汽车（GM）公司为了增强其产品在市场的竞争力，不断更新汽车型号的需要，率先提出生产线控制的 10 条要求，公开向制造商招标。GM 公司提出的 10 条要求是：

1）编程方便，可在现场修改程序。

2）维护方便，最好是插件式结构。

3）可靠性高于继电器控制柜。

4）体积小于继电器控制柜。

5）成本可与继电器控制柜竞争。

6）数据可以直接输入管理计算机。

7）可以直接用交流 115V 输入。

8）通用性强，系统扩展方便，变动最少。

9）用户存储器容量大于 4KB。

10）输出为交流 115V，负载电流要求在 2A 以上，可直接驱动电磁阀和交流接触器等。

2. PLC 的应用

（1）开关量逻辑控制 这是 PLC 最基本的应用，即用 PLC 取代传统的接触器 – 继电器控制系统，实现逻辑控制和顺序控制，如机床电气控制、电动机控制、注塑机控制、电镀流水线、电梯控制等。总之，PLC 既可用于单机控制，也可用于多机群和生产线的控制。

（2）模拟量过程控制 除了数字量之外，PLC 还能控制连续变化的模拟量，如温度、压力、速度、流量、液位、电压和电流等模拟量。通过各种传感器将相应的模拟量转化为电信号，然后通过 A – D 转换模块将它们转换为数字量送到 PLC 的 CPU 处理，处理后的数字量再经过 D – A 转换为模拟量进行输出控制，若使用专用的智能 PID 模块，可以实现对模拟量的闭环过程控制。

（3）运动控制 大多数 PLC 都有拖动步进电动机或伺服电动机的单轴或多轴位置控制模块。这一功能广泛用于各种机械设备，如对各种机床、装配机械、机器人等进行运动控制。

（4）现场数据采集处理 目前 PLC 都具有数据处理指令、数据传送指令、算术与逻辑运算指令和循环移位与移位指令，所以由 PLC 构成的监控系统，可以方便地对生产现场产生的数据进行采集、分析和加工处理。数据处理通常用于诸如柔性制造系统、机器人和机械手控制等大、中型控制系统中。

（5）通信联网、多级控制 PLC 与 PLC 之间、PLC 与上位计算机之间的通信，要采用其专用通信模块，并利用 RS232C 或 RS422A 接口，用双绞线或同轴电缆或光缆将它们连成网络。由一台计算机与多台 PLC 组成的分布式控制系统，进行"集中管理，分散控制"建立工厂的自动化网络。PLC 还可以连接 CRT 显示器或打印机，实现显示和打印。

3. PLC 的基本结构

PLC 的实质是一种专用于工业控制的计算机，其基本结构与微型计算机相同，由硬件系统和软件系统两部分构成。

PLC 硬件系统结构框图如图 6-1 所示，主要由中央处理器（CPU）、存储器、输入单元、输出单元、通信接口、扩展接口电源等部分组成。其中，CPU 是 PLC 的核心，输入单元与输出单元是连接现场输入/输出设备与 CPU 之间的接口电路，通信接口用于与编程器、上位计算机等外设连接。

对于模块式 PLC，各部件独立封装成模块，各模块通过总线连接，安装在机架或导轨上，其组成框图如图 6-2 所示。无论是哪种结构类型的 PLC，都可根据用户需要进行配置与组合。

4. PLC 编程装置

简易型编程器只能联机编程，而且不能直接输入和编辑梯形图程序，需将梯形图程序转化为指令表程序才能输入。简易编程器体积小、价格便宜，它可以直接插在 PLC 的编程插座上，或者用专用电缆与 PLC 相连，以方便编程和调试。有些简易编程器带有存储盒，可用来储存用户程序，如三菱的 FX—20P—E 简易编程器。

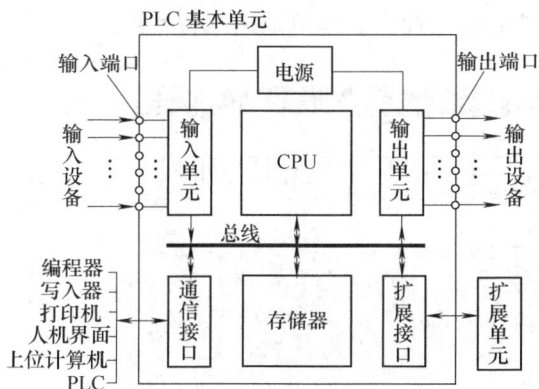

图 6-1 PLC 硬件系统结构框图

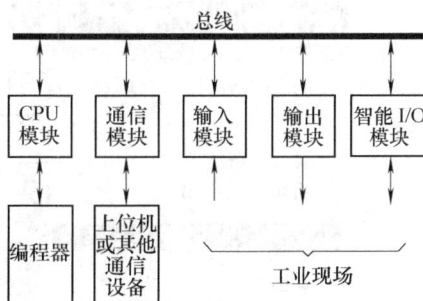

图 6-2 模块式 PLC 组成框图

图形编程器本质上是一台专用笔记本式计算机,图 6-3 所示为三菱 GP—80FX—E 智能型编程器,它既可联机编程,又可脱机编程;可直接输入和编辑梯形图程序,使用更加直观、方便,但价格较高,操作也比较复杂。大多数智能编程器带有磁盘驱动器,提供录音机接口和打印机接口。图 6-4 为配有专用编程软件包的编程装置。一般是在计算机中安装编程软件包,操作人员运行软件编程。

图 6-3 图形编程器

图 6-4 配有专用编程软件包的编程装置

6.1.2 SWOPC-FXGP/WIN-C 编程软件的使用

1. SWOPC-FXGP/WIN-C 编程软件的主要功能

1)在 SWOPC-FXGP/WIN-C 中,用户可以通过梯形图符号、指令表及 SFC 符号来创建顺序控制指令程序,建立注释数据及设置寄存器数据。

2)创建顺序控制指令程序以及将其存储为文件,用打印机打印。

3)该程序可在串行系统中与 PLC 进行通信、文件传送、操作监控以及各种测试功能。

2. 系统配置要求

486 以上的计算机并配上相应的接口单元和通信电缆即可满足系统配置要求。通信电缆通常采用 SC-09 编程电缆,如果与三菱 F1/F2 系列 PLC 通信,需加装 F2-20GF1 通信模块。如果计算机使用 USB 接口,则需选用带 USB 接口的编程电缆 USB-SC09。

3. 编程软件的使用

(1)编程软件的启动与退出 双击桌面上的图标启动 SWOPC-FXGP/WIN-C,打开如

图6-5所示的主窗口；执行"文件"菜单下的"退出"命令，即可退出编程系统。

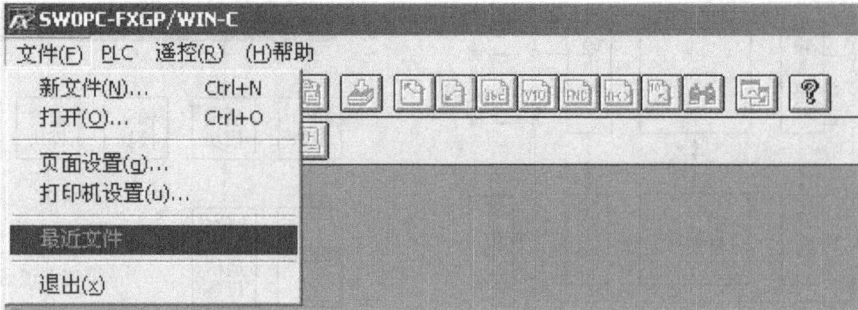

图6-5　主窗口

（2）文件的管理

1）新建文件。操作方法：通过选择"文件"→"新文件"菜单项，或者〈Ctrl + N〉键操作，再在 PLC 类型设置对话框中选择所用 PLC 类型（如选择 FX_{2N} 系列 PLC）后，单击"确认"即可，如图6-6所示。

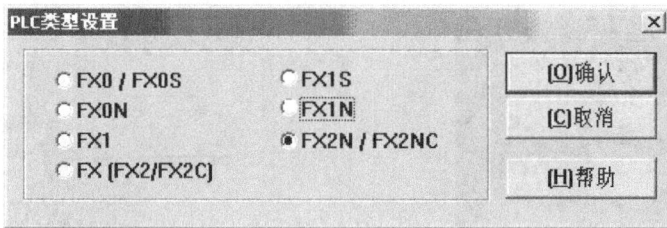

图6-6　PLC 类型设置

2）打开文件。操作方法：先选择"文件"→"打开"菜单或按〈Ctrl + O〉键，再在打开的文件菜单中选择一个所需的顺控指令程序后，单击"确认"即可，如图6-7所示。

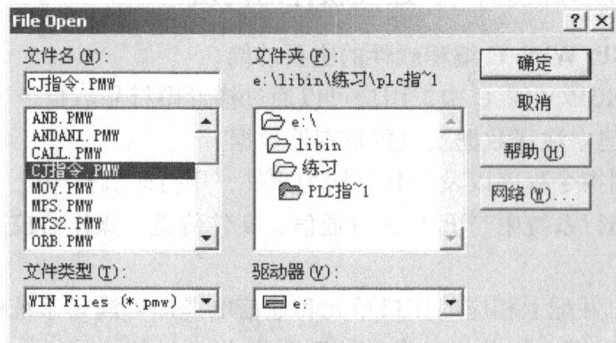

图6-7　打开文件

3）文件的保存与关闭。文件保存的操作方法：执行"文件"→"保存"菜单操作或

〈Ctrl + S〉键操作，可保存当前顺控程序、注释数据及其他在同一文件名下的数据。如果是第一次保存，屏幕显示"赋名及保存"对话框，可通过该对话框将当前程序赋名并保存下来，如图 6-8 所示，输入相应的文件名，在输入文件名时可不必输入文件扩展名，所有文件被自动加上扩展名。

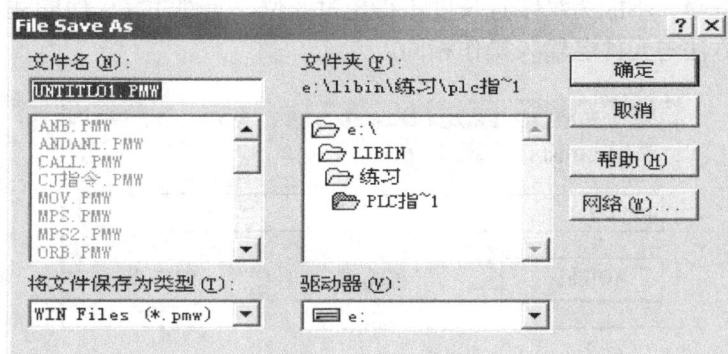

图 6-8　文件保存

将已处于打开状态的顺控程序关闭，再打开一个已有的程序或新建文件的操作方法是：执行"文件"→"关闭打开"菜单即可，如果现有的顺控程序被改变过或未被保存，将弹出如图 6-9 所示的保存确认对话框，单击"是"即可保存当前文件。

（3）梯形图编程

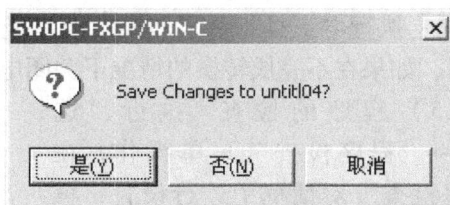

图 6-9　保存确认

1）元件的输入。构成梯形图的元件包括触点、线圈、特殊功能线圈和连接导线，它们的输入可通过执行"工具"菜单下相应子菜单实现，如选择子菜单"触点"下的"┤├"菜单操作时，将弹出如图 6-10 所示的输入元件对话框，在输入栏输入相应的元件编号，则在梯形图编辑窗口中放置了元件 X0 的一个常开触点。其他类型元件的输入方法类似。

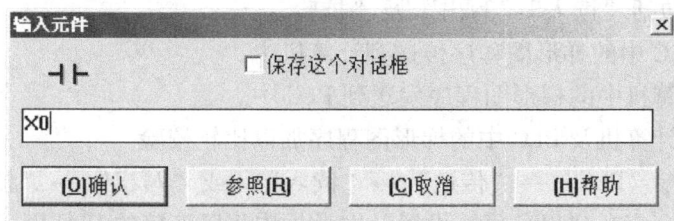

图 6-10　输入元件

2）梯形图单元块的剪切、复制、粘贴、删除、块选择以及行插入和行删除等操作。梯形图的元件或由多个元件组成的单元块均可进行剪切、复制、粘贴、删除等操作，操作方法同 Windows 系统其他软件一样，在执行这些操作之前需先选中被操作元件。通过执行行插入操作，可实现在光标处插入一行；执行行删除操作，则将光标所在行的元件删除。

3）元件名的输入、元件注释、线圈注释以及梯形图单元块的注释。元件名的输入可实现在进行梯形图编辑时输入一个元件名，操作方法是执行"编辑"→"元件名"菜单，屏幕显示元件名输入对话框，如图 6-11 所示。当元件名已被登录，随即便被显示，在输入栏输入元件名并按〈Enter〉键或"确认"按钮，光标所在电路符号的元件名被登录，元件名可为字母数字及符号，不能为汉字且长度不得超过 8 位。元件注释、线圈注释以及梯形图单元块注释的操作方法与元件名输入操作相同。

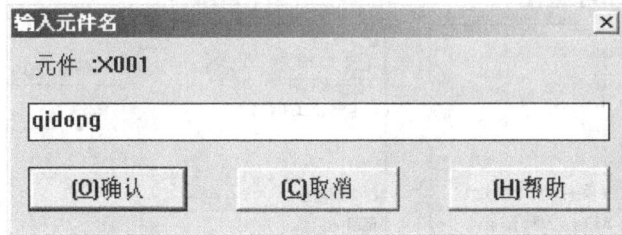

图 6-11　输入元件名

4）梯形图的转换。梯形图的转换操作是将创建的电路图转换格式存入计算机中，操作方法是：执行"工具"→"转换"菜单或按〈F4〉键。在转换过程中，显示信息"电路转换中"，如果在不完成转换的情况下关闭电路窗口，被创建的电路图将被抹去。

5）程序的检查。执行"选项"→"程序检查"菜单操作，在"程序检查"对话框中进行设置，再单击"确认"按钮或按〈Enter〉键，可实现对程序的检查，如图 6-12 所示，检查语法、双线圈及创建的梯形图的缺陷，并显示结果。

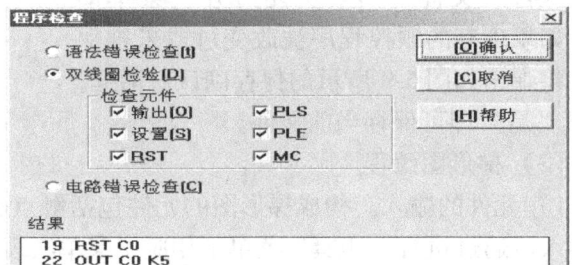

6）程序的传送。程序传送功能可将已创建的梯形图程序成批传送到

图 6-12　程序检查

PLC 中，传送功能包括"读入""写出"及"校验"。

"读入"：将 PLC 中的梯形图程序传送到计算机中。

"写出"：将计算机中的梯形图程序发送到 PLC 中。

"校验"：将在计算机及 PLC 中的梯形图程序加以比较校验。

操作方法是执行"PLC"→"传送"→"读入"（或"写出"→"校验"）菜单操作。当选择"读入"时，应在"PLC 模式设置"对话框中将已连接的 PLC 模式设置好。

传送程序时应注意以下几点：

① 计算机的 RS232 端口及 PLC 之间必须用指定的缆线及转换器连接。

② 执行完"读入"后，计算机中的梯形图程序将被丢失，PLC 模式被改变成被设定的模式，现有的梯形图程序被读入的程序替代。

③ 在"写出"时，PLC 应停止运行，程序必须在 RAM 或 EPROM 内存保护关断的情况下写出，然后起动进行校验。

7）监控、测试操作。元件监控可实现监控元件单元，操作方法是执行"监控/测试"→"元件监控"，屏幕显示元件登录监控窗口，如图 6-13a 所示，在此登录元件，双击鼠标或按〈Enter〉键显示设置元件对话框，如图 6-13b 所示，设置好元件及显示点数再单击"输入"按钮或按〈Enter〉键即可。设置结果如图 6-14 所示。将 PLC 运行模式开关打向"RUN"，并将 X1 触点闭合，则可见各元件状态和相应值，如图 6-15 所示。

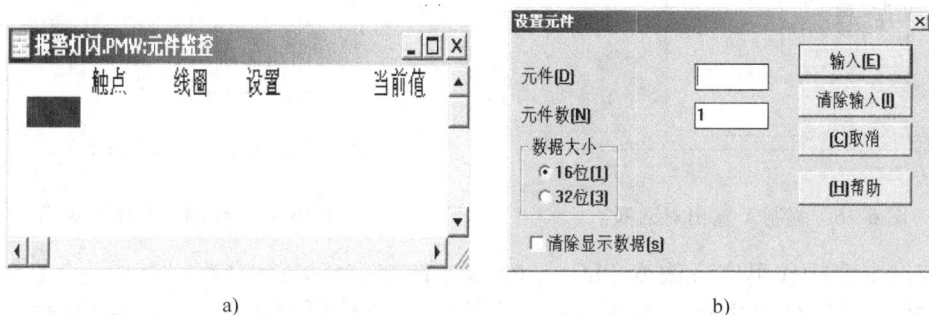

a)　　　　　　　　　　　　　　　　　　　　　b)

图 6-13　元件监控

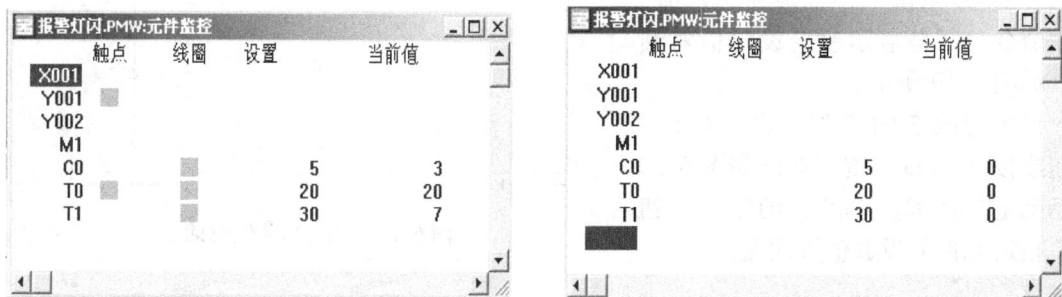

图 6-14　设置结果　　　　　　　　　　　　　　图 6-15　元件状态

元件测试操作可检测被测元件的状态对程序工作的影响，同时可实现对程序的调试，包括强制 Y 输出、强制 ON/OFF、改变当前值和改变设定值操作。

强制 Y 输出操作可实现强制 PLC 输出端口（Y）输出 ON/OFF，操作方法是执行"监控/测试"→"强制 Y 输出"操作，出现强制 Y 输出对话框，设置元件地址及 ON/OFF，单击"确认"按钮或按〈Enter〉键，即可完成特定输出，如图 6-16 所示，然后单击"取消"按钮，即可进入图 6-15 所示窗口实行监测。

强制 ON/OFF 操作可实现强行设置或重新设置 PLC 的位元件，操作方法是执行"监控/测试"→"强制 ON/OFF"菜单命令，屏幕显示强制 ON/OFF 对话框，设置元件及 SET/RST，单击"确认"按钮或按〈Enter〉键，使特定元件得到设置或重置，如图 6-17 所示，然后单击"取消"按钮，即可进入图 6-15 所示窗口实行监测。

改变当前值操作可实现改变 PLC 字元件的当前值，操作方法是执行"监控/测试"→"改变当前值"，屏幕显示改变当前值对话框，如图 6-18 所示。选定元件及改变值，单击"确认"按钮或按〈Enter〉键，选定元件的当前值则被改变。

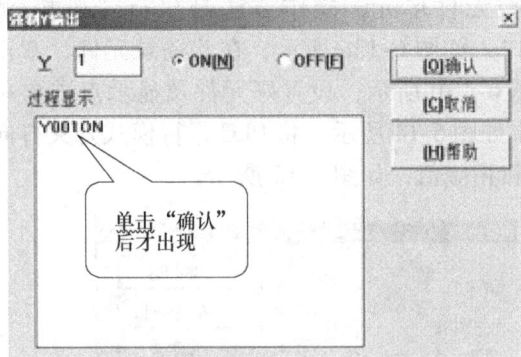

图 6-16　强制 Y 输出对话框

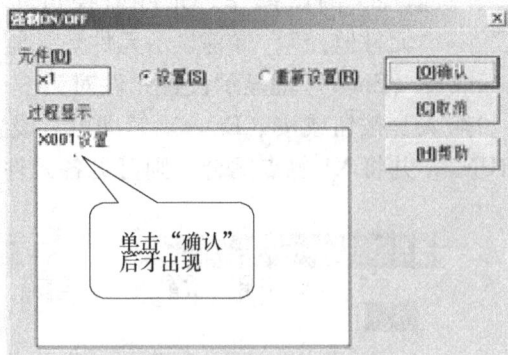

图 6-17　强制 ON/OFF 对话

改变设定值操作可实现改变 PLC 中计数器或计时器的设定值，操作方法是在电路监控中，如果光标所在位置为计数器或计时器的输出命令状态，执行"监控/测试"→"改变设定值"操作命令，屏幕显示改变设定值对话框，如图 6-19 所示。

设置待改变的值并单击"确认"按钮或按〈Enter〉键，弹出如图 6-20 所示确定对话框，单击"确定"按钮后，指定元件的设置值被改变。

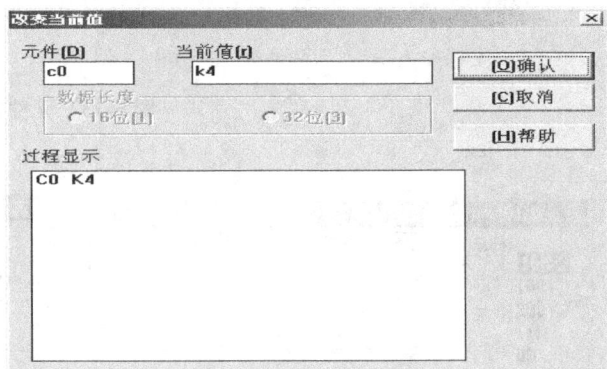

图 6-18　改变当前值对话框

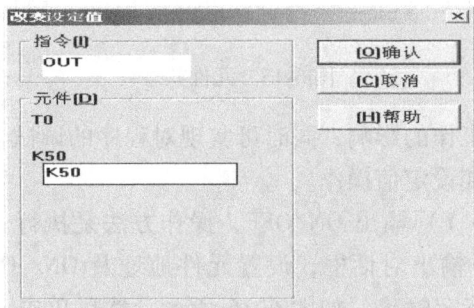

图 6-19　改变当前值对话框

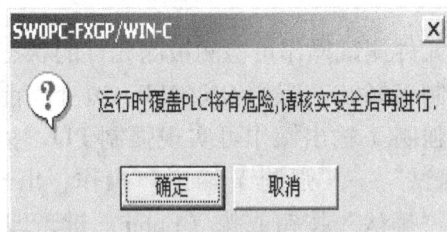

图 6-20　改变设定值确定对话框

6.1.3　PLC 的接线

1. FX$_{2N}$ 系列 PLC 的产品规格

（1）FX$_{2N}$ 系列 PLC 的型号标注及意义

FX$_{2N}$- □□　　□　　□ - □
　　　　①　　②　　③　　④

① 表示输入、输出总点数。

② 表示单元类型：M—基本单元、E—输入输出混合扩展单元与扩展模块、EX—输入专用扩展模块、EY—输出专用扩展模块。

③ 表示输出形式：R—继电器输出、T—晶体管输出、S—双向晶闸管输出。

④ 表示特殊品种的区别，见表6-1。

表 6-1　FX$_{2N}$型号特殊品种位标注含义

特殊品种位标注符号	含　　义	特殊品种位标注符号	含　　义
D	DC 电源，DC 输出	A1	AC 电源，AC 输入（AC 100～120V）或 AC 输出
H	大电流输出扩展模块（1A/1 点）	V	立式端子排的扩展模块
C	接插口输入方式	F	输入滤波时间常数为 1ms 的扩展模块
L	TTL 输入扩展模块	S	独立端子（无公共端）扩展模块
无符号	AC 电源、DC 输入、横式端子排、标准输出（继电器输出为 2A/1 点、晶体管输出型为 0.5A/1 点、双向晶闸管输出为 0.3A/1 点）		

（2）FX$_{2N}$系列 PLC 的基本构成　FX$_{2N}$系列 PLC 采用一体化箱体结构，其基本单元将所有的电路，含 CPU、存储器、输入/输出接口及电源等都装在一个模块内，是一个完整的控制装置。

扩展单元：用于增加 I/O 点数的装置，内部设有电源。

扩展模块：用于增加 I/O 点数及改变 I/O 比例，内部无电源，用电由基本单元或扩展单元供给。因扩展单元及扩展模块无 CPU，必须与基本单元一起使用。

特殊功能单元：是一些专门用途的装置，如模拟量 I/O 单元、高速计数单元、位置控制单元、通信单元等。

2. FX$_{2N}$系列 PLC 的外观及其特征（见图6-21）

（1）外部端子部分　外部端子包括 PLC 电源端子（L、N），直流 24V 电源端子（24＋、COM）、输入端子（X）、输出端子（Y）等，主要完成电源、输入信号和输出信号的连接。其中 24＋、COM 是机器为输入回路提供的直流 24V 电源，为了减少接线，其正极在机器内已经与输入回路连接。当某输入点需要加入输入信号时，只需将 COM 通过输入设备接至对应的输入点，一旦 COM 与对应点接通，该点就为"ON"，此时对应输入指示就点亮。

（2）指示部分　指示部分包括各 I/O 点的状态指示、PLC 电源（POWER）指示、PLC 运行（RUN）指示、用户程序存储器后备电池（BATT）状态指示及程序出错（PROG-E）、CPU 出错（CPU-E）指示等，用于反映 I/O 点及 PLC 机器的状态。

（3）接口部分　接口部分主要包括编程器、扩展单元、扩展模块、特殊模块及存储卡盒等外围设备的接口，其作用是完成基本单元同上述外围设备的连接。在编程器接口旁边，还设置了一个 PLC 运行模式转换开关 SW1，它有 RUN 和 STOP 两种运行模式，RUN 模式能使 PLC 处于运行状态（RUN 指示灯亮），STOP 模式能使 PLC 处于停止状态（RUN 指示灯灭），此时，PLC 可进行用户程序的录入、编辑和修改。

3. PLC 的安装、接线

PLC 的安装固定常有两种方式，一是直接利用机箱上的安装孔，用螺钉将机箱固定在控制柜的背板或面板上；二是利用 DIN 导板安装。

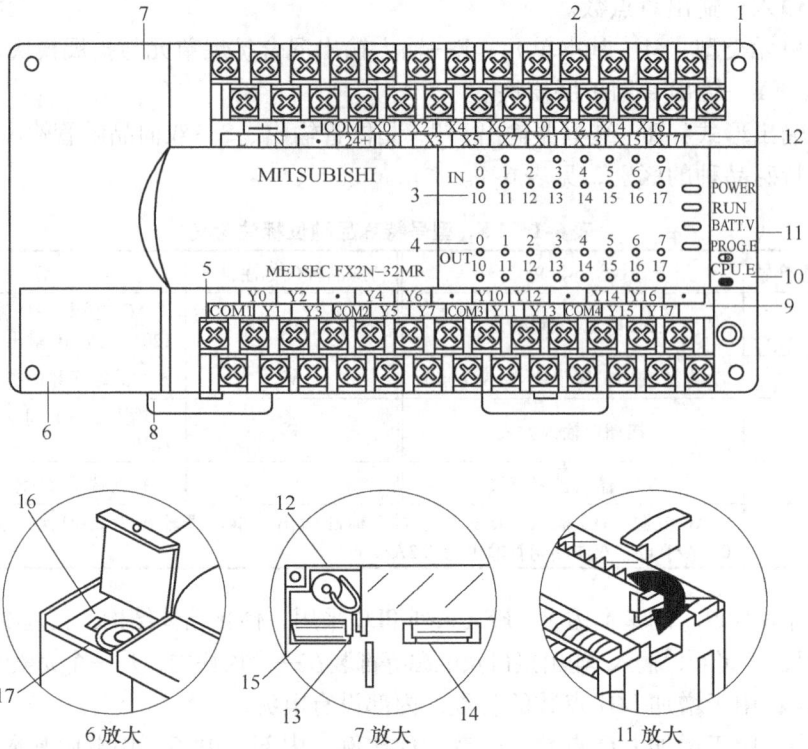

图 6-21 FX$_{2N}$ 系列 PLC 外形图

1—安装孔 4 个 2—电源、辅助电源、输入信号用的可装卸式端子 3—输入指示灯 4—输出指示灯
5—输出用的可装卸式端子 6—外围设备接线插座、盖板 7—面板盖 8—DIN 导轨装卸用卡子 9—I/O 端子标记
10—动作指示灯（POWER：电源指示灯，RUN：运行指示灯，BATT. V：电池电压下降指示灯，PROG-E：指示灯
闪烁时表示程序出错，CPU-E：指示灯亮时表示 CPU 出错） 11—扩展单元、扩展模块、特殊单元、特殊模块的
接线插座盖板 12—锂电池 13—锂电池连接插座 14—另选存储器滤波器安装插座 15—功能扩展板安装插座
16—内置 RUN/STOP 开关 17—编程设备、数据存储单元接线插座

（1）电源接线及端子排列 PLC 基本单元的供电通常有两种情况，一是直接使用工频交流电，通过交流输入端子连接，对电压的要求比较宽松，100～250V 均可使用；二是采用外部直流开关电源供电，一般配有直流 24V 输入端子，如图 6-22 所示。采用交流供电的 PLC 机内自带直流 24V 内部电源，为输入器件及扩展单元供电，如图 6-23 所示。FX 系列 PLC 大多为 AC 电源，DC 输入形式。

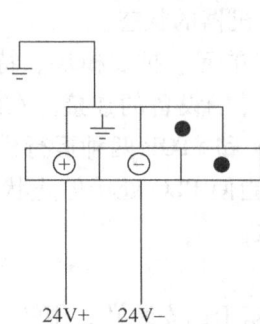

图 6-22 直流供电电源

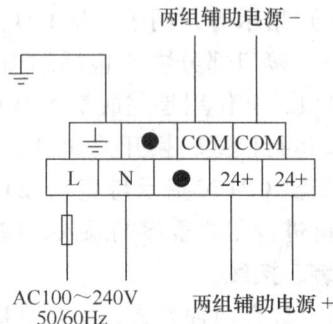

图 6-23 交流供电电源

144

FX_{2N} 系列 PLC（FX_{2N}—32MR）的接线端子排列示例如图 6-24 所示。

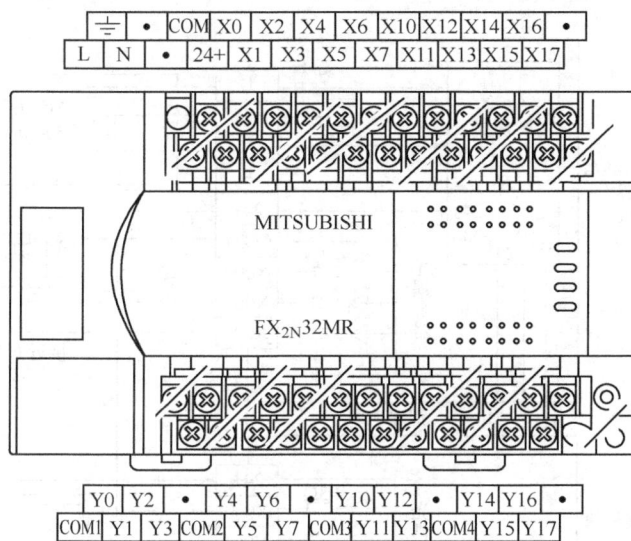

图 6-24　FX_{2N} 系列 PLC（FX_{2N}—32MR）的接线端子排列示例

（2）输入/输出接口　输入/输出接口是 PLC 与外界连接的接口。

1）输入接口。输入接口用来接收和采集两种类型的输入信号，一类是由按钮、选择开关、行程开关、继电器触点、接近开关、光电开关、数字拨码开关等的开关量输入信号；另一类是由电位器、测速发电机和各种变送器等来的模拟量输入信号。

I/O 点的作用是将 I/O 设备与 PLC 进行连接，使 PLC 与现场设备构成控制系统，以便从现场通过输入设备（元件）得到信息（输入），或将经过处理后的控制命令通过输出设备（元件）送到现场（输出），从而实现自动控制的目的。

开关量输入接口电路：采用光耦合电路，将限位开关、手动开关、编码器等现场输入设备的控制信号转换成 CPU 能接收和处理的数字信号。开关量输入接口按可接纳的外部信号电源的类型不同，分为直流输入单元和交流输入单元。

模拟量输入接口：把现场连续变化的模拟量标准信号转换成适合 PLC 内部处理、由若干位表示的二进制数字信号。

电流信号：4～20mA；电压信号：1～10V。

输入接口的接线方式如图 6-25 所示。

模拟量信号输入后一般经运算放大器放大后进行 A－D 转换，再经光耦合后为 PLC 提供一定位数的数字量信号。

2）输出接口。输出接口用来连接被控对象中各种执行元件，如接触器、电磁阀、指示灯、调节阀（模拟量）、调速装置（模拟量）等。

输出回路就是 PLC 的负载驱动回路。

开关量输出接口电路采用光耦合电路，将 CPU 处理过的信号转换成现场需要的强电信号输出，以驱动接触器、电磁阀等外围设备。有以下三种类型。

① 继电器输出型（见图 6-26）为有触点输出方式，用于接通或断开开关频率较低的直

流负载或交流负载回路。

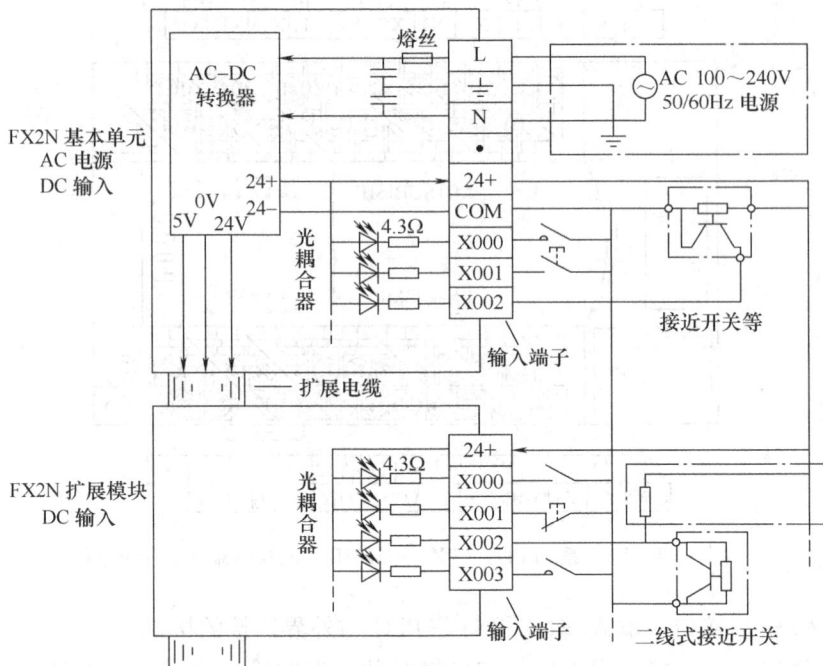

图 6-25　输入接口的接线方式

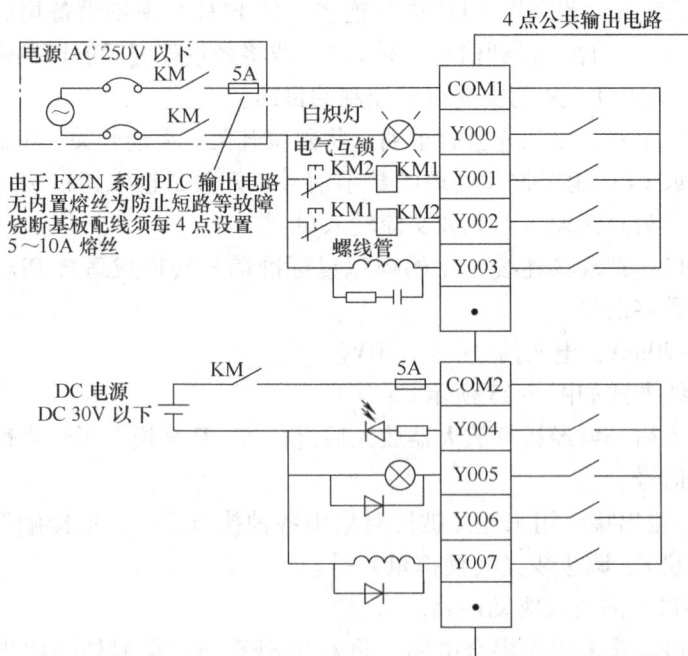

图 6-26　继电器输出接口连接

② 晶闸管输出型（见图6-27）为无触点输出方式，用于接通或断开开关频率较高交流电源负载。

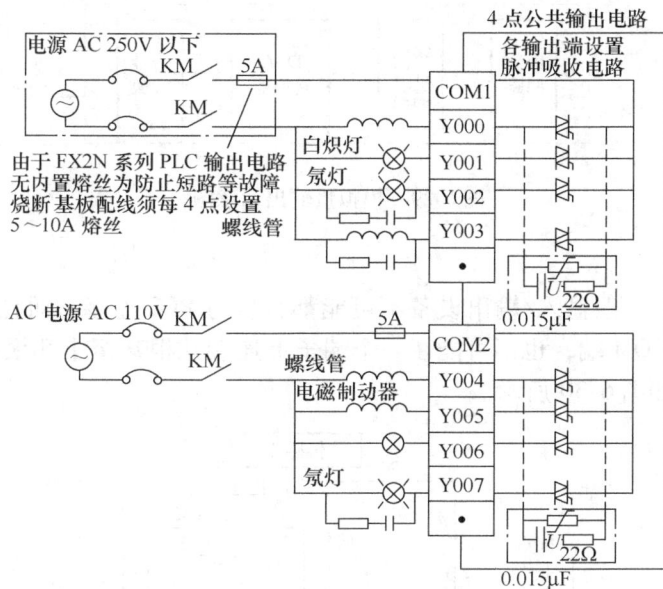

图6-27　晶闸管输出接口连接

③ 晶体管输出型（见图6-28）为无触点输出方式，用于接通或断开开关频率较高的直流电源负载。

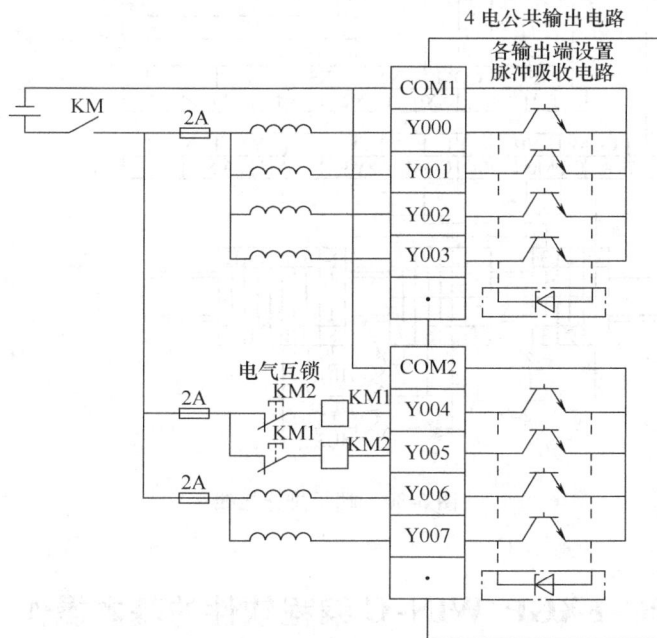

图6-28　晶体管输出接口连接

模拟量输出接口是将 PLC 运算处理后的数字信号转换为相应的模拟量信号输出，以满足生产过程中转换现场连续控制信号的需求。模拟量输出接口一般由光耦合器隔离、D – A 转换和信号驱动等环节组成。如图 6-29 所示。

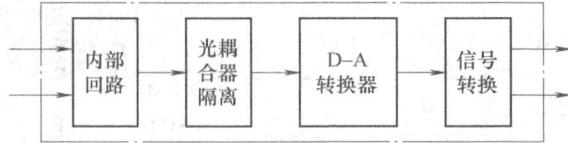

图 6-29　模拟量输出示意图

4. 端子排

在工程实际中，一般输入/输出设备不可能都直接与 PLC 连接。而且 PLC 的多个输入/输出端子共用一个 COM 端，也不可能在一个端子上连接几根甚至十几根导线，所以，必须通过端子排连接，如图 6-30 所示。

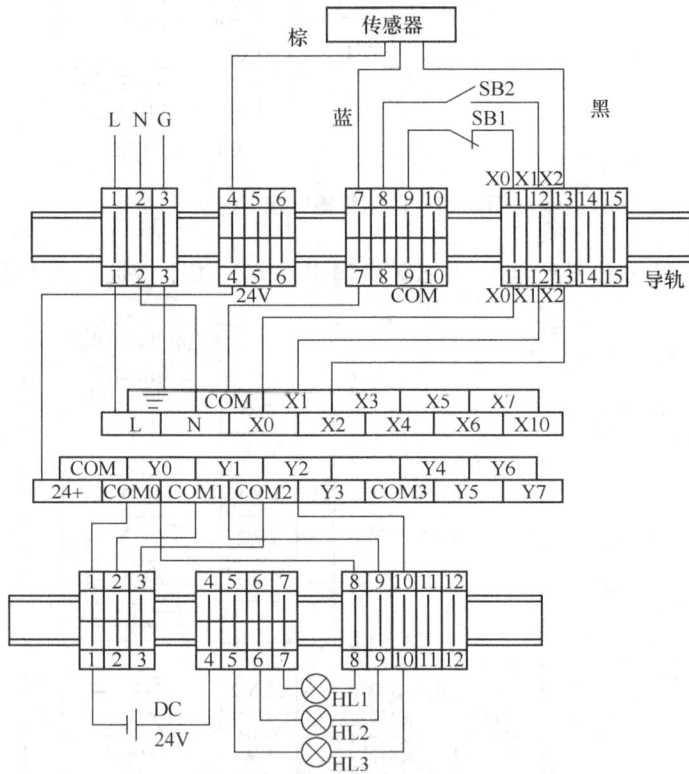

图 6-30　端子排连接线

实训 1　SWOPC-FXGP/WIN-C 编程软件的基本操作

1. 实训目的

掌握 SWOPC-FXGP/WIN-C 编程软件的基本操作方法。

2. 实训器材

可编程序控制箱1台（配有连接线、通信线1套，说明书1本），计算机1台，万用表1台。

3. 实训内容与步骤

（1）编程准备　在计算机的RS232C端口与PLC编程口之间使用SC-09编程电缆进行连接，并使PLC处于停止模式，然后接通计算机和PLC电源。

（2）编程操作　打开SWOPC-FXGP/WIN-C编程软件，建立一个新文件，采用梯形图编程的方法，将图6-31所示梯形图输入到计算机，并通过编辑操作对程序进行修改和检查，最后将编辑好的梯形图程序保存，并将文件命名为"报警闪烁灯.pmw"。

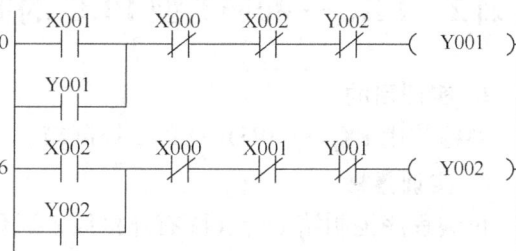

图6-31　电动机过载报警闪烁灯梯形图

（3）程序的传送

1）程序的写出。打开程序文件，通过"写出"操作将程序文件"报警闪烁灯.pmw"传送到PLC用户存储器RAM中，然后进行校验。

2）程序的读入。通过"读入"操作将PLC中已有程序读入到计算机中，然后进行校验。

3）程序的校验。在上述程序检验过程中，只有当计算机对两端程序比较无误后，才可认为程序传送正确，否则应查清原因，重新传送。

（4）运行操作　程序传送到PLC后，可按以下操作步骤运行程序：

1）根据梯形图程序，将PLC的输入/输出端与外部模拟信号连接好，PLC输入/输出端编号及说明见表6-2。

表6-2　PLC输入/输出端编号及说明

输入/输出端编号	功能说明
X1	起动按钮
Y1	报警灯1
Y2	报警灯2

2）接通PLC运行开关，PLC面板上的RUN灯亮，表明程序已投入运行。

3）结合控制程序，操作有关输入信号，在不同输入状态下观察输入/输出指示灯的变化，若输出指示灯的状态与程序要求一致，则表明程序运行正常。

（5）监控操作

1）元件的监视。监视X1、Y1、Y2、M1的ON/OFF状态，监视T0、T1、C0的设定值及当前值，并将结果填入表6-3中。

表6-3　元件监视结果一览表

元　件	ON/OFF	元　件	设　定　值	当　前　值
X1		T0		
M1		T1		
Y1		C0		
Y2				

2）强制 Y 输出。对 Y1 进行强制 ON 操作，对 Y2 进行强制 OFF 操作。

3）强制 ON/OFF。强制 T1 为 ON，观察运行结果，说明变化原因。

4）改变设定值。将 T0 的设定值 K20 修改为 K100，然后，观察运行结果，写出操作过程；将 C0 的设定值 K5 修改为 K10，然后，观察运行结果，写出操作过程。

实训 2　FX$_{2N}$—40MT 型 PLC 的简单编程操作

1. 实训目的
熟练使用 FX$_{2N}$—40MT 型 PLC 控制箱。

2. 实训器材
可编程序控制箱 1 台（配有连接线、通信线 1 套，说明书 1 本），计算机 1 台，万用表 1 台。

3. 实训内容与步骤
1）根据 FX$_{2N}$—40MT 型 PLC 的端子图、PLC 控制原理图和接线图，完成 PLC 接线。

2）将图 6-32 所示的 PLC 接线检查程序利用计算机写入 PLC。

3）按步骤操作，观察 PLC 系统的运行情况并进行调试。

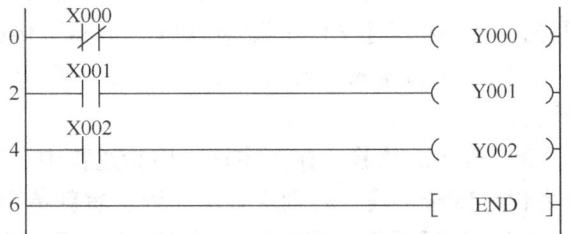

图 6-32　PLC 接线

任务 6.2　PLC 控制系统的维修

任务要求：了解 PLC 控制系统的日常维护内容；掌握 PLC 控制系统故障的检查与处理的方法；掌握 PLC 控制系统的故障自诊断技术。

6.2.1　PLC 控制系统的日常维护

PLC 控制系统相对于传统的控制系统具有器件数量少、接线少及 PLC 本身的低故障率等特点而具有较高的可靠性，但这并不是说 PLC 控制系统不会出现故障。和其他各种设备一样，为了保障设备的长期正常工作，PLC 控制系统的日常维护保养很重要。

1. 维护、保养的主要内容
PLC 控制系统维护和保养的主要内容如下。

（1）建立系统的设备档案　包括设备一览表、程序清单和有关说明、设计图样和竣工图样、运行记录和维修记录等。

（2）系统运行情况和设备状况的记录　含系统的运行记录及故障维修记录。记录要定期采用规范的记录格式进行，重要设备要日记，一般设备要周记或月记，而且这些记录应按期归档。记录的内容包括：日期，运行情况，有无故障及环境状态，故障现象，故障分析、处理方法和结果，故障发现人员和维修处理人员的签名等。

（3）日常养护　日常环境卫生的清洁和设备的清洁，注意紧固各种螺钉，注意维护设备附件或保护罩板的完整性。夏天注意降温，雨天注意防潮。设备运行中要注意观察有无异常现象，时刻观测设备的指示报警部件的动作，注意设备有无不正常的破损、变色、发热等现象。

（4）定期进行保养　定期保养的工作内容要比日常养护项目多而深入。如果说日常养护是观测多于动手的话，定期保养则是动手多于观察，如动手测量各种参数、动手紧固松动的紧固件，或拆开机箱检查等。不同的工作设备的控制系统保养的内容可能不一致，但要由技术及设备部门制订制度固定下来。要规定保养的周期，周期可依设备的工作时间长短及周边环境情况制订，工作条件差的保养周期短，对设备和线路进行检查和保养要记录保养的内容。

（5）设备的定期更换　PLC 控制系统内有些设备或部件的使用寿命有限，应根据产品提供的数据建立定期更换设备一览表。例如，PLC 的锂电池一般使用寿命是 1～3 年，输出继电器的机械触点使用寿命是 100～500 万次，电解电容的使用寿命是 3～5 年等。

2. 定期保养中具体器件的检查及保养要点

PLC 控制系统有 PLC、传感器、变送器、输入/输出中间继电器、执行机构和连接电缆、管线等。组成系统的任一部件发生故障都会使系统不能正常工作。

（1）具体器件的检查保养要点

1）一次检出元件的检查。系统的输入信号来自现场的各种传感器，对模拟量的检出需要用变送器进行信号转换。对各种传感器件，除了在现场进行外观检查和检测输出信号的变化状态外，还应根据产品的使用寿命定期更换。

2）连接电缆、管线和连接点的检查。检查连接电缆是否被外力损坏或因高温等环境原因而老化，检查连接管线是否漏气或漏液，气源或液压源的压力是否符合要求。检查连接箱内的接线端或接管的接头是否紧固，尤其是安装在有振动或易被氧化的场所时，更应定期检查和紧固。

3）输入/输出中间继电器的检查。检查继电器与继电器座的接触是否良好，继电器的触点动作是否灵活和接触良好。对大功率的输出继电器，应定期消除触点上的氧化层，并根据产品寿命进行定期更换。

4）PLC 的检查。检查 PLC 的工作环境，例如各种电源的供电电压波动是否在正常范围之内、环境温度是否在 0～55℃、积尘情况等。检查系统各处接线螺钉是否松动，PLC 包括各模块的运行状态、锂电池或电容器的使用时间等。对安装在 PLC 上的各种接插件，要检查它们是否接触良好，印制电路板是否有外界气体造成的锈蚀，例如二氧化碳气体的锈蚀。此外，对连接到输入/输出端的一些电器元件也要定期检查和更换。

5）执行机构的检查。不管执行机构是电动、气动还是液动的，都应检查执行机构执行指令的情况，动作是否到位等，校验结果应记录和归档。

6）设备内部的清洁工作。在定期检查中，对系统各部件进行清洁是很重要的工作。粉、灰尘在一定的环境下会造成接触不良，绝缘性能下降；工作和检修时切下来的短导线会造成部件的短路等。因此，要保证 PLC 周边环境的清洁。在清理打扫时，要防止杂物进入 PLC 控制系统的通风口，可以用吸尘器进行清扫。积尘的插卡可以根据产品说明书的要求，取下插卡进行清洁工作，如用无水酒精擦洗污物。要仔细进行清洁工作，不要造成元件的损坏等。

（2）定期保养的注意事项　大量故障分析表明，系统的故障绝大多数来自一次检测元件和最终执行机构，例如，一次检测元件因环境的粉尘而卡死，执行机构因气路堵塞而不能动作，中间继电器的触点接触不良等，因此，对它们的检查应给予足够的重视。

在更换 PLC 的有关部件，例如供电电源的熔断器、锂电池等时，必须停止对 PLC 的供电，对允许带电更换的部件，例如输入/输出插卡，也要安全操作，防止造成不必要的事故。操作步骤应符合产品说明书的要求和操作顺序。

在更换传感器或执行机构后，应对相应的部件进行检查和调整，使更换后的部件符合操作和控制的要求，更换的内容等也要记录并归档。

6.2.2　PLC 控制系统故障的检查与处理

PLC 控制系统在长期运行中，可能会出现一些故障，含 PLC 自身的故障及外部故障。故障检查及排除的关键是从故障现象出发的分析及检测，其目的是确定故障的区间及部位。根据系统中故障电路的部位及故障性质的分类有：系统电源的故障、主机故障、通信故障、控制模块故障、输入/输出电路故障、执行器件故障、指示器件故障及软件故障等。下面说明故障的基本检查方法。

1. 常见故障的总体检查与处理

总体检查的目的是找出故障点的大方向，然后逐步细化，确定具体故障点，达到消除故障的目的。PLC 控制系统常见故障的总体检查流程如图 6-33 所示。从图中可以看出，故障的检查是从故障的现象出发，图中菱形框内的电源指示灯、运行指示灯、通信指示灯可以理解为基本的故障现象分类。此图还说明故障的检查是围绕系统的工作基础层层展开的。系统只有在电源正常时才能运行，只有在系统基本功能正常时才能通信等。下面按图 6-33 的分类，说明各类故障的检查和处理。

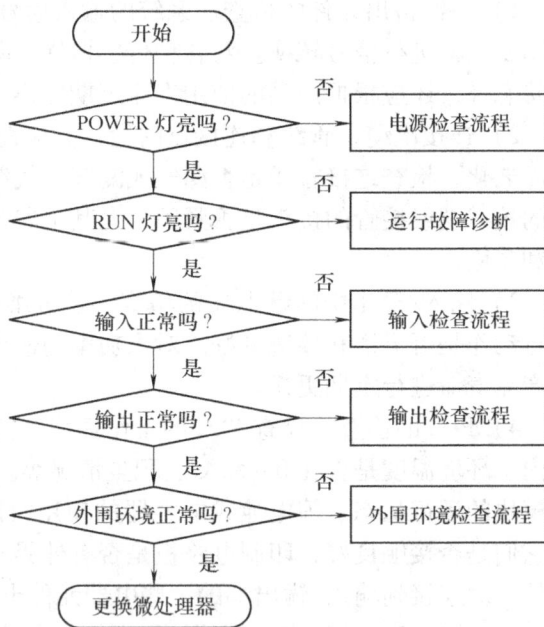

图 6-33　各类故障的检查和处理

2. 电源故障的检查与处理

对于 PLC 控制系统，主机电源、扩展机电源、自带电源模块中任何电源显示不正常时，都要进入电源故障检查流程。电源检查应首先从外部电源开始，依次为主机电源、扩展模块电源、传感器电源及执行器电源。如果各部分功能正常，电源指示灯不正常，则只能是显示部分有故障。如果外部电源无故障，系统内部电源指示灯也亮，各电压正常，就需进行异常故障检查。电源故障的检查与处理内容可见表 6-4，检查流程图如图 6-34 所示。

表 6-4　电源故障的检查与处理

异 常 现 象	可 能 原 因	处 　 理
电源指示灯不亮	指示灯坏或熔断器断开	更换
	无供电电压	接入电源，检查电源接线盒插座
	供电电压超限	调整电源电压到规定范围内
	电源坏	更换

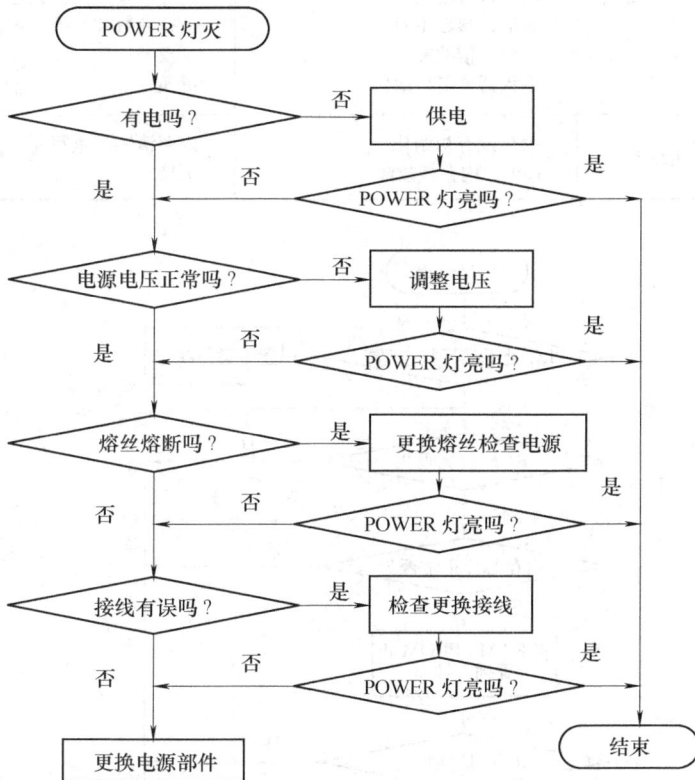

图 6-34　电源故障的检查流程图

3. 运行故障的检查与处理

PLC 控制系统最常见的故障是停止运行（运行指示灯灭）、不能启动、工作无法进行，但是电源指示灯亮。这时，需要进行运行故障检查，检查与处理内容及流程见表 6-5 和图 6-35。

表 6-5　运行故障的检查与处理

序　号	异 常 现 象	可 能 原 因	处 　 理
1	不能启动	供电电压超过上限	降压
		供电电压低于下限	升压
		内存自检系统出错	清内存、初始化
		CPU 、内存板故障	更换

（续）

序 号	异常现象	可 能 原 因	处 理
2	工作不稳定	供电电压接近上、下极限 主机系统模块接触不良 CPU、内存板内元件松动 CPU、内存板故障	调整电压 清理、重插 修理松动处 更换
3	与编程器通信不上	通信电缆插接松动 通信电缆故障 内存自检出错 通信口参数不对 主机通信故障 编程器通信口故障	重插后重新联机 更换 内存清零，拔去记忆电池几分钟 检查参数和开关，重新设定 更换 更换
4	程序不能装入	内存没有初始化 CPU、内存板故障	内存清零，重写 更换

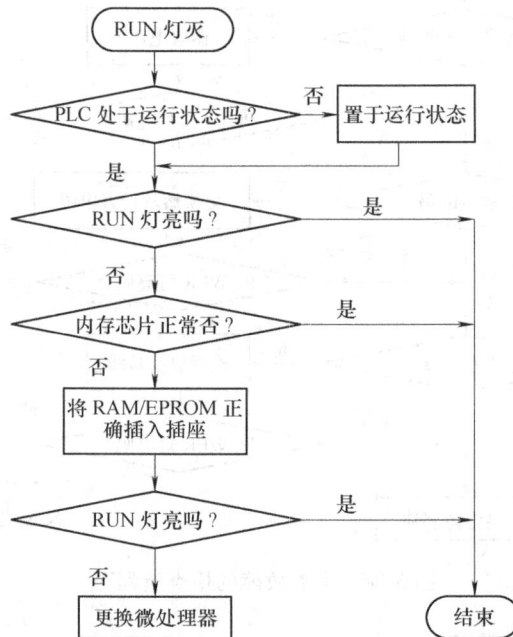

图 6-35　运行故障流程

4. 通信故障的检查与处理

通信是 PLC 网络工作的基础。PLC 网络的主站和各从站的通信处理器、通信模块都有工作正常指示。当通信不正常时，需要进行通信故障检查，检查与处理见表 6-6。

表 6-6　通信故障检查与处理

序 号	异常现象	可 能 原 因	处 理
1	单一模块不通信	接插不好 模块故障 组态不好	插紧 更换 重新组态

（续）

序　号	异　常　现　象	可　能　原　因	处　理
2	从站不通信	分支通信电缆故障 通信处理器松动 通信处理器地址开关错 通信处理器故障	拧紧接插件或更换 拧紧 重新设置 更换
3	主站不通信	通信电缆故障 通信解调器故障 通处理器故障	排除故障、更换 断电后再起动，无效更换 清理后再起动，无效更换
4	通信正常，但通信故障灯亮	某模块接触不良	拧紧

5. 输入/输出故障的检查与处理

输入/输出是 PLC 与外围设备进行信息交流的通道，是容易出故障的部位，它是否正常工作，除了和输入/输出单元有关外，还与连接配线、接线端子、熔断器等元件状态有关。检查与处理见表 6-7 和表 6-8，其检查流程图如图 6-36、图 6-37 所示。

表 6-7　输入单元故障检查与处理

序　号	异　常　现　象	可　能　原　因	处　理
1	输入模块单点损坏	过电压，特别是高压串入	消除过电压和串入的高压
2	输入全部不接通	未加外部输入电源 外部输入电压过低 端子螺钉松动 端子板连接器接触不良	接通电源 加额定电源电压 将螺钉拧紧 将端子板锁紧或更换
3	输入全部不关断	输入回路不良	更换模块
4	选定输入不接通	输入接通时间短 OUT 指令使用了该输入号 输入器件不良 输入配线断线 端子螺钉松动	更换 修改程序 更换 检查输入配线，排除故障 将螺钉拧紧
5	特制编号输入不关断	OUT 指令使用了该输入号 输入回路不良	修改程序 更换
6	输入不规则通、断	外部输入电压过低 噪声引起误动作 端子螺钉松动 端子连接器件接触不良	使输入电压在额定范围内 采取抗干扰措施 拧紧螺钉 锁或更换端子板

表 6-8　输出单元故障检查与处理

序　号	异　常　现　象	可　能　原　因	处　理
1	输出模块单点损坏	过电压，特别是高压串入	消除过电压和串入的高压
2	输出全部不接通	未加负载电源 负载电源电压过低 端子螺钉松动 端子板连接器接触不良 熔断器熔断	接通电源 加额定电源电压 拧紧螺钉 锁紧或更换端子板 更换
3	输出全部不关断	输出回路不良	更换模块

（续）

序　号	异 常 现 象	可 能 原 因	处　　理
4	特制编号输出不接通	输出接通时间短 程序中继电器号重复 输出器件不良 输出配线断线 端子螺钉松动	更换 修改程序 更换 检查输入配线，排除故障 拧紧螺钉
5	特制编号输出不关断	程序中继电器号重复 输出回路不良 输出继电器不良	修改程序 更换 更换模块
6	输出不规则通、断	外部输出电压过低 噪声引起误动作 端子螺钉松动 端子连接器件接触不良	使输出电压在额定范围内 采取抗干扰措施 拧紧螺钉 锁紧或更换端子板

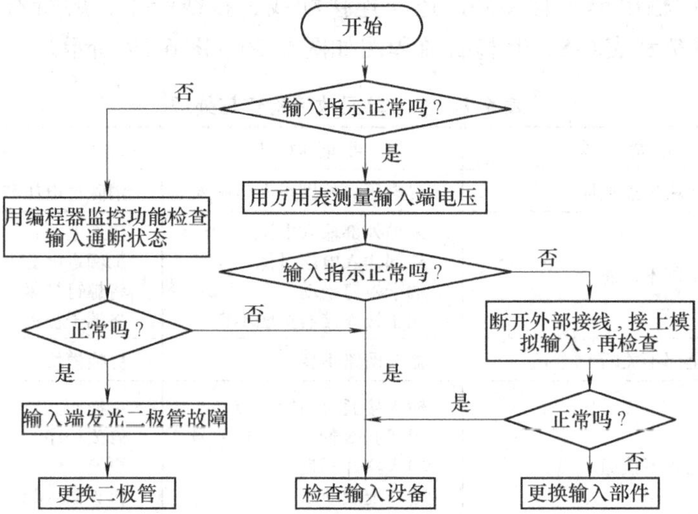

图 6-36　输入单元故障检查流程图

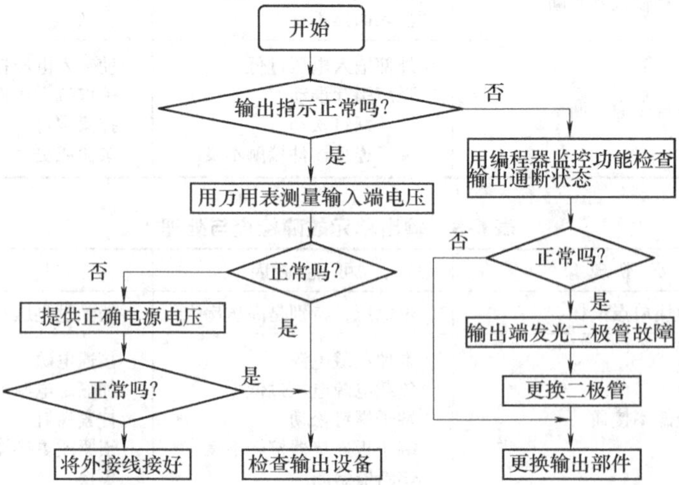

图 6-37　输出单元故障检查流程图

6.2.3　PLC 控制系统的故障自诊断技术

　　大量的工程实践表明，PLC 外部的输入、输出元件，如限位开关、电磁阀、接触器等的故障率远远高于 PLC 本身的故障率，而这些元件出现故障后，PLC 一般不能觉察出来，不会自动停机，可能会导致故障扩大，直至强电保护装置动作后停机，有时甚至会造成设备和人身事故。停机后，查找故障也要花费很多时间。为了及时发现故障，在没有酿成事故之前自动停机和报警，也为了方便查找故障，提高维修效率，可用梯形图程序实现外围电路故障的自诊断和自处理。

　　PLC 都拥有大量的软元件资源，如数百点的位存储器、定时器和计数器，相对于一般的控制应用有相当大的裕量，可以把这些资源利用起来，用于故障的检查。以下是几种常用的外围电路故障检测方法。

1. 逻辑错误故障检测诊断法

　　在被控设备工作正常的情况下，控制系统的各个输入、输出信号和内部继电器的信号相

互之间存在确定的逻辑关系。一旦发生逻辑错误，控制系统便出现故障。图 6-38 为常见逻辑错误的故障检测电路。图中的第 1 逻辑行是检测滑台的原位开关和终点开关失灵时造成的逻辑错误。在正常情况下，机床滑台无论是快进、工进还是快退，其原位开关和终点开关的常开触点都不能同时闭合。只有二者之一失灵（不能复位）后才会出现同时闭合的情况。所以，一旦 M1 得电并驱动 Y000 显示或报警，必然是出现了开关失灵故障。图中的第 2 逻辑行是检测控制系统为过多输出故障状态。按控制要求，只允许 Y001、Y002 同时输出，而不允许 Y001、Y002、Y003 同时输出。如果

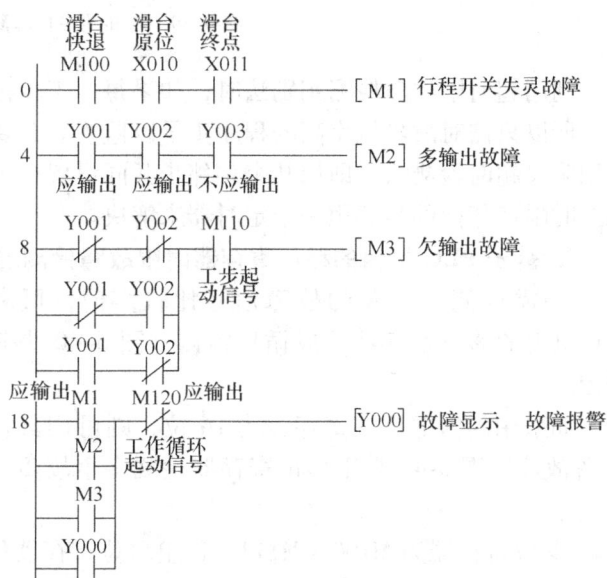

图 6-38　逻辑错误的故障检测电路

Y001、Y002、Y003 同时得电，则 M2 得电并驱动 Y000 显示或报警。图中，程序号 8 号开始的并联逻辑阶梯用于检测控制系统的欠输出故障状态。按要求，在某工步 Y001 和 Y002 应同时输出。一旦出故障时，可能有 3 种情况：Y001 和 Y002 都不得电；Y001 不得电而 Y002 得电；Y001 得电而 Y002 不得电。若出现其中之一的逻辑关系，M3 便得电并驱动 Y000 显示或报警。

　　这种电路检测到的故障均通过输出继电器 Y000 显示和报警。其电路结构较简单，但是不便直接显示故障的类别。只能在发生报警后，根据 PLC 的输入或输出指示灯去查找究竟是输入信号的故障还是输出信号的故障。

2. 超时限故障检测诊断法

　　机械设备在自动工作循环中，各个工步的动作都要求在一定的时间内完成，超过了规定

的时限而未完成动作，则视为设备运行出现故障。因此可以在被检测工步动作开始时，同时启动一个定时器，定时器的设定时间比规定动作时间长 30% ~ 40%，如果定时器有输出信号，则说明已发生故障。该信号可用作故障显示、报警和故障停机信号。图 6-39 为检测一个工步超时限的故障检测电路。工步的正常动作时间为 6s，定时器 T37 的定时时间是 8s。当工步启动时，T37 开始计时，如果工步按时完成，其完成信号切断 T37 的输入，T37 无输出说明无故障。若工步超时限，T37 输出故障信号。该信号驱动输出继电器 Y001 使之显示和报警。图中的工作循环启动信号常闭触点用于撤销故障显示报警信号。

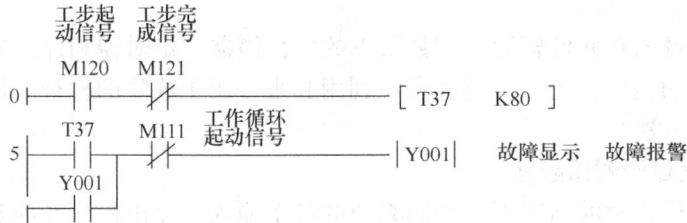

图 6-39　超时限的故障检测电路

　　利用超时限故障检测判别法时，如果每一工步都采用会占用太多的定时器，程序也较繁琐。所以只需对故障概率高的程序步予以监视。若要求监视的工步较多而定时器不够时，可采用阶段超时检测法，即用几个相邻步共同设置一个总的时间限值，用一个定时器监视，或几个时限值相同的步共用一个定时器来解决。

3. 基于 PLC 机内的移位寄存器时限故障检测的诊断法

　　当需检测与判断的故障信号比较多时，可利用 PLC 机内的移位寄存器完成循环检测，图 6-40 为其流程图。

　　如采用的内部移位寄存器为 16 位，则可用其检测 16 种故障。图 6-41 为用移位寄存器检测多个故障的梯形图。

　　移位寄存器为 M100 ~ M117，这组移位寄存器任何时候只能有一位状态置 "1"。PLC 启动前，移位寄存器为零状态。PLC 启动后，M0（运行监视脉冲）导通，移位寄存器中 M100 的状态为 "1"，在 M2（时钟脉冲）的控制下，移位寄存器中的状态 "1" 进行移位，同时 PLC 通过对输入的各个故障检测信号进行逻辑判断，满足故障条件时，对应的输入继电器信号有效，当移位寄存器中的状态 "1" 移到该故障状态时，输出预定的二进制数。移位寄存器在规定的延时时间内完成该故障检测和判断，输出故障信息并进一步处理。然后，移位寄存器继续移位，对其他故障进行检测。图 6-38 的故障诊断电路中，X3 为某一故障信号，当该故障发生时，X3 导通，使 M10 导通，若此时移位寄存器中的 "1"

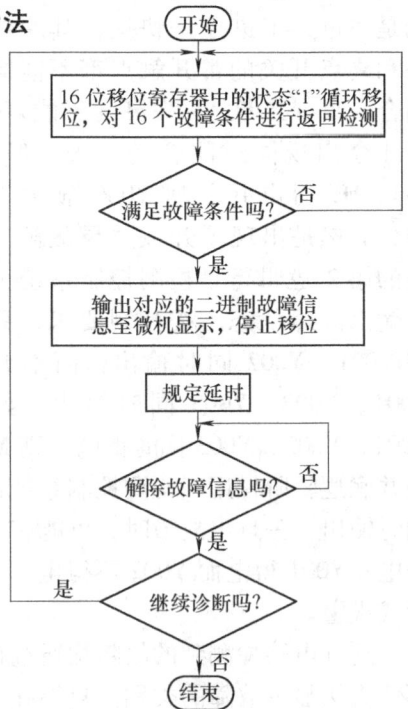

图 6-40　基于 PLC 机内的移位寄存器时限故障检测的诊断法流程图

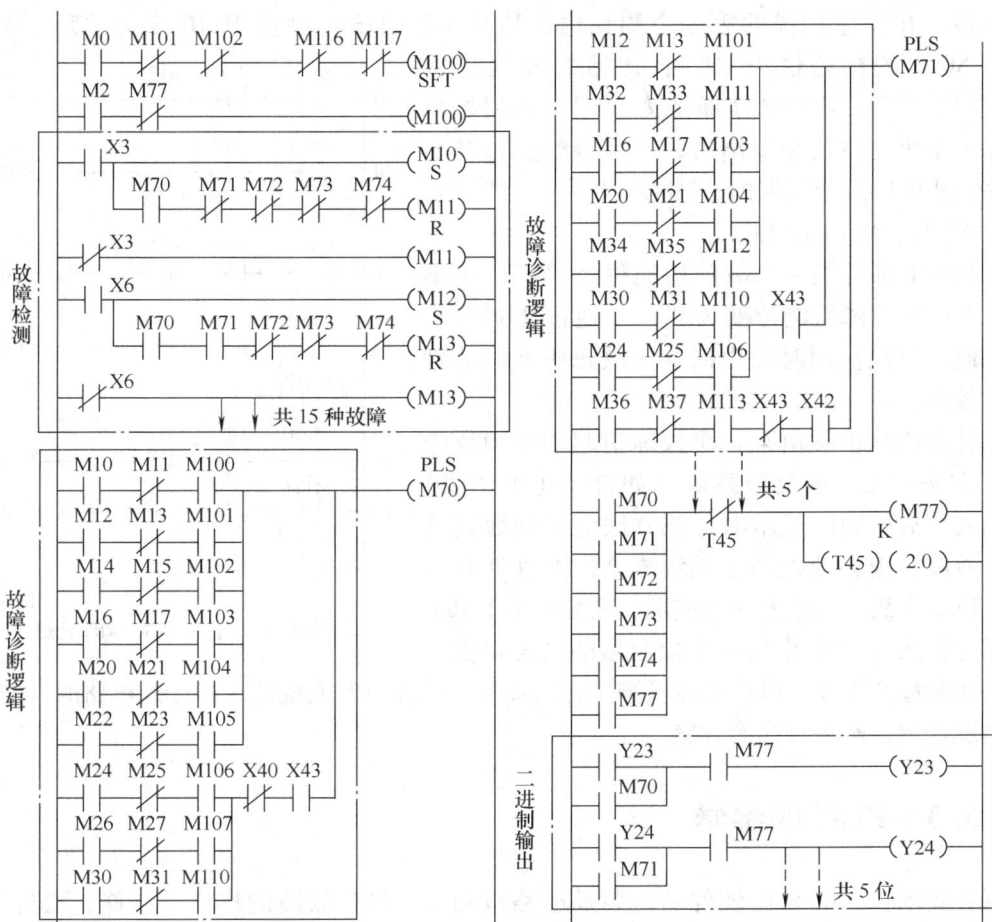

图 6-41 基于移位寄存器的故障诊断电路梯形图

状态移到 M100 中，则 M70 动作，使 M77 导通，移位寄存器暂停移位，M11 置位，输出继电器 Y23 导通，由于故障诊断逻辑的设置不同，使得 Y24～Y27 均没有输出，由这五位输出构成的二进制数输出代码即代表不同的故障代号，X3 的故障代号为 10000。同样，当 X6 有输入时，其故障代号为 11000，其他的故障诊断原理与之相仿。

如果一个系统需要监测的故障多于 16 个，则可串联两组移位寄存器来实现。首先让第一组寄存器进行移位，移完 16 次后，启动第二组寄存器进行移位，移完后，又启动第一组，如此周而复始。这相当于一个 32 位的移位寄存器，所不同的是，每一组移完后，其中状态"1"总是保持在第一个继电器中，每组移位寄存器的第一位不用，这样故障信息能扩展到 30 位。这种故障诊断方法可同时检测多个故障，但编程比较烦琐。

4. 首发故障诊断法

控制系统一旦发生故障，也可能随之有多个故障发生，但最重要的是找到原发故障，并按故障出现的先后顺序有规律地进行信息显示，则能较快地排除故障。以 3 个故障为例，如图 6-42 所示，其中设置了 3 个故障检测位，分别是 M100、M110、M120；3 个初始故障检测为 M102、M112、M122；X010 为系统复位号。初始状态时，无报警出现，故障检测位都为"0"，初始故障检测位也都为"0"，复位信号 X010 为"0"。在 3 个故障中假设首发发生第

二个故障，在程序扫描的第一个周期内，其对应的故障检测位 M110 变为 "1"，M102、
M122、X010 的初始值为 "0"，初始故障检测位
M112 变为 "1"，通过自锁保持为 "1"，直到故障
被排除，系统复位信号发出后，"1" 状态被解除。
在程序扫描的第二个周期内，M112 保持为 "1"，实
现了对 M101、M121 的封锁。

即使此时另外某一个故障检测位为 "1"，也不
能导致其初始故障检测位变为 "1"。通过此 PLC 程
序的控制，就能从同时发生的众多故障中准确地判
断初始故障。

这种方法是排除由某一个故障引起的联锁故障
的有效方法。在一些复杂系统（如自动化生产线）
中，当几个故障同时显示时，该方法能准确地判断
出首发故障，极大地提高了系统维修的准确性和快
速性。PLC 在故障诊断方面的应用，充分显示了 PLC
的优越性，为以 PLC 作为基本控制器的系统提供了

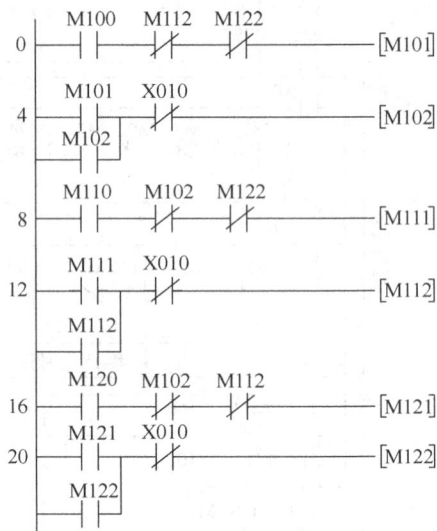

图 6-42　首发故障诊断电路

有效的故障检测手段。PLC 故障检测的方法很多，设计控制系统的故障诊断电路时，应视具
体的情况选取最经济可靠的方案。

任务 6.3　PLC 的维修

任务要求：了解 PLC 硬件的封装及电路板功能、PLC 故障的排查及维修，通过学习，
能对 PLC 各故障点进行维修。

据有关资料统计，PLC 的无故障运行时间已达到 20 万 h。PLC 的高可靠性、低维修率
已得到了工业控制领域人士的高度认同，但是这并不等于说 PLC 永远不会出现故障。特别
是在 PLC 大量应用的今天，了解 PLC 的维修显得十分必要。

PLC 的维修主要是 PLC 硬件故障的检修。PLC 软件的缺陷也可能造成 PLC 控制系统的
运行故障，甚至引发事故，引起系统瘫痪，但本章暂不做讨论。

本任务以三菱 FX_{2N} 系列 PLC 为对象，对其他类型的 PLC 维修也具有一定的借鉴作用。

6.3.1　PLC 硬件的封装与电路板功能

整体式小型 PLC 一般采用塑料机箱。封闭式的机箱由数块构件组成，构件与构件间多
用凹凸嵌合式连接。这样做的好处是减少螺钉类连接件的用量，既减少了重量，又为拆卸提
供了方便。

从根本上来说，PLC 是一种电子产品，其电路由大规模集成电路及外围元件，如电阻、
电容等一些分立元件构成。一般来说，这些电子元件都按电路的功能需要分装在数块印制电
路板上，而印制电路板又分别与机箱的塑料构件固定在一起。以 FX_{2N}—48MR 型 PLC 为例，
其机箱内有 4 块印制电路板，它们分别是电源板、输入/输出接口板、CPU 及通信接口、工
作状态指示板。图 6-43 ~ 图 6-45 给出了这 4 种印制电路板固定在机箱中的情况。在这 4 块

160

图 6-43 CPU 及通信接口、板与工作状态指示板在机箱上部内侧安装情况

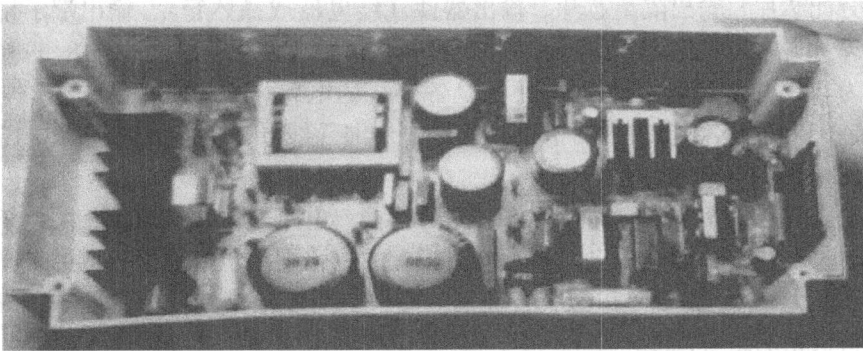

图 6-44 电源板在机箱底部安装情况

图 6-45 输入/输出接口板

印刷电路板中，电源板上安装的是一套开关电源。其任务是给机芯及输入口器件提供 5V 和

24V 的直流电源。使用交流供电的 PLC 的电源板含保护电路、斩波电路、整流电路、滤波电路、高频开关及振荡电路、输出电压反馈电路等。开关电源工作时，先将交流电整流滤波为直流电，再通过高频开关获得不同电压的直流电，反馈电路则用来实现开关频率的微调以实现输出电压的稳定，与一般电子设备中的带负载反馈的开关电源大致相同。开关电源作为一种高频振荡电源，其主要优点在于抗干扰能力强、抗负载变化能力强，因而获得了广泛应用。但开关电源由于与电网直接连接，功率器件又工作在高频振荡状态下，存在 DC 300V 的高电压，功率管工作中要产生大量的热量，因此实际使用中是最容易产生故障的电路之一，也是 PLC 常发故障的部位之一。

CPU 电路为 PLC 的核心电路，由 CPU 芯片、RAM 存储芯片、主频晶振、通信电路、运行状态显示电路、通信扩展电路等构成。它的主要功能含外部输入信号的接收与判断，通过运行应用程序实现计算及输出点的控制，与外部网络进行数据交换与控制等。CPU 电路设计得相对完善及弱电运行使 CPU 故障在实际使用中是最少见的，且一旦损坏，修复的几率也是比较小的。其主要故障常发生在通信连接部分和掉电保持电池寿命方面。

输入/输出电路是连接 CPU 与输入/输出点的电路，承担输入/输出信号的传递及电平隔离工作。输入电路含输入端子排、输入保护电阻、光耦合器、输入芯片及外围电路等。输出电路含输出分配芯片、输出隔离芯片、输出器件（继电器或晶体管）、输出端子排等。在部分型号的 PLC 中输入/输出电路还承载着将电源板的 DC 24V 电压通过 DC-DC 转换为 DC 5V 的功能。因为 I/O 电路是 PLC 真正与外围设备接线的电路，大量的输入/输出连线要通过 I/O 端子排接入 PLC，实际接线中的错误或运行中外部导线导入的不正常接触电压经常会造成 I/O 电路的损坏。

通信板上是与通信相关的电路及元件，含通信接口电路、总线接口及相关电子元件。机器运行设定开关也在这块电路板上。指示电路板上的电路则用于推动面板上的发光二极管指示器。4 块电路板间的连接通过分置在各印制电路板上的接插槽件及软电缆排完成，接插连接过程与塑料机箱的组装同步。

FX 机型中还有不少机型是 3 块印制电路板构成的，一般为电源板、输入/输出接口板及 CPU 板。同公司产品的电路大同小异，甚至不同厂家的电路都有不少类似的地方，但各公司产品的具体电路及专用元件的功能，各公司是保密的。因而各印制电路板的功能虽是明确的，但维修时具体电路及元件的识别要凭维修者的经验。

PLC 正常工作时，使用者只接触机箱及机箱上安装的器件，如输入/输出口接线螺钉、面板上的指示灯及开关、面板上的通信接口等，维修时需要打开机箱。当确定是 PLC 机内故障而需拆卸机箱时，首先要清理 PLC 机箱上的接线，做好标记，将机箱从线路中拆下来并在必要时做好机内应用程序的保存工作。

机箱拆卸前，先仔细观察机箱的嵌合结构，做到心中有数。以 FX_{2N} 机型为例，拆卸时先向外推下机箱面板通信接口侧的面板，再除去输入/输出接线点的罩板，除去锂电池，拆卸四角的螺钉，撬动分离嵌合结构，就可以将机箱分拆为几大块。

电子电路的维修手段一般来说是更换电路板或更换损坏的元器件，更换元器件需要一定的元器件知识及一定的操作技能。作为计算机的维修，对于初学者来说，看到密密麻麻的元件及线路，会觉得是十分艰难的事，但就 PLC 的故障而言，电路核心部分损坏则只能整板更换，而且核心部分的故障是比较少见的。故障出现最多的部位是电源、输入/输出接口及通信接口等外围电路，而这些部分的电路及元器件的维修与普通的电子设备的维修相近。

6.3.2 PLC 故障的排查与维修

1. 修理前的准备

动手维修 PLC 之前需先做一些准备工作。除了配备相应的焊接材料及工具，如电烙铁、风枪、吸锡带、高质量的助焊剂等外，应当备有一台装有待维修机编程软件的计算机及通信电缆。这是由于待修机常常是从工作系统中拆下来的，机内已存有工作系统的应用程序。在维修前应将这些程序下载到计算机里保存起来，以备硬件维修完成后复装。另一个原因是各种编程软件一般都具有监控及机内故障提示功能，这对不少故障（如 CPU 板故障及输入/输出口板故障）的排查很有帮助。当然，要从机内调出程序首先是机器能通电，还要程序没有加密或经过处理可以解密。用编程软件协助查找故障也要 PLC 通电后才能进行。如待修机是电源类故障，保护程序及用软件查错就得另设他法了（使用代用电源），也可以先将电源单独修复后，再做程序的保存处理及进一步检测。

维修 PLC 还要准备一些维修专用的器件或设备。比如整体机的几块印刷电路板是机箱嵌合时通过接插件连接的，而维修测试时既需要将机箱解体又要保证电路的连接，就得自制机箱分解后各板间的连接线路。此外，PLC 一般不容易找到电路图，有时甚至连元件的型号和功能都不清楚，维修时元件的工作参数就更难知道了。但这时如有好的同型号的机器，同回路、同元件间进行的静态或动态的测量比较，对维修工作是有很大帮助的。

一些工具在维修中很重要，如修理 PLC 的开关电源时要准备两只 220V，100W 的白炽灯泡，它们是开关电源试机时的假负载，起限流保护作用。开关电源是通过振荡电路触发开关管，使开关处于高频率开、关状态的；反馈电路则将实际输出电压的高低反馈给振荡电路，以调整开关管的开关频率。在实际维修过程中，开关管如果损坏了，那么控制其触发的振荡电路大多也会损坏。如果仅更换了开关管，而振荡电路中还存在故障的话，接通供电电源后，振荡电路可能直接触发开关管使其完全导通，这样就会造成 300V 直流电压短路，整流回路与开关管就会再次烧毁，并可能使故障进一步扩大。因此，正确的试机方法是在交流电源输入的回路中串入一个大的电阻，以限制电流不至于损坏开关管和整流元件。而最方便的电阻就是白炽灯泡了。如果开关电源中存在短路，那么灯泡就会发光，表示开关电源中仍存在故障，需要进一步排查，直到灯泡不发光为止。正常的 PLC 开关电源中，交流输入回路的电流很小不足以使灯泡发光，因此通过观察灯泡的亮度可以判断开关电源中是否存在短路故障，这一方法非常实用。

2. PLC 整机检测流程

和一般电子电路构成的电器的维修一样，PLC 的维修也可以概括为从故障的现象出发，经电路工作原理的分析及仪器测试确定故障的部位，并用好的电路及元器件代换损坏的部分，恢复电路的功能。也就是说，故障维修的最关键的工作是找到故障点。

寻找故障点是由外到内、由大到小的过程。所谓由外到内是指寻找故障的过程总是由机器的外部开始扩展到内部；由大到小则是只先确定故障的大致类型及部位，如在哪块印制电路板上，再深入直到找到具体的故障元件。

从另一方面说，PLC 的故障查找工作与 PLC 工作状态的全面检查是一样的。PLC 整机检测流程如图 6-46 所示。该图采用的就是从外到内、由大到小的工作原则。图中的每一项检查都是从机外测量开始，又都可以落实到局部电路上去。在电源正常的情况下，故障的检查首要是观察机箱上安装的各种指示灯，根据这些指示灯所发出的信息，可以初步确定机内各种单元电路的工作情况。

3. 各功能电路的测试及分类故障处理

通过图 6-46 流程的检测后，机内的哪部分功能电路或哪块印制电路板上存在故障可大致确定。下一步就需打开机箱针对具体电路做进一步的测试与检查了。

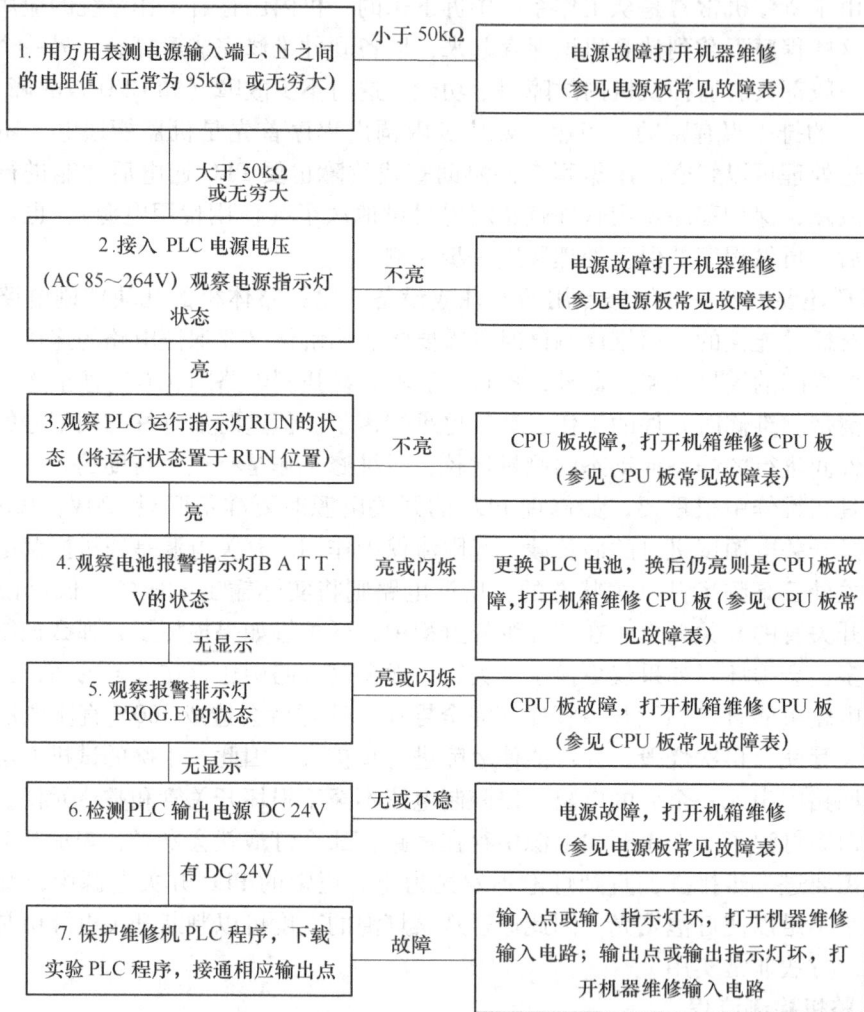

1. 用万用表测电源输入端 L、N 之间的电阻值（正常为 95kΩ 或无穷大）	小于 50kΩ →	电源故障打开机器维修（参见电源板常见故障表）
↓ 大于 50kΩ 或无穷大		
2.接入 PLC 电源电压（AC 85~264V）观察电源指示灯状态	不亮 →	电源故障打开机器维修（参见电源板常见故障表）
↓ 亮		
3.观察 PLC 运行指示灯 RUN 的状态（将运行状态置于 RUN 位置）	不亮 →	CPU 板故障，打开机箱维修 CPU 板（参见 CPU 板常见故障表）
↓ 亮		
4.观察电池报警指示灯 BATT. V 的状态	亮或闪烁 →	更换 PLC 电池，换后仍亮则是 CPU 板故障，打开机箱维修 CPU 板（参见 CPU 板常见故障表）
↓ 无显示		
5.观察报警排示灯 PROG.E 的状态	亮或闪烁 →	CPU 板故障，打开机箱维修 CPU 板（参见 CPU 板常见故障表）
↓ 无显示		
6.检测 PLC 输出电源 DC 24V	无或不稳 →	电源故障，打开机箱维修（参见电源板常见故障表）
↓ 有 DC 24V		
7. 保护维修机 PLC 程序，下载实验 PLC 程序，接通相应输出点	故障 →	输入点或输入指示灯坏，打开机器维修输入电路；输出点或输出指示灯坏，打开机器维修输入电路

图 6-46　PLC 整机检测流程图

（1）开关电源故障　开关电源由前级整流、保护及滤波电路、开关管振荡、反馈电路、DC 5V 与 DC 24V 整流、滤波及稳压电路组成，要先确定是哪部分电路故障，然后检查具体故障元件。打开机箱后，可先观察有无明显的烧毁迹象，烧毁的部位及规模结合电路原理常可提示故障的原始部位。如电源内的短路故障发生点离电源入口越近，烧毁的程度越严重，但烧毁的范围越小。如没有烧毁的迹象，且电源接线点 L 与 N 端子间电阻提示可以通电时，则可通电测试。这时可测量各单元电路输入/输出上的电压，如前级整流的输入、输出电压，振荡电路的起振电压，开关管的工作电压等，以判断故障的部位。通电检查需要注意的是，单纯整流电路元件损坏可以更换后直接通电检测，若只有熔丝损坏，则不能更换后直接通电。只要电源板存在故障，修复后最好首先使用串入假负载的办法通电检测，确认正常后再直接接入供电。

图 6-47、图 6-48 给出了电源板整流电路、振荡电路的检测流程图，整个电源板的维修过程首先以图 6-47 的流程检测整流电路，以图 6-48 的流程检测振荡电路。使用图 6-48 时首先要判断开关管通电后是否振荡，可以先确认整流回路的 C5、C6 大电容有无 DC 300V 左右的电压，如没有，同时，开关变压器 T1 的输出侧两路 AC 24V 输出端均无 AC 24V 电压输出，则可以判断开关管没有振荡。这时要判断开关管的好坏，三菱系列的功率开关管为集成的 MA4820，根据 MA4820 的图样可以找到用于开关管的 3 只引脚，通过万用表直接测量开关管的 3 只引脚确定故障是否存在。功率管确认无故障后，即可接入假负载通电检测，通电检测流程图如图 6-48 所示。

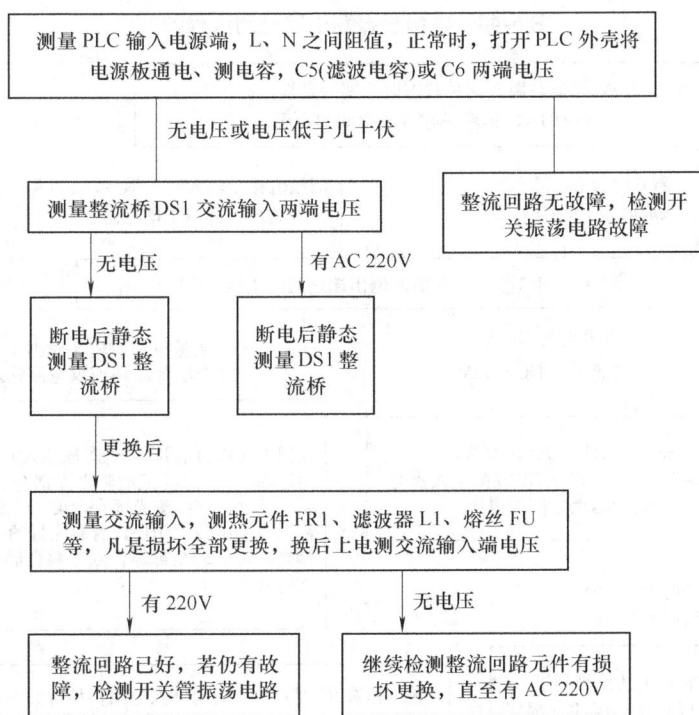

图 6-47　电源板整流电路检测流程

（2）输入/输出电路的故障　输入/输出的故障检修可以参照图 6-49。从流程图可以很清楚地看到电路的检测是个顺藤摸瓜的过程，依照信号的流传路径一直查找下去，直到找到故障所在。

PLC 维修中排除故障的方法就是换新，能换元器件就换元器件，不能换元器件的就换整板。PLC 的检测，实际就是一个故障查找的过程，可以说，检测完了，故障就查找完了。这是一个相互结合的过程，但这并不等于在实际维修过程中，不必仔细地向实际使用或发现故障的电气人员了解故障产生时的过程。比如说，故障发生在运行中还是停机后再开机时？故障的现象是什么？这样的问询调查有利于缩短检测的过程并抓住重点，但是不管实际描述是什么情

整流回路正常，无输出情况下，静态测量 MA4820 的好坏

坏 → 更换后

好

接假负载通电测 MA4820 中的开关管，D、S 两端电压

无 DC 300V

有 DC 300V

大电容的"＋"极经过变压器 T1 后进入 MA4820，经 D 端进后从 S 出，检测 R9 将损坏元件更换

开关管起振回路或反馈回路存在故障，修复至开关管振荡为止

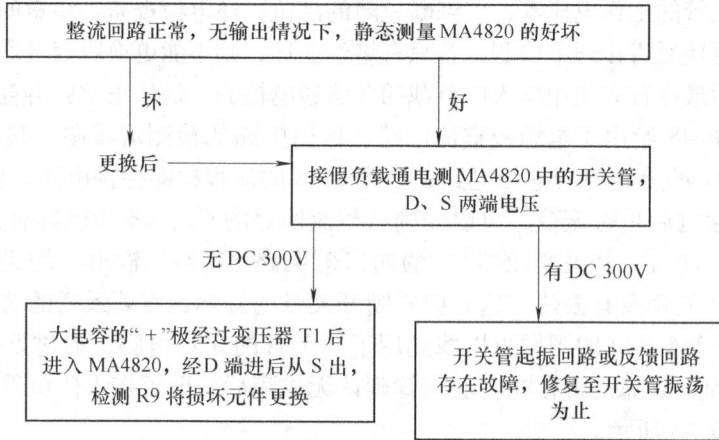

图 6-48 电源板振荡电路检测流程图

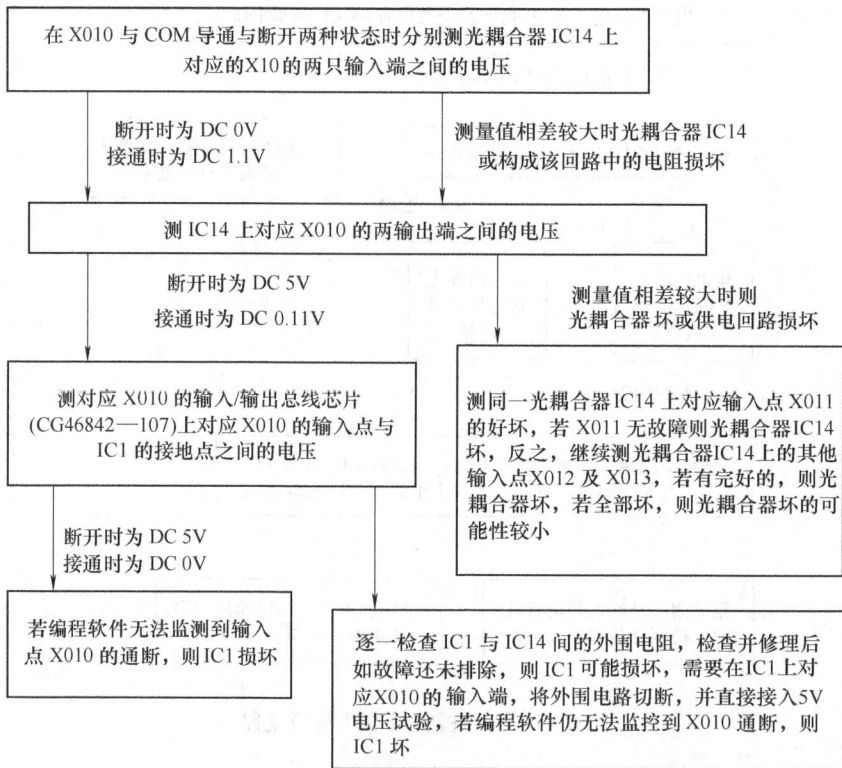

在 X010 与 COM 导通与断开两种状态时分别测光耦合器 IC14 上对应的X10的两只输入端之间的电压

断开时为 DC 0V
接通时为 DC 1.1V

测量值相差较大时光耦合器 IC14 或构成该回路中的电阻损坏

测 IC14 上对应 X010 的两输出端之间的电压

断开时为 DC 5V
接通时为 DC 0.11V

测量值相差较大时则光耦合器坏或供电回路损坏

测对应 X010 的输入/输出总线芯片 (CG46842—107)上对应 X010 的输入点与 IC1 的接地点之间的电压

测同一光耦合器 IC14 上对应输入点 X011 的好坏，若 X011 无故障则光耦合器 IC14 坏，反之，继续测光耦合器 IC14 上的其他输入点 X012 及 X013，若有完好的，则光耦合器坏，若全部坏，则光耦合器坏的可能性较小

断开时为 DC 5V
接通时为 DC 0V

若编程软件无法监测到输入点 X010 的通断，则 IC1 损坏

逐一检查 IC1 与 IC14 间的外围电阻，检查并修理后如故障还未排除，则 IC1 可能损坏，需要在 IC1 上对应 X010 的输入端，将外围电路切断，并直接接入5V电压试验，若编程软件仍无法监控到 X010 通断，则 IC1 坏

图 6-49 输入/输出电路的故障检测流程图

形，修理前及修复好的机器一定要做全面的检测。常规检测的内容则与图 6-46 大致相同。

6.3.3 PLC 故障维修实例

1. 开关电源故障

（1）电源指示灯不亮 包括熔丝、滤波器、温度保护元件、整流桥损坏等。

1）检测与维修。根据图 6-33，该机器接通电源后，电源指示灯（POWER 灯）不亮，

DC 24V 端无电压输出。关掉电源，打开机器外壳，取出电源板，找到 L、N 的进线接线位置，查 L 线连接的熔丝 FUSE（5A）已经熔断，查电容器 C1（0.1μF/250V），静态测量无损坏，查 C2（0.047μF/630V），静态测量无损坏，接下来查 L 线路热保护件 TH（10D-9），测量已经断路，再查整流桥 DS1（D03SBA60），经测量已经损坏，再查直流滤波电容 C5（120μF/400V）、C6（120μF/400V），静态测量无损坏。初步判断该机器整流电路损坏，将损坏的熔丝 FUSE（5A）、滤波器 L1（7020R7）、热保护元件 TH（10D-9）、整流桥 DS1（D03SBA60）全部更换，用万用表的二极管档测直流端（即电容器 C5、C6 的两端）的正向（表笔正接电容正）显示无穷大，反向（表笔正接电容负）显示为 300～600，数据为正常，一般整流桥电路的损坏是单纯性的，即由整流桥的损坏或外部过高电压的进入造成的，后级电路存在故障的可能性较小。为安全起见，将电源串入假负载后接入 L、N 两端，测量电源板的输出端电压，DC 5V 与 DC 24V 均正常，同时充当假负载的灯泡也不亮，该线路已经修复，去掉假负载直接接入电源测试，已经恢复，进行元件的热机测试 1h，为正常。进行整机测试无其他故障，机器修复。

2）维修总结。该类机器电源故障的产生，主要由于整流桥寿命或质量问题使整流桥本身损坏进而造成其他元件的损坏，或外部高电压进入造成的整流桥及其他元件的损坏。

3）预防策略。避免外部高电压的进入，在系统设计时应尽量在 PLC 的电源供电电路中加入隔离变压器，而隔离变压器的输出电压最好设计为 AC 110V（这是因为日本本土工业用电是三相 220V，市电是 AC 110V，所以日本本土使用的 PLC 大多是 AC 110V 电源供电的，因而 AC 110V 的电路相对较可靠。

（2）电源指示灯不亮　主功率芯片损坏。

1）检测与维修。根据图 6-33，该机器接通电源后，电源指示灯（POWER 灯）不亮，DC 24V 端无电压输出。关掉电源，打开机器外壳，取出电源板，找到 L、N 的进线接线位置，查 L 线连接的熔丝 FUSE（5A）已经熔断，根据图 6-46，检测整流部分电路除熔丝熔断外无其他故障，检测开关电源功率管 IC1（MA4820），该功率管为集成芯片，可找一好机器上的 MA4820 电路，对比测量静态阻值，发现连接直流正极与开关变压器 T1 的回路与新管子的阻值明显不同，结合刚才测量熔丝 FUSE（5A）已经熔断，怀疑该元件已经损坏，将其焊下后对比新的开路元件测试阻值也不同，将其更换，因为开关电源的开关管振荡是由触发电路触发产生的，因此，开关管如果损坏，那么其控制的触发电路很可能也损坏，于是沿着 MA4820 的每只脚都对外围电路进行排查，又查到另外一只二极管 DZ1 损坏，更换后，将电源串入假负载后接通 L、N 两端，测量电源板的输出端电压，DC 5V 与 DC 24V 均正常。在不拆去充当假负载的灯泡的情况下，热机测试 1h，为正常。进行整机测试无其他故障，机器修复。

2）维修总结。该机器故障为开关电源常见的故障，作为开关电源的主要元件开关管，其工作时始终是高频振荡的，承担着直流转换为高频交流的任务，工作时产生热量较大，因此比较容易产生故障；控制其高频振荡的外部触发电路如果产生故障，造成错误的触发信号也会使开关管损坏；工作环境中腐蚀性液体或气体以及导电粉尘的进入也会造成该元件的损坏。

（3）电源指示灯不亮　5V 稳压芯片 8050 损坏。

1）检测与维修。根据图 6-33，该机器接通电源后，电源指示灯（POWER 灯）不亮，但 DC 24V 端有电压输出。可以初步判断，开关电源振荡正常，仅 DC 5V 回路故障。打开机器，找到 AC 电源进入电源板的两路电路，将电源线焊接到该输入电路，在电源板不带负载的情况下，单独给电源板供电，用万用表检测 DC 24V + 与 DC 24V − 两输出端子（或 DC 24V 滤波电容器两端）间电压正常，再用万用表检测 DC 5V + 与 DC 5V − 两端子（或 DC 5V 滤波电容器两端）间电压为 0，说明 DC 5V 没有输出，再检测 8050S 输入端对地的电压为 DC 24V，说明电压已经送到 8050S，而 8050S 在三菱 FX2 系列电源板中的功能就是将 DC 24V 电源转换为 DC 5V 电压，因为 8050S 为 5 端子塑封，无法准确在线测量，只好将 8050S 更换新元件，更换后为安全起见，将 8050S 的外围电路的二极管等在线检测一遍，确认无误后，接通电源，在不带负载的情况下，单独对电源板供电，分别测量 24V 与 5V 输出端电压，已经全部有正常电压。恢复机器的安装后接通电源，POWER 灯亮，为确保不存在其他故障，通过实验程序对整机进行检测，确认无故障，该机器修复。

2）维修总结。该机器 DC 5V 回路故障的原因主要有元件寿命、元件质量问题及腐蚀性液体、气体或导电粉尘的进入等情况。

2. 通信口故障

一台 PLC，使用时编程口连接了一台触摸屏，通过触摸屏设定数据时，经常设定不进去（通信芯片损坏）。

（1）检测与维修　通过计算机用编程电缆与 PLC 通信口连接，做通信测试，发现大多数通信连接是成功的，偶尔出现无法通信的情况，为了严格起见，打开机器，着重观察通信芯片 IC5，三菱 34051（16 端子贴片，实际为 MC34051），未发现外观变异，对该芯片电源脚进行电压测量，电压为 DC 5V，正常。于是，作无故障处理，将 PLC 交付给客户，并嘱咐客户将 PLC 与触摸屏连接的电缆，更换一根新的，但客户返回之后几天，再次来电说，外围设备已经全部更换过，但故障仍然出现。机器再次拿来后，不敢轻易下结论，再次打开机器，按芯片排除的方法修理，当焊下通信芯片 IC5 后发现，芯片下面已经发黑了，该芯片已经因电流过大而烧坏，更换后通过计算机用编程电缆测试，通信成功。

（2）维修总结　该故障在实际维修中较少见，因此，检测过程中容易忽视。估计是通信口带电拔插所致，因此更加证实了检测应该严谨。

3. 输入电路故障

（1）3 个输入点无显示（X000、X001、X002 连接电阻烧坏）

1）检测与维修。根据检测流程，将 PLC 电源接通后，用万用表测 COM 端与 X000、X001、X002 端电压为 DC 0V（正常应该为 DC 24V），而其余任意输入端正常，说明该输入点的光耦合器输入端的外围电路断路。打开机器检测 X000、X001、X002 连接电路中的 R1、R2、R3（阻值为 3.3kΩ，1/2W）已经烧焦，分别将此电阻更换后，重新通电测量，X000、X001、X002 与 COM 端的电压为 DC 24V，分别将 X000、X001、X002 与 COM 短接，观察对应的输入指示灯已经亮，通过实验程序检测后，PLC 正常。

2）维修总结。PLC 输入端的电阻很容易损坏，一般都是外围进入了高压电（比如 AC 220V、AC 110V 等）所致。

3）预防策略。PLC 输入点布线时应尽量与交流电路分开，不能分开时要采取隔离措施，输入口外部接传感器时，传感器的接地要妥善连接。

（2）X000 始终接通，输入指示灯长亮（X000 点光耦合器损坏）

1）检测与维修。根据检测流程，将 PLC 电源接通后，用万用表测 COM 端与 X000 端电压为 DC 24V，正常，说明该输入点的光耦合器输入端的外围电路正常。打开机器，根据图 6-33，在外部 X000 与 COM 未接通的情况下，检测 X000 输入点对应的光耦合器 IC6 的输入端电压为 DC0V，X000 与 COM 短接时输入端电压为 DC 1.1V（正常导通 DC 1.1V），在 X000 与 COM 未接通的情况下，测光耦合器 IC6 输出端电压为 DC 0V（正常为 DC 5V），因此初步可以判断，该光耦合器可能输出部分击穿，将光耦合器焊下来单独检测，发现光耦合器是坏的，更换新的光耦合器后，对应的 X000 输入指示已经熄灭，通过实验程序检测后，PLC 正常。

2）维修总结。该元件的损坏一般为元件的寿命和质量问题，也有很多是腐蚀性液体或气体以及导电粉尘的进入造成的。

（3）1 个输入点无显示（X000 点指示灯坏）　根据检测流程，将 PLC 电源接通后，用万用表测 COM 端与 X000 端电压为 DC 24V，正常，说明该输入点的光耦合器输入端的外围电路正常。打开机器，根据图 6-33，在外部 X000 与 COM 未接通的情况下，检测 X000 输入点对应的光耦合器 IC6 的输入端电压为 DC 0V，X000 与 COM 短接时输入端电压为 DC 1.1V（正常导通 DC 1.1V），在 X000 与 COM 未接通的情况下，测光耦合器 IC6 输出端电压为 DC 0V（正常为 DC 5V），X000 与 COM 短接时检测 IC6 输出端电压为 DC 0.1V（正常导通为 DC 0.1V）因此初步判定外围电路为正常，通过编程电缆连接 PLC 及装有编程软件的计算机，在软件里对 PLC 进行监控，将 X000 与 COM 短接，监控显示 X000 为接通状态，因此可以判定该输入点为正常，只是输入指示灯或相关回路出问题；检查对应 X000 的发光二极管 VDL1，用万用表二极管档测量，发现该二极管已经损坏，更换新的后，将 X000 与 COM 短接，观察对应的输入指示灯已经亮，通过实验程序检测后，PLC 正常。

（4）1 个输入点不起作用（X000 点输入/输出总线芯片损坏）　根据检测流程，将 PLC 电源接通后，用万用表测 COM 端与 X000 端电压为 DC 24V，正常，说明该输入点的光耦合器输入端的外围电路正常。打开机器，根据图 6-33，在外部 X000 与 COM 未接通的情况下，检测 X000 输入点对应的光耦合器 IC6 的输入端电压为 DC 0V，X000 与 COM 短接时输入端电压为 DC 1.1V（正常导通 DC 1.1V），在 X000 与 COM 未接通的情况下，测光耦合器 IC6 输出端电压为 DC 0V（正常为 DC 5V），X000 与 COM 短接时检测 IC6 输出端电压为 DC 0.1V（正常导通为 DC 0.1V），因此初步判定外围电路为正常，通过编程电缆连接 PLC 及装有编程软件的计算机，在软件里对 PLC 进行监控，将 X000 与 COM 短接，监控显示 X000 为断开状态，表示机器存在故障；沿着 X000 对应的光耦合器 IC6 输出端，在输入/输出总线芯片三菱 IC1（CG46842-107）上找到 X000 对应的输入端，将该端与地之间用万用表测量电压，同时接通断开 X000 与 COM 端，观察万用表状态为 5V、0V 转换，表示外部输入回路正常，可以判断该输入/输出芯片已经损坏；如果需要进一步确认，可以用相同方法测量一个好的输入点对应端的电压，结果与 X000 的检测相同，则表示该芯片对应 X000 的内部损坏。

4. 输出电路故障

（1）Y000 点始终导通（Y000 继电器损坏）

1）检测与维修。在电源没有接通的情况下直接测量 Y000 与 COM1 之间的电阻为 0，可以直接判断对应 Y000 的继电器损坏（内部常开触点粘在一起了）。打开 PLC 外壳，找到对应 Y000 的继电器,一般为 PLC 正面看左边第一个,更换继电器,更换时尽量使用同型号的否则要注意对应的焊接脚的间距以及线圈的电压等。更换完毕,根据图 6-33,将 PLC 接上电源,测量 Y000 与 COM1 的电阻值为无穷大,把 PLC 测试程序下载到 PLC,然后运行 PLC,将输入点 X000 作接通、断开动作,计算机监控 Y000 为正常,同时用万用表测 Y000 与 COM1 间的电阻值也在 0 与无穷大之间变化,可以判断 Y000 已经恢复正常,为仔细起见,对所有输入/输出点进行测试,全部正常,该 PLC 修复。

2)维修总结。PLC 输出继电器损坏为 PLC 最常见的故障,占 PLC 故障的比重较大,产生的原因一般有以下几种。一是继电器质量差;二是输出继电器动作频繁,比如 1s 内动作几次,此种情况下建议采用晶体管输出的 PLC,根据实际使用经验 1s 内动作最好不要超过两次;三是外围电路设计不合理,该继电器为小容量继电器,虽然产品注明可以使用 220V 电压,但根据经验,最好使用 DC 24V 电压,然后再通过功率大的继电器隔离并转换。

(2)Y000 点在机器通电后始终导通(输出隔离芯片 083A 损坏) 在电源没有接通的情况下直接测量 Y000 与 COM1 之间的电阻为无穷大,为正常状态,将 PLC 接上电源,测量 Y000 与 COM1 的电阻值为 0,观察对应的 Y000 指示灯并没有亮,切断电源,打开 PLC 外壳,去掉 PLC 的 CPU 板,接通电源,测量 Y000 对应的继电器 RY1 的线圈之间的电压为 DC 22V,说明该继电器被电压驱动,找到驱动 RY1 线圈的隔离芯片 IC20(083A 实际型号为 TD62083AFN),该芯片为隔离和功率放大芯片。输入驱动为 DC 5V,输出外接电压为 DC 24V,测量 IC20 输出边芯片公共端与接 RY1 端之间的电压为 DC 22V(正常没有输出的时候是 DC 0V),测量 IC20 输入边芯片公共端与输出边直接相对的管脚之间的电压为 DC 0V(没有输出的时候正常为 DC 0V),说明 IC20 已经损坏,该芯片为贴片式的,需要用风枪更换,更换后通电测试,Y000 正常,该 PLC 修复。

5. 报警故障

通电后 PLC 运行灯不亮,报警灯常亮(程序自检故障)。

接通电源,PLC 通电,根据检测流程,PLC 在 POWER 灯亮后 CPU-E 报警灯常亮,观察运行开关在 RUN 位置,但 RUN 运行指示灯不亮,可以初步判断 CPU 板存在软件或硬件故障;根据常识,先通过计算机软件,将 PLC 内存的 PLC 程序与设置下载到计算机里并保存起来,然后在编辑软件 GXDeveloper 中执行一次,过程为在线→清除 PLC 内存→选定 PLC 内存、数据软元件、位软元件→执行。操作完毕后,报警消除。

该故障为程序软件故障,具体原因可能为 PLC 受到干扰,或 PLC 本身原因产生的故障,另外一般客户自己开发的程序有错误或存在不合理的地方,报警灯会闪烁,这时可以通过计算机用软件监控,直接找到程序错误处进行修改,一般现在程序的二次开发,大多使用计算机 Windows 系统下的可视软件如 FXGP-WIN-C 等,这些软件在程序开发完成时可以直接在软件里进行程序检测,程序的错误或不合理软件可以直接找到,修改完毕,直至没有任何错误后再下载到 PLC 内存里。

6. CPU 板故障

通电后 PLC 运行灯不亮,报警灯常亮(硬件故障)。

接通电源,PLC 通电,根据检测流程,PLC 在 POWER 灯亮后 CPU-E 报警灯常亮,观察运行开关在 RUN 位置,但 RUN 运行指示灯不亮,可以初步判断 CPU 板存在软件或硬件故障;根据常识,先通过计算机软件,将 PLC 内存的 PLC 程序与设置上载到计算机里,并保存起来，然后在编辑软件 GXDeveloper 中执行一次，过程为在线→清除 PLC 内存→选定 PLC 内存、数据软元件、位软元件→执行，观察 CPU-E 灯仍然亮，可以判定该 PLC 的 CPU 板存在硬件故障；CPU 板的硬件维修有一定的难度，因为各个厂家对外技术保密，CPU 芯片市场上也难以购买到，因此只能通过一步步确定外围电路无故障的前提下才能确认 CPU 芯片是否损坏，故障在 CPU 芯片则大多数情况下只能更换 CPU 板，在查找过程中若外围存在故障，可以先修复，这样一步步向前推进，在该机器的 CPU 芯片外围电路的检测过程中测量电阻全部正常，电容器的在线测量比较复杂，采用了逐个更换的办法，每更换一只电容后执行一次清除 PLC 内存工作，在更换到其中一只电容后清除 PLC 内存的时候，报警消除，下载试验程序，对整机进行测试，全部正常，该机修复。

习　题

1. PLC 控制系统是什么样的控制系统？常由哪些部分组成？
2. 叙述 PLC 控制系统故障检查的大致步骤。
3. 如何检测输入/输出配线故障？
4. PLC 控制系统故障自诊断有哪些常见的方法？
5. PLC 控制系统故障的自诊断的依据是什么？
6. 为什么 PLC 的维修检测要从外到内、从大到小？
7. PLC 机箱面板上有哪些指示灯？在维修中有什么意义？

学习情境七　变频器的使用与维修

任务7.1　变频器操作与认识

任务要求：初步认识变频器的结构、电路、工作原理、分类；熟悉变频器对工作场所的要求、使用环境要求、安装方式、变频器的基本配线图、变频器操作面板及操作。

7.1.1　变频器的初步认识

通常，把电压和频率固定不变的交流电变换为电压或频率可变的交流电的装置称作变频器（inverter）。

随着大功率电力晶体管和计算机控制技术的发展，通用变频器被广泛应用于三相交流异步电动机的无级调速、工业自动化和节能改造等方面，极大地提高了设备的自动化程度，满足了生产工艺的调速要求，应用前景十分广泛。

目前国内外生产的变频器种类很多，下面从变频器的外部结构、分类两个方面对变频器进行初步介绍。

1. 变频器的外部结构

变频器一般由外壳、散热器/冷却风扇、电路板、显示/操作盘、电源接线端子、信号接线端子等组成。

变频器从外部结构来看有开启式和封闭式两种。图7-1～图7-4分别为封闭式变频器FR-A540的实物图、变频器的正面、背面和变频器的额定铭牌。

图7-1　封闭式变频器 FR-A540 实物图

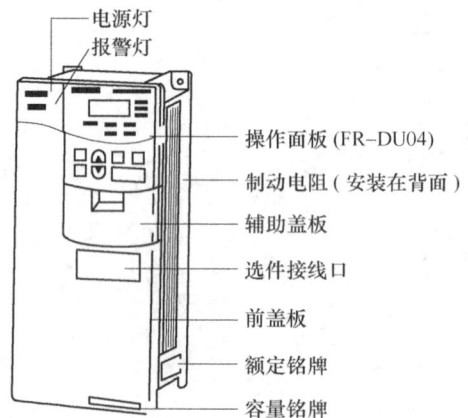

图7-2　变频器的正面

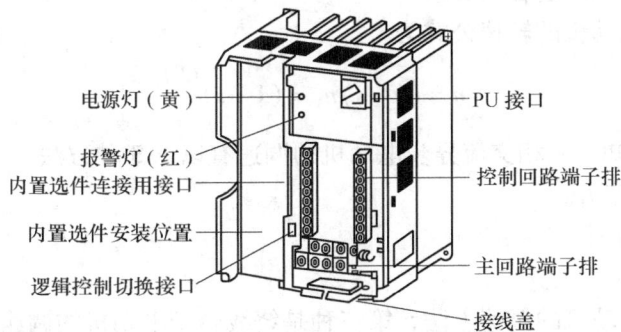

图 7-3　变频器的背面

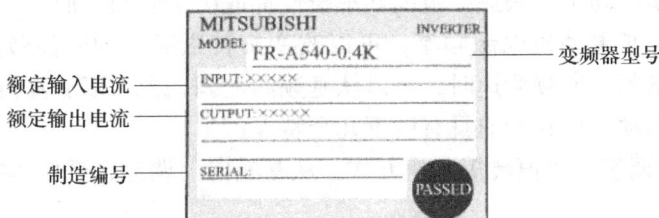

图 7-4　变频器的额定铭牌

2. 变频器的内部结构

变频器的内部结构框图如图 7-5 所示，主要包括整流器、逆变器、中间储能环节、采样电路、驱动电路、主控电路和控制电源等。

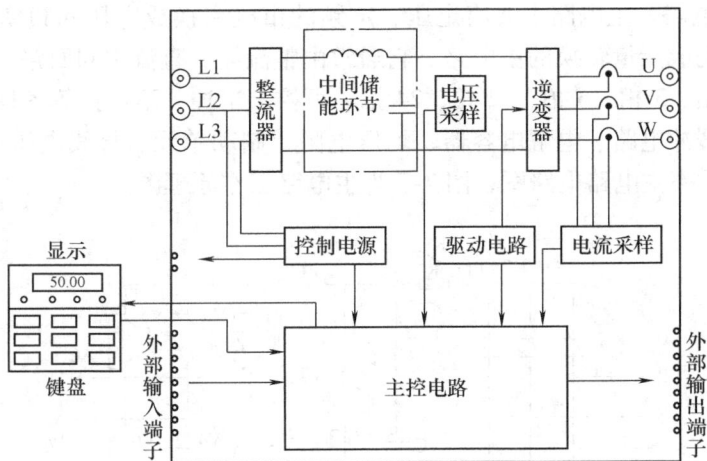

图 7-5　变频器内部结构框图

3. 变频器的工作原理

（1）三相交流异步电动机调速的基本原理　调速就是在同一负载下用人为的方法得到

173

不同的转速，以满足生产过程的要求。

三相交流异步电动机的转速公式为

$$n = (1-s)n_1 = (1-s)\frac{60f_1}{p} \tag{7-1}$$

由式（7-1）可知，三相交流异步电动机的调速有以下 3 种方法：

1）改变电源频率 f_1。

2）改变极对数 p。

3）改变转差率 s。

前两种是笼型电动机的调速方法，第三种是绕线转子电动机的调速方法。

（2）变频调速　变频调速就是改变电源电压的频率，从而改变电动机的转速。整流器先将 50Hz 的交流电变换为直流电，再由逆变器变换为频率可调、电压有效值也可调的三相交流电供给笼型异步电动机。调速的范围和平滑性都取决于变频电源。

改变三相交流异步电动机电源频率，可以改变旋转磁通势的同步转速，达到调速的目的。额定频率称为基频，变频调速时，可以从基频向上调，也可以从基频向下调。

三相交流异步电动机变频调速具有以下几个特点：

1）从基频向下调速，为恒转矩调速方式；从基频向上调速，近似为恒功率调速方式；

2）调速范围大。

3）转速稳定性好。

4）运行时功耗小，效率高。

5）频率可以连续调节，变频调速为无级调速。

4. 变频器的电路分析

变频器含有以下电路：功率主电路、整流电路、DC 中间电路、逆变电路、控制电源电路、检测保护电路、输入输出电路、主控电路和驱动电路。

（1）功率主电路　主电路主要将定压、定频的市电变换成电压和频率可协同变化的交流电，是变频器完成能量转换的主电路。它通常由整流器、直流中间回路和逆变器组成。

整流器有 2 相、3 相、6 拍、12 拍、24 拍、可控、半控、不可控等各种类型。

中间电路由缓冲电路、电解电容器、均压电阻、制动单元、母线电压/电流采样电路等组成。图 7-6 为功率主电路电路图，图 7-7 为主电路工作原理图。

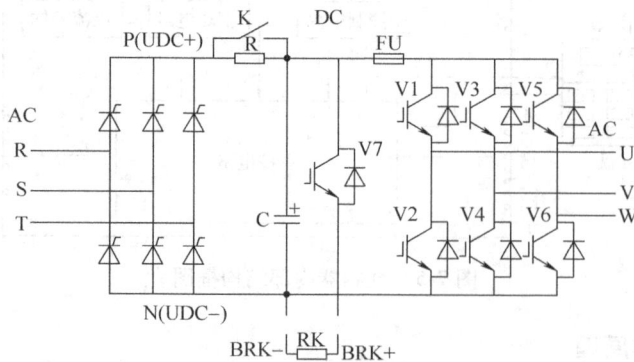

图 7-6　功率主电路电路图

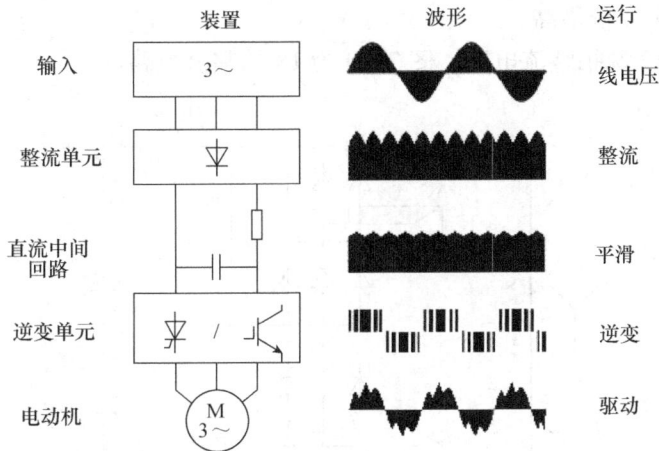

图 7-7　主电路工作原理图

（2）整流电路　普通变频器的整流电路一般为三相桥式 6 拍整流，由 6 只二极管或 3 只二极管和 3 只 SCR 构成，4 象限变频器的整流器则全部由可关断器件如 GTR、IGBT 组成。直流输出电压最高达 $U_{max} = 1.35U_i$。

三相 220V 的直流峰值电压最高达 290V。

三相 380V 的直流峰值电压最高达 510V。

为了保护整流电路和满足 EMC 要求，一般还有压敏电阻组成的浪涌吸收电路和电容。

图 7-8 为 ABB ACS600 R9 变频器整流模块。

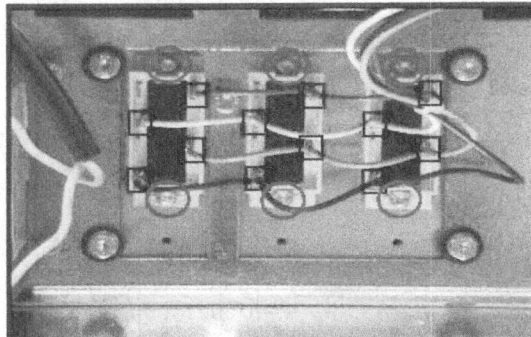

图 7-8　ABB ACS600 R9 变频器整流模块

整流分可控整流和不可控整流。

1）不可控整流：二极管器件，适用通用型变频器。

优点：简单价廉，功率因数高。

缺点：不能关断，功能较少。

2）可控整流：使用可关断器件，如 GTR、IGBT 等，常用于大功率变频器和四象限变频器。

优点：具有保护和逆变功能，能在功率回路器件发生短路时关断主回路的电源，以保护变频器和电源。

缺点：电路复杂，价格高。

图 7-9 为三相 12 脉拍整流电路、图 7-10 为 18 拍整流电路。

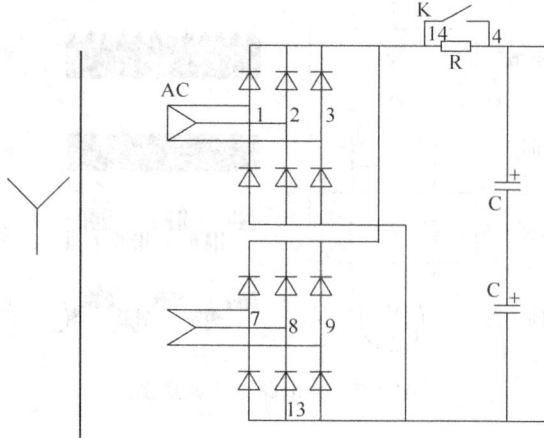

图 7-9　三相 12 脉拍整流电路

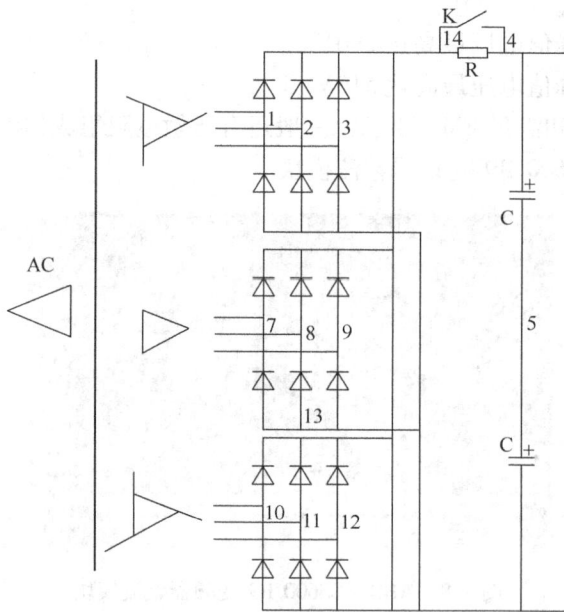

图 7-10　18 拍整流电路

（3）DC 中间电路　DC 中间电路由充电控制电路、DC 电压和电流检测电路、功率电容器、均压/放电电路、浪涌吸收电路、再生制动单元和电阻组成。

大功率变频器有预充电电路，为的是给控制电源提前供电，使自检电路检测确认主回路故障后再通电，否则立即关断主电路，确保变频器的安全。

图 7-11 为电容器充电缓冲控制电路。

（4）逆变电路　逆变电路主要由逆变模块和吸收电路组成。

逆变模块是逆变器的心脏，常用模块有 GTR、GTO、IGBC、IGCT、IPM 等，是故障发

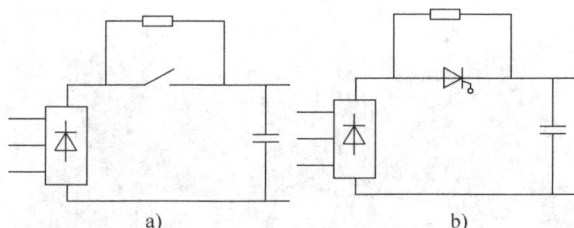

图 7-11　电容器充电缓冲控制电路

生概率最高的器件，也是最昂贵的器件之一。

吸收电路由快恢复二极管、高频电容器、功率电阻构成，用来吸收半导体开关（模块）强迫关断时的反电动势能量，以保护模块。

（5）控制电源电路　控制电源是给变频器内部控制电路提供各种电压的直流电源，以保证控制电路的正常工作，是变频器的心脏。

控制电源现已普遍采用 DC-DC 开关电源，因其体积小，对电源波动不敏感，效率高等优点而广泛采用。

（6）检测保护电路　检测保护电路是检测主电路上的输入电压和电流、DC 母线电压和电流、输出电压和电流、功率器件温度，以提供给主控制板计算，再根据控制指令执行保护动作，是变频器可靠工作的保证，也是变频器高质量和技术水平的反映。

（7）输入/输出电路　输入/输出电路负责外部指令的接收和预处理、变频器实时参数的输出、网络通信电路、配套的电源等。收发的信号有 AI、AO、DI、DO，全部经光耦合器隔离。要求高的信号可用光纤传送。I/O 口易损坏，对接入的信号和输出负载均有严格的要求，是变频器故障发生几率较高的部分。I/O 接口的形式有端子、RI54 等。输入/输出电路常常与主控制板集成在一块板上。

（8）主控电路　主控板上有 CPU 单元、DSP 单元、ROM、EPROM 等，是变频器的大脑。ROM 里有变频器的核心技术及数据，较易损坏，特别要防止静电和高电压的损伤，电尘埃、腐蚀性气体、水汽等均要注意隔离。

（9）驱动电路　驱动电路能将控制单元发出的开关指令信号加工成逆变器半导体开关器件所要求的波形电路，它还含有强弱电隔离电路、温度检测电路、逆变器保护电路。小功率的会做成厚膜电路模块，甚至与逆变器组合成智能功率器件如 IPM 模块。

图 7-12 为 ABB ACS600 R9 变频器驱动板。

5. 变频器的分类

（1）变频器按变换环节　分为以下两种：

1）交 – 直 – 交变频器。

2）交 – 交变频器。

（2）按直流环节的储能方式　分为以下两种：

1）电压型变频器。电压型变频器是按电压源方式工作的变频器，它对负载没有特殊要求，可以接多台电动机同时工作，只要总电流不超过变频器的额定电流即可。因为对电流的控制能力较差，输出不可短路，否则将烧毁功率模块。电压型变频器电路如图 7-13 所示。

2）电流型变频器。电流型变频器按电流源工作，输出不怕短路，但不能开路，保护简

图 7-12　ABB ACS600 R9 变频器驱动板

单可靠。它的输出与负载特性有关，变频器是按实际负载特性设计制造的。它适用于单台运行、频繁加/减速和正、反转的电动机。电流型变频器电路如图 7-14 所示。

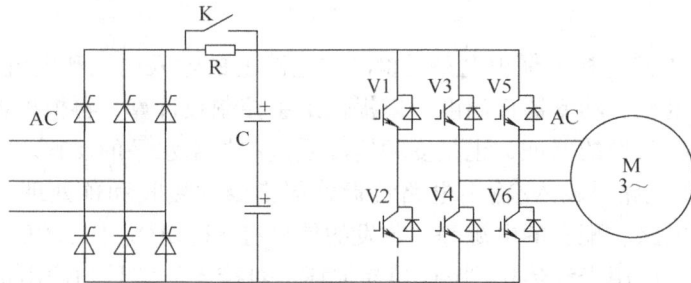

图 7-13　电压型变频器电路

（3）变频器按控制方式　分为以下 4 种：

1）V/f 控制变频器。V/f 为常数控制，是恒磁通控制即恒转矩控制，理论上可使变频器驱动的电动机输出恒转矩，但由于定子压降几乎是恒定的，在低频（低速）时所占输出的比例已不可忽略，使得低频输出的转矩

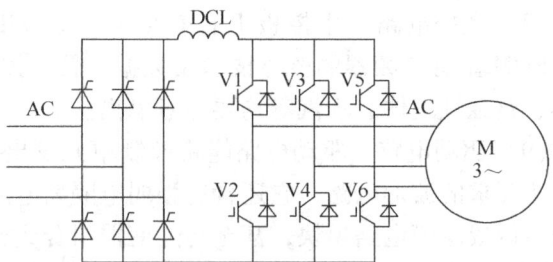

图 7-14　电流型变频器电路

变小，起动困难，因此在低频段需提高电压，以满足起动要求，称之为转矩提升（或补偿）功能。但电压不能超过 30%，且不能长期在低频下运行，否则会烧毁电动机。

V/f 为常数的控制特点：V/f 控制以恒磁通为目标，是一种标量、平均值控制，对电动机及负载的变化响应较慢，适合于负载平稳的风机、水泵类对控制要求不高的设备使用。它的特点是运行平稳，不易发生振荡等事故。它的适应性很好，对所接电动机的参数及台数均无限制，只要在其额定电流之下即可安全工作，是应用最广泛的一种控制模式。

V/f 协调变化的实现方法有两种方法：PAM 和 PWM 方式。

2）转差频率控制变频器。用速度传感器检测电动机的运行速度，以求出转差角频率，

再把它与 f 设定值叠加以得到新的逆变器的频率设定值 f_2，实现转差补偿。

控制器将给定信号分解成两个互相垂直且独立的直流信号。然后通过"直－交变换"将它们变换成两相交流电流信号，再经过"2－3变换"，将两相交流系统变换为三相交流系统，以得到三相交流控制信号去控制逆变器。

3）矢量控制（Vector Control，VC）变频器。矢量控制方式是基于电动机的动态数学模型，通过分别控制电动机的转矩电流和励磁电流，基本上可以达到和直流电动机一样的控制特性，变频调速的动态性能得到提高。

矢量控制的基本原理是通过测量和控制异步电动机定子电流矢量，根据磁场定向原理分别对异步电动机的励磁电流和转矩电流进行控制，从而达到控制异步电动机转矩的目的。具体是将异步电动机的定子电流矢量分解为产生磁场的电流分量（励磁电流）和产生转矩的电流分量（转矩电流）分别加以控制，并同时控制两分量间的幅值和相位即控制定子电流矢量，所以称这种控制方式为矢量控制方式。

矢量控制模式的特点如下：

矢量控制的控制性能与直流电动机相当，在低速转矩和动态性能方面比 V/f 控制有很大的提高。但是这一性能是在电动机装有测速装置的条件下才能达到，并且必须提供电动机的实时准确的电磁参数。因此，对电动机有严格的对应关系。另外在负载波动较大的工况下，控制会不太稳定。

矢量控制模式实例：无传感器矢量控制变频器。

由于矢量控制要求提供电动机的实时的、精确的电动机参数供程序计算，需安装转子位置传感器，这既增加了成本，使用也不方便，因此省掉了传感器，可满足对调速精度、范围、动态要求不高的用户的要求。无传感器矢量控制变频器就是适应这种市场需求的产品。它是一种对矢量控制的简化，而在性能上优于 V/f 变频器的中间产品。

4）直接转矩控制变频器（DTC）。直接转矩控制技术，是利用空间矢量、定子磁场定向的分析方法，直接在定子坐标系下分析异步电动机的数学模型，计算与控制异步电动机的磁链和转矩，采用离散的两点式调节器（Band－Band控制），直接对逆变器的开关状态进行控制，以获得高动态性能的转矩输出。

直接转矩控制的特点如下：

控制模型较直观简单，对电动机电磁参数的准确度要求不高，在不装速度检测装置的情况下也能达到较高的性能。但输出转矩的波动较大，对波动大的负载控制不太稳定。

（4）按输出电压调节方式　分为以下两种：

1）PAM 输出电压调节方式变频器。脉冲振幅调制（Pulse Amplitude Modulation，PAM）是在整流回路通过可控整流或直流斩波来调节电压 U，在逆变回路调节频率 f，再设一个控制电路来控制 U 和 f 间的协调。因中间回路有大电容，使 U 的调节不灵敏，降低了动态性能，目前已不常应用。

图 7-15 为 PAM 电路。

2）PWM 输出电压调节方式变频器。脉冲宽度调制（Pulse Width Modulation，PWM）是一种新技术，能在逆变回路同时完成 U 和 f 的调节，控制简单，动态性能比 PAM 好，是最常用的技术。

图 7-16 为 PWM 电路，图 7-17 为极性正弦波脉宽调制（SPWM）波形。

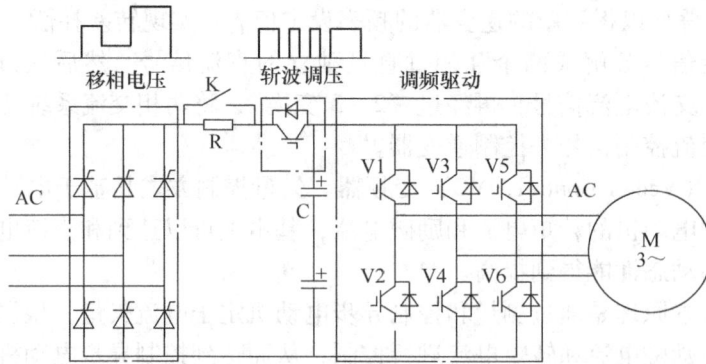

图 7-15　PAM 电路

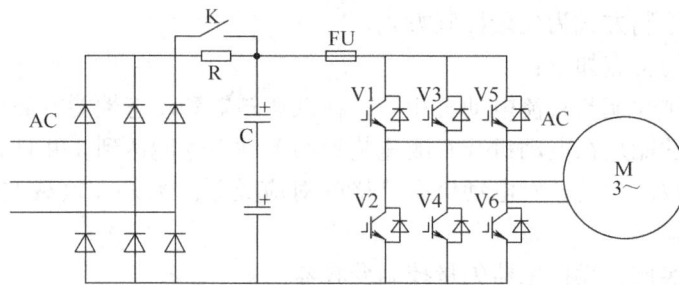

图 7-16　PWM 电路

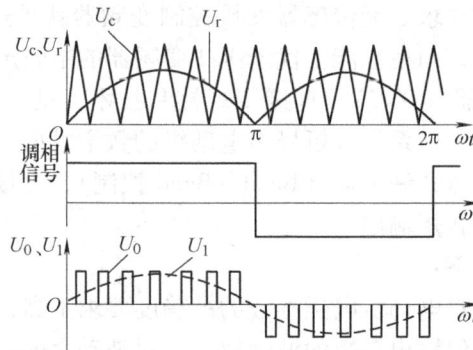

图 7-17　极性正弦波脉宽调制（SPWM）波形

（5）按功能分

1）恒转矩（恒功率）通用型变频器。

2）二次方转矩风机水泵节能型变频器。

3）简易型变频器。

4）迷你型变频调速器。

5）通用型变频器。

6）纺织专用型变频器。

7）高频电主轴变频器。

8）电梯专用变频器。

9）直流输入型矿山电力机车用变频器。

10）防爆变频器。

变频器还有按供电电压、供电电源的相数、主开关器件、机壳外形、输出功率大小和商标所有权等分类方法。

7.1.2　变频器的安装与接线

变频器属于精密设备。为了确保其能够长期、安全、可靠地运行，安装时必须充分考虑变频器工作场所的条件。

1. 工作场所要求

安装变频器的场所应具备以下条件：

1）无易燃、易爆、腐蚀性气体和液体，灰尘少。

2）配电房或电气室应湿气少，无浸水。

3）变频器易于安装，并有足够的空间便于维修检查。

4）应备有通风口或换气装置，以排出变频器产生的热量。

5）应与易受变频器产生的高次谐波和无线电干扰影响的装置隔离。

6）若安装在室外，需单独安装户外配电装置。

2. 使用环境要求

变频器长期、安全、可靠运行的条件如下：

（1）周围温度、湿度　周围温度：变频器的工作环境温度范围一般为 $-10 \sim 40\,℃$，当环境温度大于变频器规定的温度时，变频器要降额使用或采取相应的通风冷却措施。

湿度：变频器工作环境的相对湿度为 $5\% \sim 90\%$（无结露现象）。

（2）周围环境　变频器应安装在不受阳光直射、无灰尘、无腐蚀气体、无可燃气体、无油污、无蒸汽滴水等环境中。

（3）海拔　变频器安装的海拔应低于 1000m。海拔大于 1000m 的场合，变频器要降额使用。

（4）振动　变频器安装场所的周围振动加速度应小于 $0.6g$（$1g = 9.8\mathrm{m/s^2}$），超过变频器的容许值时，将产生部件的紧固部分松动以及继电器和接触器等的可动部分的器件误动作，这往往会导致变频器不能稳定运行。对于机床、船舶等事先能预见振动的场合，应考虑变频器的振动问题。

3. 安装方式

1）为便于通风、散热，变频器应垂直安装，不可倒置或平放；变频器四周要保留一定的空间距离。

2）变频器的安装底板与背面板应为耐温材料。

3）安装在柜内时，须注意通风。

4. 三菱 FR-E540 变频器的基本配线图

变频器与外界的联系是通过接线端子来实现的。三菱 FR-E540 变频器基本配线图如图 7-18 所示，主要是主电路接线端子，另一部分是控制电路接线端子。图 7-19 是变频器主电路、控制电路端子。

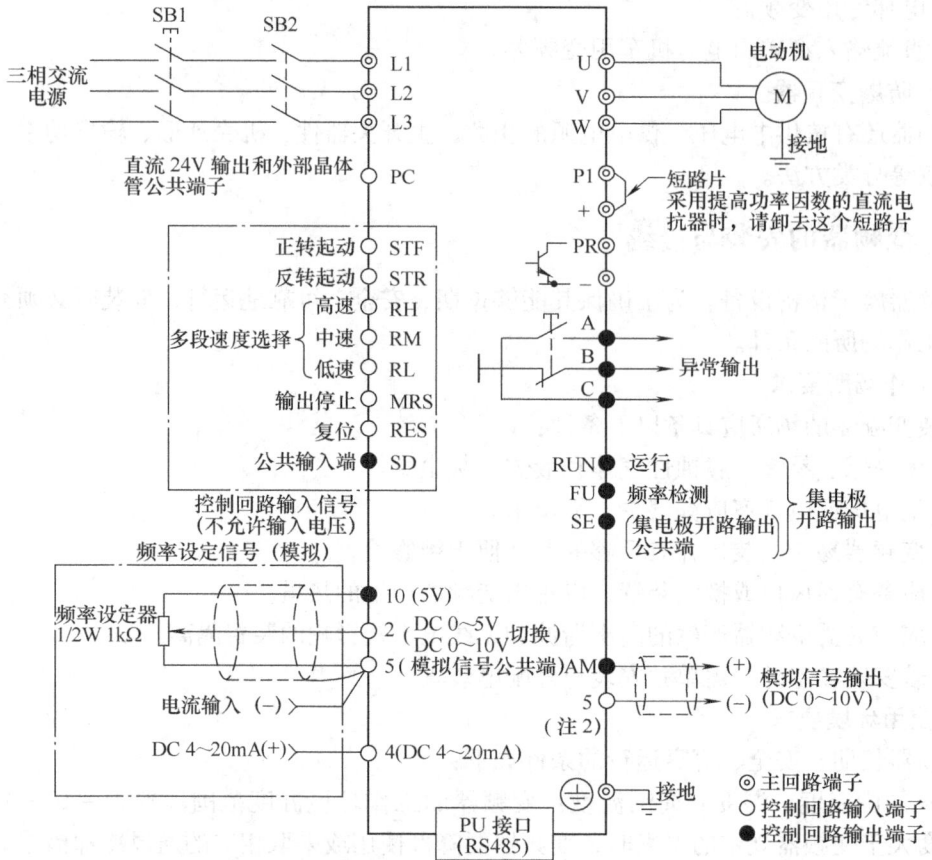

图 7-18　三菱 FR-E540 的基本配线图

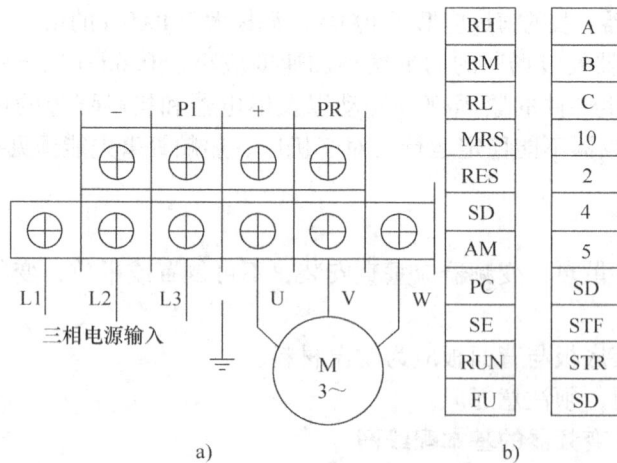

图 7-19　变频器主电路、控制电路端子
a）主电路端子　b）控制电路端子

　　主电路端子及控制电路端子符号及功能说明见表7-1、表7-2。

表 7-1　主电路端子符号及功能说明

端子符号	端子功能说明
⏚、E	接地端。变频器外壳必须可靠接大地
+、-	连接制动单元
+、PR	在 +、PR 之间可接直流制动电阻
+、P1	拆除短路片后，可接直流电抗器，将电容滤波改为 LC 滤波，以提高滤波效果和功率因数
L1、L2、L3	三相电源输入端。接电网三相交流电源
U、V、W	变频器输出端。接三相交流异步电动机

表 7-2　控制电路端子符号及功能说明

端子符号	端子功能说明	备注
STF	正转控制命令端	输入信号端与 SD 端子闭合有效
STR	反转控制命令端	
RH、RM、RL	高、中、低速及多段速度选择控制端	
MRS	输出停止端	
RES	复位端	
PC	DC 24V 负极，外部晶体管公共端的接点（源型）	
SD	DC 24V 正极，输入信号公共端（漏型）	与 PC 之间输出直流 24V、0.1A
10	频率设定用电源、直流 5V	输入模拟电压、电流信号来设定频率 5V（10V）对应的最大输出频率，20mA 对应最大输出频率
2	模拟电压输入端，可设定 0~5V、0~10V	
4	模拟电流输入端，可设定 0~20mA	
5	模拟输入公共端	
A、B、C	变频器正常：B-C 闭合、A-C 断开 变频器故障：B-C 断开、A-C 闭合	触点容量： AC 230V/0.3A DC 30V/0.3A
RUN	变频器正在运行（集电极开路）	变频器输出频率高于起动频率时为低电平，否则为高电平
FU	频率检测（集电极开路）	变频器输出频率高于设定的检测频率时为低电平，否则为高电平
SE	RUN、FU 的公共端（集电极开路）	
AM	模拟信号输出端（从输出频率、输出电流、输出电压中选择一种监视），输出信号与监视项目内容成比例关系	输出电流 1mA，输出直流电压 0~10V。5 为输出公共端
RS485	PU 通信端口	最长通信距离 500m

注：输入信号公共端（源型）是指信号电流流入公共端；输入信号公共端（漏型）是指信号电流流出公共端。端子 SD、SE 与 5 是不同组件的公共端，不要相互连接也不要接地；PC 与 SD 之间不能短路。

7.1.3 变频器的操作面板与操作

1. 操作面板

操作面板由键盘与显示屏组成。键盘是向主控电路发出各种信号或指令的，显示屏是将主控电路提供的各种数据进行显示，两者总是组合在一起。图7-20所示为FR-E540操作面板，其操作面板按键功能及操作面板指示灯显示状态说明见表7-3、表7-4。

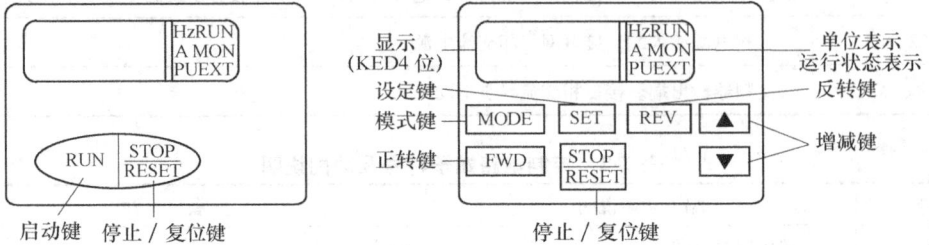

图 7-20　三菱 FR-E540 操作面板配置

表 7-3　操作面板按键功能

按　键	说　明
RUN	起动键
STOP/RESET	停止/复位键。用于停止运行和保护动作后复位变频器
MODE	模式键。可用于选择操作模式或设定模式
SET	选择/确定键。用于选择或确定频率和参数设定
▲/▼	增减键。用于连续增加或降低运行频率。按下这个键可改变频率；在设定模式中按下此键，则可连续设定参数
FWD	正转键。用于给出正转指令
REV	反转键。用于给出反转指令
STOP/RESET	用于停止运行/用于保护功能动作输出停止时复位变频器

表 7-4　操作面板指示灯显示状态说明

显　示　灯	说　明
Hz	显示频率时点亮
A	显示电流时点亮
RUN	变频器运行时点亮；正转/灯亮；反转/闪烁
MON	监视显示模式时点亮
PU	PU 操作模式时点亮
EXT	外部操作模式时点亮
FWD/REV	正转时闪烁/反转时闪烁；两灯同时亮，表示面板操作和外部操作的组合模式 1 或组合模式 2

2. 变频器操作面板的操作

合上电源后，操作面板的 LED 显示屏显示 "0.00"，同时 MON、EXT、HZ 这 3 个指示灯亮，此时变频器工作在 "监视模式"，在该模式下，显示屏显示变频器的输出电压、输出电流、输出频率等参数外部操作运行模式。

（1）工作模式切换　三菱变频器除了 "监视模式" 外，还有 "频率设定模式" "参数设定模式" "运行模式" "帮助模式"。连续按动【MODE】键，可在这 5 种模式之间切换。

（2）操作模式　该模式用来确定给定频率和电动机起动信号是由外部给定还是由操作面板的键盘给定。有 4 种操作模式：外部操作模式、PU 操作模式、组合操作模式和通信操作模式。

（3）频率设定模式　该模式是在 "PU 操作模式" 的前提下，通过操作面板键盘进行变频器运行频率的设定，运行频率的设定必须在 "频率设定模式" 下进行。

（4）参数设定模式　该模式是在 "PU 操作模式" 的前提下，通过操作面板键盘进行变频器的所有参数的设定，参数设定都要在 "参数设定模式" 显示下设定。

（5）帮助模式　该模式下用【▲/▼】键可以在报警记录、清除报警记录、清除参数、全部清除、用户清除和读软件版本号这 6 个功能之间进行切换。

实训1　变频器的主电路接线

1. 实训目的

掌握变频器的主电路接线方法。

2. 实训器材

三相变频器 1 台；三相电源线 1 根；0.5 ~ 1.5kW 三相异步电动机 1 台；万用表 1 只；常用电工工具 1 套。

3. 实训内容与步骤

主电路接线就是将变频器与电源及电动机连接。步骤如下：

1）打开变频器的前盖板。

2）按图 7-21 接线。变频器主接线一般有 6 个端子，其中输入端子 L1、L2、L3 接三相电源，输出端子 U、V、W 接三相电动机，其接线图如图 7-21 所示。

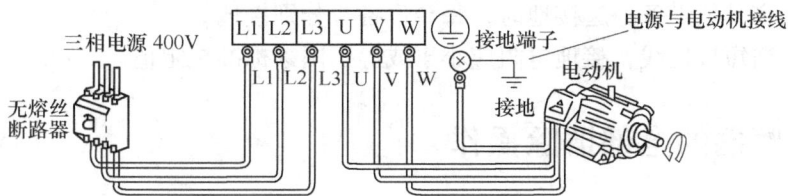

图 7-21　变频器的主电路外接原理图

注：电动机为 0.5 ~ 1.5kW 三相异步电动机

要求：变频器的输入端 R、S、T 和输出端 U、V、W 绝对不能接错，如将输入电源接到 U、V、W 端，将使逆变管迅速烧坏。

实训 2 变频器的外接控制端子接线

1. 实训目的

掌握变频器控制端子接线方法。

2. 实训器材

三相变频器 1 台；三相电源线 1 根；0.5 ~ 1.5kW 三相异步电动机 1 台；万用表 1 只；常用电工工具 1 套；钟表螺钉旋具 1 套。

3. 实训内容与步骤

变频器外接控制端子如图 7-22 所示，包括外接频率给定端子、外接输入控制端子和外接输出控制端子等。

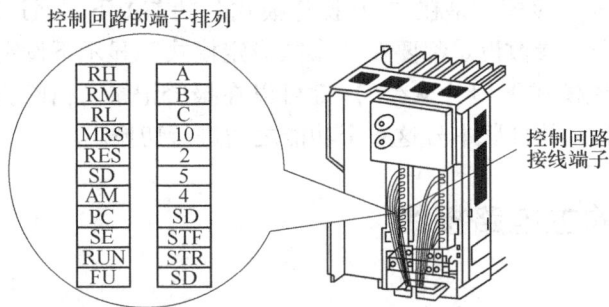

图 7-22 变频器外接控制端子

实训步骤如下：

（1）模拟量控制线接线 必须采用屏蔽线，屏蔽层靠近变频器一侧接到控制电路的公共端（COM），屏蔽层的另一端悬空。

布线尽量远离主电路；尽量不和主电路交叉，若交叉应采取垂直交叉。

（2）开关量控制线接线 同一信号的两根线应绞合在一起，其他可参照模拟量控制线的布线。

（3）接地接线

1）变频器的接地端"E"，接线时将此端子与大地相连。

2）变频器和其他设备一起接地时，每台设备应分别接地。

3）尽可能缩短接地线，接地电阻应小于或等于国家标准规定值。

实训 3 变频器的全部清除操作

1. 实训目的

掌握变频器全部清除操作的方法（不同型号变频器操作方式不同，以下方法适合三菱 FR—E540）。

2. 实训器材

三相变频器 1 台；三相电源线 1 根；万用表 1 只；常用电工工具 1 套；钟表螺钉旋具

1 套。

3. 实训内容与步骤

为了使变频器调试能够顺利进行，在开始设置参数前要进行一次"全部清除"操作，步骤如下：

1）按【MODE】键至"运行模式"，按【▲/▼】键选择"PU 操作模式"。

2）按【MODE】键至"帮助模式"。

3）按【▲/▼】键至"ALLC"。

4）按【SET】键，按【▲】键至 LED 显示屏显示"1"，并在"ALLC"之间闪烁。

任务 7.2　变频器基本功能训练

一般变频器操作模式有 4 种，每种操作模式的操作及参数设置如下：

1. PU 操作模式（Pr. 79 "操作模式选择" =1，适合三菱 FR—E540 型号，下同）

用选件的操作面板，参数单元运行的方法。

准备：

（1）操作单元　操作面板（FR-PA02-02），或参数单元（FR-PU04）。

（2）L 连接电缆　准备操作面板（FR-PA02-02），从变频器本体拆下使用和参数单元（FR-PU04）使用两种情况。

（3）FR-CB2（选件）

（4）FR-E5P（选件）　准备操作面板从变频器本体拆下使用的情况。

2. 外部操作模式（出厂设定，Pr. 79 "操作模式选择"=0）

出厂时，已设定 Pr. 79 "操作模式选择"=0，接通电源时，为外部操作模式。根据外部起动信号和频率设定信号进行的运行方法。

准备：

（1）起动信号　开关、继电器等。

（2）频率设定信号　外部旋钮或来自外部的 DC 0～5V、0～10V 或 4～20mA 信号以及多段速等。

3. 组合操作模式 1（Pr. 79 "操作模式选择"=3）

起动信号是外部起动信号。频率设定由选件的操作面板，参数单元设定的方法。

准备：

（1）起动信号　开关、继电器等。

（2）操作单元　操作面板（FR-PA02-02）或参数单元（FR-PU04）。

（3）连接电缆　参照 PU 操作模式。

（4）FR－E5P（选件）　参照 PU 操作模式。

4. 组合操作模式 2（Pr. 79 "操作模式选择"=4）

起动信号是选件的操作面板的运行指令键。频率设定是外部频率设定信号的运行方法。

准备：

（1）频率设定信号　外部旋钮或来自外部的 DC 0～5V、0～10V 或 4～20mA 信号。

（2）操作单元　操作面板（FR－PA02－02）或参数单元（FR－PU04）。

（3）连接电缆　参照 PU 操作模式。

（4）FR - E5P（选件）　参照 PU 操作模式。

5. 通信操作模式 2（Pr. 79"操作模式选择"= 0 或 1）（可根据需求是否选用通信接口）

通过 RS485 通信电缆将个人计算机连接 PU 接口进行通信操作。

FR-E500 变频器的起动支援软件包可以使用变频器设置软件（FR-SWO-SETUP-WE）。

准备：

（1）连接电缆　接口：RJ45 接口。

（2）电缆　电缆需符合 EIA568（如 10BASE-T 电缆等）。

（3）通信接口为 RS485 规格的计算机。

7.2.1　变频器 PU 运行的操作

变频器运行的 PU 操作，指变频器不需要控制端子的接线，完全通过操作面板上的按键来控制各类生产机械的运行，如前进/后退、上升/下降、进刀/回刀等。这种操作方式是变频器用得最多的，因此掌握好这种操作方法是学习变频器使用的关键所在。变频器在正式投入运行前应试运行。试运行可选择较低频率的点动运行，此时电动机应旋转平稳，无不正常的振动和噪声，能够平稳地增速和减速。其操作步骤如下：

1. 试运行（点动运行）

1）按实训 1 图 7-21 所示，将变频器、电源及电动机三者相连接。

2）检查无误后按任务一中实训 3 完成"全部清除"操作，并回到"监视模式"。

3）按【MODE】键至"运行模式"。

4）按【▲/▼】键选择"PU 操作模式"。

5）按【MODE】键至"参数设定"画面，设定点动频率 Pr. 15 的值和 Pr. 16 点动加、减速时间的值。

6）按【▲/▼】键选择"PU 操作模式"。

7）按【REV】或【FWD】键，电动机旋转，松开则电动机停转。

2. 连续运行

1）按任务一中实训 3 完成"全部清除"操作，并返回到"监视模式"。

2）按生产机械的运行曲线（电动机运行频率随时间变化的曲线）设定运行频率，按生产机械的控制要求设定有关参数。

3）按面板键盘上的【FWD】键，使电动机正向运行在设定的运行频率上。

4）按面板键盘上的【STOP/RESET】键，停止电动机的运行。

5）按面板键盘上的【REV】键，使电动机反向运行在设定的运行频率上。

6）按面板键盘上的【STOP/RESET】键，停止电动机的运行。

7.2.2　变频器外部运行的操作

变频器运行的外部操作，指变频器的运行频率和起/停信号是通过变频器的外部端子和接线来完成，而不是通过操作面板输入的。其操作步骤如下（点动运行）：

1）按实训 1 图 7-21 所示，将变频器、电源及电动机三者相连接。按图 7-23 所示接好控制回路，图中开关 SB1 控制电动机正转，开关 SB2 控制电动机反转。

2）检查无误后合闸通电，按实训3完成"全部清除"操作，并回到"监视模式"。

3）按【MODE】键至"运行模式"，按【▲/▼】键选择"PU操作模式"。

4）按【MODE】键至"参数设定"画面，设定点动频率Pr. 15的值和Pr. 16点动加、减速时间的值。

5）按【MODE】键，选择"运行模式"。

6）按【▲/▼】键，选择"外部运行模式"（OP. nd），EXT灯亮。

7）用手将按钮SB1按到底，电动机正向点动运行在点动频率；松开按钮SB1，电动机停止。

8）用手将按钮SB2按到底，电动机反向点动运行在点动频率；松开按钮SB2，电动机停止。

外部信号控制正反转连续运行的接线图如图7-24所示，读者可自行设计其操作步骤。

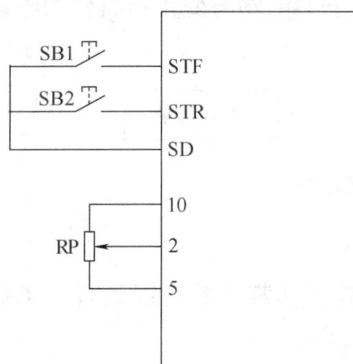

图7-23　外部信号控制点动运行的接线图　　图7-24　外部信号控制正反转连续运行的接线图

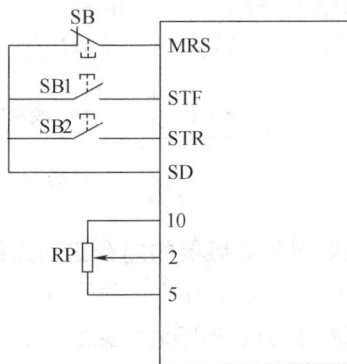

7. 2. 3　变频器的组合操作

变频器的组合操作就是通过PU单元和外部控制端子上的输入信号来共同控制变频器的启停、运行频率的操作。

变频器的组合运行通常有两种方式：一种是用PU单元来控制变频器的运行频率，用外部信号来控制变频器的起/停；另一种是用PU单元来控制变频器的起/停，用外部信号来控制变频器的运行频率。

如需用外部信号起动电动机，而频率用PU单元来调节时，必须将"操作模式选择（Pr. 79）"设定为3（Pr. 79 = 3），此时变频器的起/停就由STF（正转）或STR（反转）端子与SD端子的合/断来控制，变频器的运行频率就通过PU单元直接设定或通过PU单元由相关参数设定。

相反，如需用PU单元控制变频器的起/停，用外部信号调节变频器的频率时，则必须将"操作模式选择（Pr. 79）"设定为4（Pr. 79 = 4），此时变频器的起/停就由PU单元的FWD（正转）、REV（反转）、STOP这3个键来控制，变频器的运行频率就通过外部端子2、5（电压信号）或4、5（电流信号）的输入信号来控制。如果外部输入信号是电压信号，则必须加到端子2（正极）、5（负极）；如果外部输入信号是电流信号，则必须加到端子4

189

（输入）、5（输出），且必须短接 AU（电流输入选择）与 SD 端子。

变频器的组合运行除了设定 Pr.79（3 或 4）以外，还要设置一些常用参数。当 Pr.79 = 4 时，通常还需要设置 Pr.73（出厂值为 1）的设定值，可以选择模拟输入端子的规格、超调功能和靠输入信号的极性变换电动机的正、反转。

7.2.4 继电器与变频器的组合控制

前面讨论了变频器的各种运行操作方法，但都是应用按钮手动来实现对生产机械的变频调速控制，在转速变换时需要停机操作才能实现。如何来实现变频调速的自动控制？可将变频器和继电器配合使用就能达到。继电器分为三种：应用电磁原理工作的线圈通电控制触点吸合的传统继电器、数字继电器（PLC，可通过软件来改变控制过程）、计算机（应用串行接口与变频器进行通信的 PC）。继电器与变频器的连接框图如图 7-25 所示。用变频器控制三相电动机的电路，分为主电路和控制电路。下面介绍一下继电器与变频器组合的电动机正转连续控制、正反转控制、异地控制。

图 7-25　继电器与变频器的连接框图

1. 继电器与变频器的组合正转连续控制

（1）应用背景　在生产过程中，一些生产设备的机械运动常需要连续运行，工业中用变频器控制电动机的正转连续运行是生产中的基本控制方式之一。

（2）控制电路（见图 7-26）　普通电路存在的问题如下：

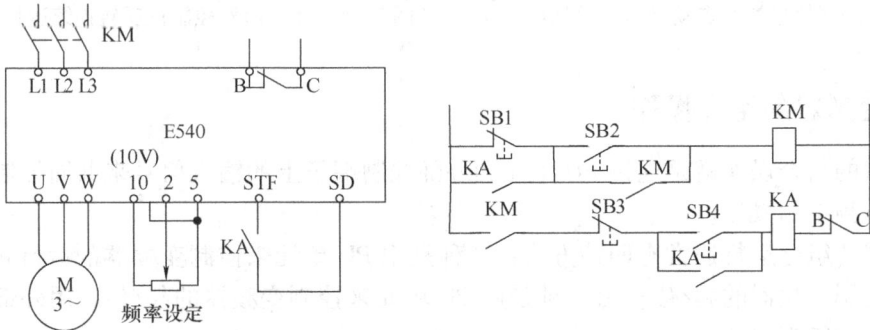

图 7-26　继电器与变频器组合的正转连续控制电路

1）容易出现误动作。

2）电动机不能准确停机。

3）容易对电源形成干扰。

4）在电动机运行过程中难以调速。

解决方法如下：

1）KM 接通电源。

2）外部控制时"STOP"处理。

（3）相关参数（见表7-5）

表7-5 主电路端子名称与参数

参 数 号	名 称	设 定 数 据	参 数 号	名 称	设 定 数 据
1	上限频率	50Hz	10	直流制动动作频率	5Hz
2	下限频率	0Hz	11	直流制动动作时间	0.5s
3	基波频率	50Hz	12	直流制动电压	60～80V
7	加速时间	5s	79	操作模式选择	1，2
8	减速时间	5s			

（4）实施任务

1）由操作面板的 FWD 控制。

2）由外端子 STF 和公共端 SD 闭合控制。

2. 继电器与变频器组合的正反转控制

自动生产线的行车普遍采用变频器控制电动机的运行，行车的主要运行有上升、下降、前进、后退、调速等。行车上升或下降时，要求三相异步电动机能够实现正转或反转，这种控制就是变频器的正、反转运行控制。本次实训是根据上述任务设计正、反转运行控制的控制线路图，并根据线路图完成安装、调试与运行。

（1）应用背景 在生产过程中，一些生产设备的机械运动常需要正、反转运行，工业中用变频器控制电动机的正、反转运行是生产中的基本控制方式之一，如机床控制。

（2）控制电路 普通电路存在的问题如下：

变频器对电动机的正、反转控制是通过控制变频器 STR、STF 两个端子的接通与断开来实现的。如果 STR、STF 两个端子的接通与断开利用开关进行控制，在反转控制前，必须先断开正转控制，正转和反转之间没有互锁环节，容易产生误动作。

解决方法：

为克服上述的问题，通常将开关改为应用继电器和接触器来控制变频器 STR、STF 两个端子的接通与断开，控制电路如图 7-27 所示。其工作原理如下。

1）主电路。主电路与电动机起动的变频器控制相同。KM 接触器仍只作为变频器的通、断控制，而不作为变频器的运行与停止控制，因此断电按钮 SB1 仍由运行继电器封锁。

2）控制电路。

① 控制线路串接总报警输出接点 B、C，当变频器故障报警时切断控制电路停机。

② 变频器的通、断电和正反转运行控制均采用应用最为方便的主令按钮。控制线路中各器件的作用为：

按钮 SB2、SB1 用于控制接触器 KM，从而控制变频器的接通或切断电源。

按钮 SB3、SB4 用于控制正转继电器 KA1，从而控制电动机正转运行与停止。

按钮 SB3、SB5 用于控制反转继电器 KA2，从而控制电动机反转运行与停止。

图 7-27 所示为继电器与变频器组合的正反转控制电路。

电路的工作过程如下：当按下 SB2，KM 线圈得电吸合，其主触点接通，变频器通电处于待机状态。同时 KM 的辅助常开触点闭合自保。这时如按下 SB4，KA1 线圈得电吸合，其常开触点 KA1 接通变频器的 STF 端子，电动机正转。与此同时，其另一常开触点闭合自保，常闭触点断开，使 KA2 线圈不能通电。如果要使电动机反转，先按下 SB3 使电动机停止，然后按下 SB5，KA2 线圈得电吸合，其常开触点 KA2 闭合，接通变频器的 STR 端子，电动机反转。与此同时，其另一常开触点闭合自保，常闭触点断开，使 KA1 线圈不能通电。

不管电动机是正转运行还是反转运行，两只继电器的另一组常开触点 KA1、KA2 都将总电源停止按钮 SB1 短路，使其不起作用，防止变频器在运行中误按下 SB1 而切断总电源。

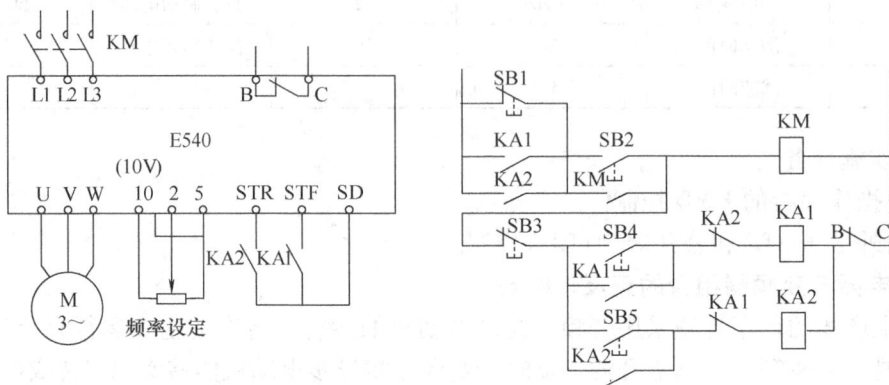

图 7-27　继电器与变频器组合的正反转控制电路

3. 继电器与变频器组合的异地控制

自动生产线的行车普遍采用变频器控制电动机的运行，行车的主要运行有上升、下降、前进、后退、调速等。行车在运行与调试时，需要在两个地点对行车进行控制，这种控制就是变频器的异地运行控制。本次实训是根据上述任务设计两地运行控制的控制线路图，并根据线路图完成安装、调试与运行。

（1）应用背景　在生产过程中，一些生产设备的机械运动需要在两地或两个以上地点对变频器进行控制。

远距离控制方式包括三种：电流模拟量控制、遥控设定功能和网络通信控制。

1）电流模拟量控制。电流模拟量控制方式只需设置控制回路输入端子 4，如图 7-28 所示。

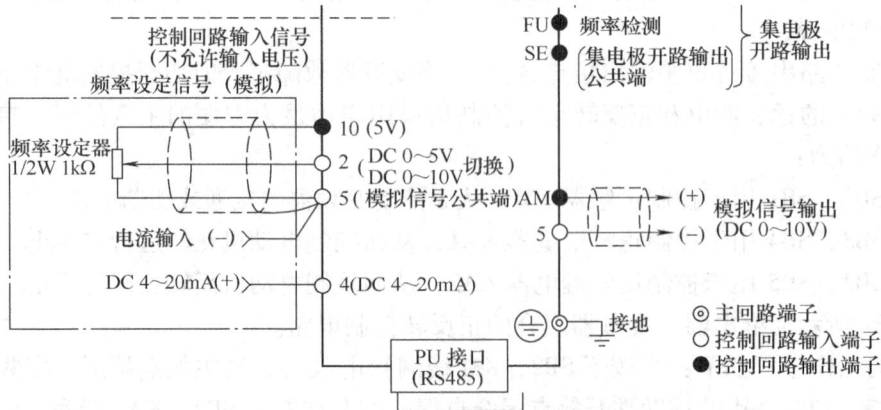

图 7-28　电流模拟量控制接线端子

2）遥控设定功能。如果操作面板远离控制柜，可以不用模拟信号，而用触点信号完成无级调速设定。Pr. 59 为遥控设定功能参数，Pr. 59 设定值动作说明见表 7-6。

输出频率设定：

外部运行模式：用 RH、RM 操作设定的频率 + 来自外部的模拟频率指令。

PU 运行模式：用 RH、RM 操作设定的频率 + PU 数字设定频率。

表 7-6　Pr. 59 设定值动作说明

Pr. 59 设定值	动 作 说 明	
	遥控设定功能	频率设定记忆功能（E2PROM）
0	没有	—
1	有	有
2	有	没有

3）网络通信控制。为使变频器与计算机进行 RS485 通信，应进行必要的设定。计算机连接运转（Pr. 117～Pr. 120，Pr. 123，Pr. 124，Pr. 549）参数说明参照表 7-7。

表 7-7　计算机连接运转（Pr. 117～Pr. 120，Pr. 123～Pr. 124，Pr. 549）参数设定说明

参数编号	名　称	初始值	设定范围	内　容		
117	PU 通信站号	0	0～31（0～247）	变频器站号指定 1 台控制器连接多台变频器时要设定变频器的站号		
118	PU 通信速率	192	48、96、192、384	通信速率：设定值×100 例：设定为 192 时，通信速率为 19200bit/s		
119	PU 通信停止位长	1	0		停止位长	数据位长
					1bit	8bit
			1		2bit	
			10		1bit	7bit
			11		2bit	
120	PU 通信奇偶校验	2	0	无奇偶校验		
			1	奇校验		
			2	偶校验		
123	PU 通信等待时间设定	9999	0～150ms	设定向变频器发出数据后信息返回的等待时间		
			9999	用通信数据进行设定		
124	PU 通信有无 CR/LF 选择	1	0	无 CR、LF		
			1	有 CR		
			2	有 CR、LF		
549	协议选择	0	0	三菱变频器（计算机链接）协议		
			1	Modbus-RTU 协议		

（2）控制接线端子和线路 继电器与变频器组合的异地控制电路如图 7-29 所示，各按钮功能参照表 7-8。

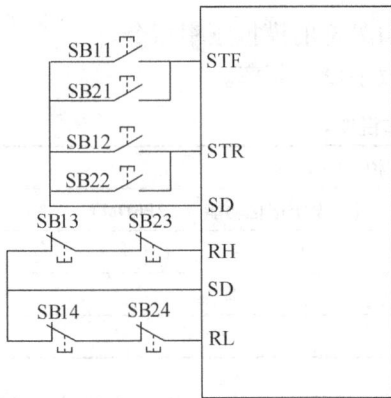

图 7-29 继电器与变频器组合的异地控制电路

表 7-8 异地控制各按钮功能

	1 组	2 组
正转	SB11	SB21
反转	SB12	SB22
加速	SB13	SB23
减速	SB14	SB24

（3）实施任务

1）设计电路并接线。

2）设置参数。

3）两地控制调试与运行。

实训 4 外部信号控制变频器的电动机的正反转连续运行

1. 实训目的

1）熟悉变频器外部端子的功能。

2）掌握变频器外部运行时的参数设置和接线。

3）会利用变频器的外部输入信号解决简单的实践问题。

2. 实训器材

1）PLC 实训装置 1 台。

2）开关、按钮板模块 1 个。

3）0.5～1.5kW 三相异步电动机 1 台。

4）三相变频器 1 台（含 2W/1kΩ 电位器 1 个）。

5）电工常用工具 1 套；钟表螺钉旋具 1 套。

6）三相电源线 1 根；导线若干。

7）万用表 1 只。

3. 实训内容与步骤

1）按实训 1 图 7-21 接好变频器主电路。

2）设 Pr.79＝1，检查无误后通电，按任务 7.1 中的实训 3 完成"全部清除"操作，再设 Pr.79＝1，然后设定其他各相关参数。

3）设 Pr.79＝2，用外部信号控制变频器运行，并按图 7-24 连接好电路。

4）连续正转。按 SB1，电动机正向运行，调节 RP，电动机转速发生改变，按 SB，电动机停止。

5）连续反转。按 SB2，电动机反向运行，调节 RP，电动机转速发生改变，按 SB，电动机停止。

4. 实训报告

（1）分析与总结

1）实训中，设置了哪些参数？使用了哪些外部端子？

2）电动机的正、反转可以通过继电器接触器控制，也可以用 PLC 控制，本实训是通过变频器控制，这三种控制方式各有何优缺点？

（2）巩固和提高

1）用可调电阻控制变频器的输出频率时，实际上是通过什么来控制变频器的输出频率？

2）在变频器的外部端子中，用作输入信号的有哪些？用作输出信号的有哪些？

实训 5　变频器的组合操作

1. 实训目的

1）理解变频器各相关参数的意义。

2）掌握变频器各相关外部端子的功能。

3）会利用变频器的多段调速功能解决简单的实践问题。

2. 实训器材

1）PLC 实训装置 1 台。

2）开关、按钮板模块 1 个。

3）0.5～1.5kW 三相异步电动机 1 台。

4）三相变频器 1 台（含 2W/1kΩ 电位器 1 个）。

5）电工常用工具 1 套；钟表螺钉旋具 1 套。

6）三相电源线 1 根；导线若干。

7）万用表 1 只。

3. 实训内容与步骤

变频器的组合操作。用 PU 单元来控制变频器的运行频率，用外部信号来控制变频器的起/停；然后用 PU 单元来控制变频器的起/停，用外部信号来控制变频器的运行频率。在监视模式下，观察运行情况，监视各输出量的变化。实训步骤如下：

1）按实训 1 图 7-21 接好变频器主电路。按图 7-30 连接控制端子。

2）设 Pr. 79 = 1，在频率设定模式下设定变频器的运行频率（50Hz），然后再设定其他各相

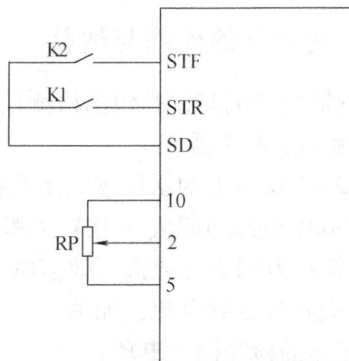

图 7-30　变频器的组合运行接线图

关参数。

3）用 PU 单元来控制变频器的运行频率，用外部信号来控制变频器的起/停，Pr. 73 = 3，并按图 7-24 连接好电路。

4）50Hz 连续正转。合上 K2，电动机正向运行，调节 RP，电动机转速不改变；若按 STOP 键，电动机停止并报警；若断开 K2，电动机停止。

5）50Hz 连续反转。合上 K1，电动机反向运行，调节 RP，电动机转速不改变；若按 STOP 键，电动机停止并报警；若断开 K1，电动机停止。

6）在频率设定模式下设定变频器的运行频率（40Hz），然后再重复以上两步，观察电动机的运行情况。

7）用外部信号来控制变频器的运行频率，用 PU 单元来控制变频器的起/停。在参数设定模式下设 Pr. 73 = 1（设端子 2、5 间的输入电压为 0 ~ 5V 时，变频器的输出频率为 0 ~ 50Hz），然后设 Pr. 79 = 4。

8）连续正转。合上 K1 或 K2，电动机不运行；按【FWD】键，电动机连续正转，调节 RP，电动机转速改变；若按【STOP】键，电动机停止。

9）连续反转。合上 K1 或 K2，电动机不运行；按【REV】键，电动机连续反转，调节 RP，电动机转速改变；若按【STOP】键，电动机停止。

4. 实训报告

（1）分析与总结

1）实训中，设置了哪些参数？使用了哪些外部端子？

2）在变频器的外部控制端子中，能提供几种电压输入方式？参数如何设置？

（2）巩固和提高

1）若用电流信号来控制变频器的运行频率，则需要设定哪些参数？并画出接线图。

2）请设计一个实训项目来验证端子 1 的功能。

任务 7.3　变频器的维修

任务要求：掌握变频器的检测与试验、故障修理与流程；了解变频器损坏的常见原因、变频器的故障代码释义与对策。

7.3.1　变频器的检测与试验

变频器的检测与试验包括检测仪器的选择、检测部位及方法两部分内容。

1. 检测所需仪器

1）20MHz 以上的示波器。用来检测驱动电路工作波形是否正常。

2）500V 绝缘电阻表。用来检测输入/输出端子及控制变压器绕组间及对地绝缘是否良好。

3）模拟万用表，或真有效值电压/电流表。用来检测变频器输入/输出电流和电压。

4）交直流试验电源，如恒流和恒压源、交直流调压电源等。用来做板级和整机试验。

变频器的检测注意事项：

1）必须尽可能地多了解该机的使用电源、环境、负载、时间等，再问清故障发生前后的情况、显示的故障码等。

2）全面清洁。先扫除灰尘，查看冷却风扇和散热器是否正常，是否有缺件、未拧紧的螺钉、烧焦变形的器件等异常情况，以便心中有数。

3）关机后要等5min以上，待指示灯完全熄灭后才能打开机壳进行检测，必要时用万用表检测器件上电压，确认安全后才能接触器件。

2. 电气检测的部位和方法

电气检测的部位包括：

1）I/O端子：检测阻抗、电压和接线是否正确。

2）R、S、T（L1、L2、L3）：输入电源端子是否有短路、对地绝缘不良等。

3）U、V、W：输出电源端子的检测同上。

4）分别检测R、S、T和U、V、W对P、N端子的正反向电阻是否正常，P对N之间的电阻是否正常。

电气检测的方法包括：整流电路的检测、中间电路的检测、驱动电路的检测、逆变模块的检测、I/O接口的检测、整机检测试验。

（1）整流电路的检测　整流电路的检测就是对6只二极管的检测，每只二极管的正反向电阻应对称，正反向电阻之比应大于100。

其次对整流模块的5个引出线对地绝缘的测量值应大于5MΩ。

整流器测量的正常值参照表7-9。

表7-9　整流器测量的正常值

	红　　笔	
	P	N
R		
S	>100kΩ	<10kΩ
T		

（2）中间电路的检测

1）大电容的检测：用电容专用测量仪。

外观应无变形、漏液、异味等。容量应大于85%。

2）接触器的检测：线包电阻、触头的接触电阻、限流电阻的检测。

3）制动单元、制动电阻的检测。

（3）驱动电路的检测　驱动电路的检测主要是驱动波形的检测。波形必须形状相同，幅值大于1V。用示波器测量时要将联至逆变模块的线脱开，以免碰到P、N线，发生短路危险。其检测流程如图7-31所示。

驱动电路参考波形（正常波形）如图7-32所示。

（4）逆变模块的检测　目前常见的逆变模块有GTR、IGBT两种。它们的测量值不相同。IGBT的触发端的电阻值要比GTR要约大100倍，并且电阻值测量法不能最终判定好坏，最好用触发信

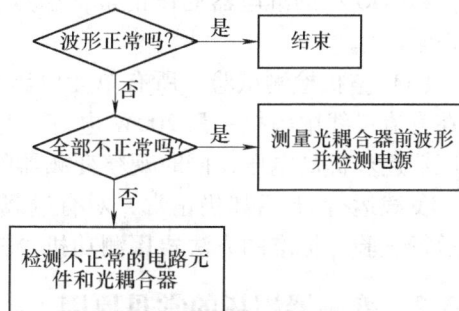

图7-31　驱动电路的检测流程

号来测量。图 7-33 为 ABBACS600R9 变频器的 IGBT 模块。

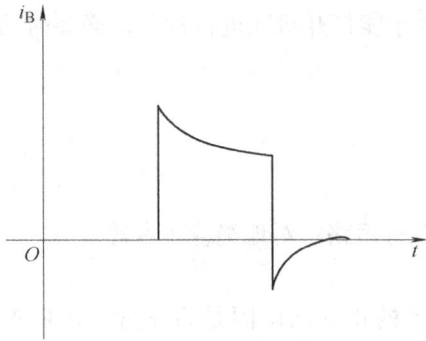

图 7-32　驱动电路参考波形（正常波形）

图 7-33　ABB ACS600 R9 变频器的 IGBT 模块

逆变模块的测试值参照表 7-10、表 7-11。

在判定检测电路不正常时，应对电压采样电阻的阻值、电流传感器进行检测，主要还是采用对称判别法。

表 7-10　逆变器测量的正常值（一）

	红　笔	
	P	N
U		
V	>500kΩ	<10kΩ
W		

表 7-11　逆变器测量（二）

	正向	反向
B1，E1		
B2，E2		
B3，E3		
B4，E4	>100kΩ	>10kΩ
B5，E5		
B6，E6		

（5）I/O 接口的检测

1）I/O 口电源检测。

2）DI、AI 口电阻值测量，每个口电阻值应接近相等。

3）AO 口的电流/电压值应符合说明书。

4）DO 口的继电器动作正常，触点接触电阻合格。否则检测励磁电路的信号和电源是否正常。

（6）整机检测试验　所有单元电路和器件经检测合格后，就可通电试验。在通电前最好在直流母线中串接一只 200W 电灯，起限流保护作用，待正常后再去除。或者用三相自耦调压器逐步提高电压，同时观察变频器的状态，直至正常电压为止。

负载运行 1h 后如仍正常，对有过载、过电流故障的机器，还应做额定负载（电流）下的运行试验。标准的方法要用测功机，较费钱，简易的方法可以用大功率电炉作为负载。

7.3.2　变频器损坏的常见原因

变频器损坏的常见原因包括：使用环境不良和维护不善、参数设置不当、输入信号错误或接线不当、负载不匹配或系统设计有误、变频器部件和元器件有缺陷等。

1. 使用环境不良和维护不善

1）电源的容量、电压、电压平衡度是否合格。

2）阳光直射；靠近热源、水源、汽源及腐蚀性气体；导电性尘埃；通风不良。

3）不清灰、不紧固螺钉。

2. 参数设置不当

1）Fmax < Fmin。

2）Fmax = 0。

3）电动机功率/电流/电压值与设定值不符。

4）使能设定与实际不符。

3. 输入信号错误或接线不当

1）AI 口输入信号类型不符。

2）应短接的端子未接或接错。

3）DI 端子接线错误。

4. 负载不匹配或系统设计有误

1）电动机功率虽符合，但极数较多；电流超过额定值，造成过电流。

2）同步电动机电流比异步电动机大很多，电流要放大 1.5 倍。

3）电动机与变频器间的接触器在运行时动作。

4）电动机电缆太长。

5. 变频器部件和元器件有缺陷

1）接线端子松动。

2）功率电容器老化、容量变小。

3）冷却风扇堵转、损坏。

7.3.3　变频器故障码释义

变频器故障包括以下内容：OC—过电流故障、OV—过电压故障、UV—欠电压故障、OTH—过热故障、UL—欠载故障、OL—过载故障、短路故障、通信故障、接地故障等。

1. OC—过电流故障的分析

1）加速过电流：加速太快。

2）减速过电流：减速太快。

3）恒速过电流：负载波动太大，谐波干扰。

4）出现短路：检查电动机电缆，电动机绕组的电阻值和绝缘电阻。

5）逆变模块和驱动电路故障。

6）电流传感器或采集电路失调、损坏。

7）电缆太长；电动机联结方式错误（丫/△）。

8）输出接的接触器在变频器运行时动作。

2. OV—直流过电压故障的分析

1）减速时间太短；制动单元和电阻太小。

2）输入电压太高，调整变压器的输出电压。

3）同一电网上有大用电设备下网，造成瞬时过电压。

4）加减速太频繁。

5）谐波干扰。

3. OTH—过热故障的分析

1）冷却风扇堵转、损坏。

2）散热器脏堵。

3）温度开关位移失灵、损坏；连接线折断、松脱。

4）环境温度过高、通风不良。

5）模块未压紧在散热器上、接合面有沙粒等脏物、未涂导热胶。

4. UV—欠电压故障的分析

1）线路电压太低。

2）滤波电容容量变小。

3）缓冲接触器触点接触不良。

4）电压采样电阻变小、电路故障。

5）三相电源断相、熔断器开路。

5. CPU 及通信故障的分析

1）控制板电路、CPU、EPROM 及其他 IC 损坏。

2）通信电路接口损坏、通信设置错误。

6. OL—过载故障的分析

过载是长时间的低过流，一般按 120% 过电流持续超过 2min 作为阈值。

原因是电动机负载过大、超速行驶；负载惯量太大、起动时间太长。

7. 其他故障

1）欠载。

2）控制盘丢失。

3）给定信号丢失。

4）起动使能、互锁信号丢失。

5）接地故障。

6）温度过高。

7）断相故障。

7.3.4 变频器故障修理与流程

变频器故障包括：充电灯亮，但显示器不亮、变频器（断相或三相不平衡）无输出、变频器不能起动、变频器不能调速、变频器不能带额定负载、变频器无故停车等。

1. 无显示故障

1）电源未接通。

2）整流器损坏。

3）电阻损坏。

4）显示器损坏。

5）开关电源损坏。

6）PU 损坏。

无显示故障检测流程如图 7-34 所示。

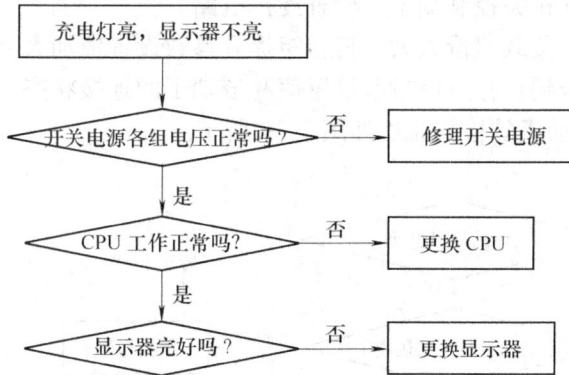

```
┌──────────────────────┐
│   充电灯亮，显示器不亮   │
└──────────┬───────────┘
           ↓
    ◇ 开关电源各组电压正常吗? ◇ ──否──→ ┌──────────┐
           │是                        │ 修理开关电源 │
           ↓                          └──────────┘
    ◇   CPU 工作正常吗?   ◇ ──否──→ ┌──────────┐
           │是                        │  更换 CPU  │
           ↓                          └──────────┘
    ◇   显示器完好吗?   ◇ ──否──→ ┌──────────┐
                                     │ 更换显示器  │
                                     └──────────┘
```

图 7-34　无显示故障检测流程

2. 变频器（或某一相）无输出

1）逆变模块损坏。

2）驱动电路损坏。

3）变频器起动信号未到。

4）停车信号端子故障。

5）使能、互锁信号丢失。

有显示无输出故障检测流程如图 7-35 所示。

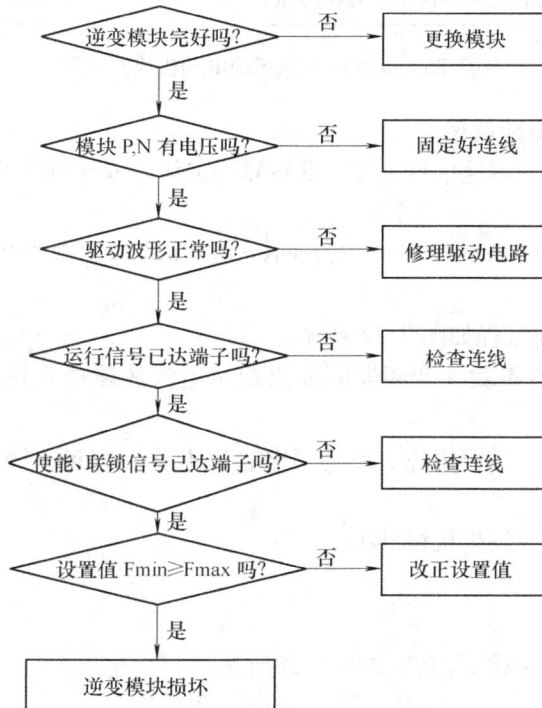

```
    ◇   逆变模块完好吗?   ◇ ──否──→ ┌──────────┐
           │是                        │  更换模块   │
           ↓                          └──────────┘
    ◇  模块 P,N 有电压吗?  ◇ ──否──→ ┌──────────┐
           │是                        │  固定好连线  │
           ↓                          └──────────┘
    ◇   驱动波形正常吗?   ◇ ──否──→ ┌──────────┐
           │是                        │ 修理驱动电路 │
           ↓                          └──────────┘
    ◇  运行信号已达端子吗?  ◇ ──否──→ ┌──────────┐
           │是                        │  检查连线   │
           ↓                          └──────────┘
    ◇ 使能、联锁信号已达端子吗? ◇ ──否──→ ┌──────────┐
           │是                        │  检查连线   │
           ↓                          └──────────┘
    ◇ 设置值 Fmin≥Fmax 吗? ◇ ──否──→ ┌──────────┐
           │是                        │  改正设置值  │
           ↓                          └──────────┘
    ┌──────────────┐
    │   逆变模块损坏   │
    └──────────────┘
```

图 7-35　有显示无输出故障检测流程

3. 变频器不能起动电动机

1）变频器的运转指令权不在操作地。检查相关参数。

2）运转信号未达到相关控制端子。检查连接电路。

3）起动转矩太小，负载惯量太大。将转矩提升参数设置值加大。

4）使能端子信号未到。检查该参数设置值和该端子的连接状态。

变频器不能起动电动机的检测流程如图 7-36 所示。

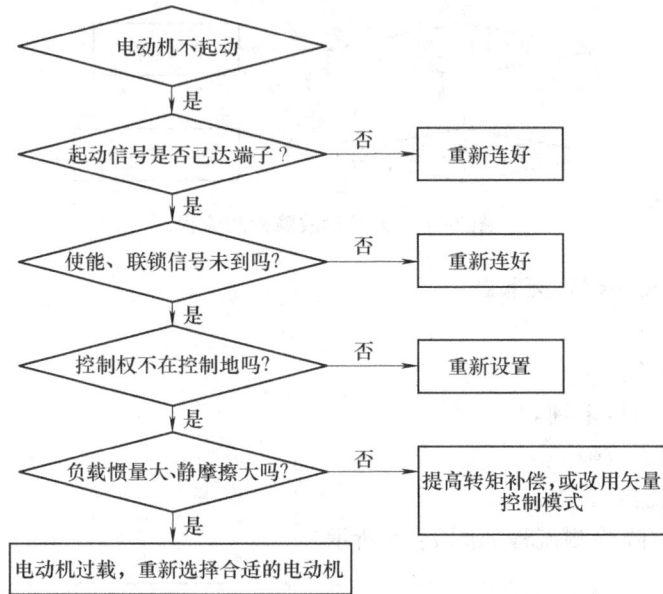

图 7-36　变频器不能起动电动机检测流程

4. 变频器能运行但不能调速

1）电位器电源损坏、调速信号为 0、或外部给定信号未送到、或 AI 输入（电路）端子损坏、或操作盘损坏。

2）参数设置不当，如 Fmax≤Fmin 或 Fmax=0。多段速参数为 0。

3）谐波干扰。

变频器不能调速检测流程如图 7-37 所示。

5. 变频器不能带额定负载（变频器间隔出现过电流故障停止输出，或输出间断使电动机点动）

1）变频器逆变桥有一桥臂损坏、或功率电容器老化、容量下降引起电流波纹增大、转矩下降。

2）负载波动太大、或发生机械共振。

3）电动机电缆太长。

4）谐波干扰。

变频器不能带额定负载检测流程如图 7-38所示。

6. 变频器无故停车

由继电器控制的变频器无故停车的检测流程如图 7-39 所示。

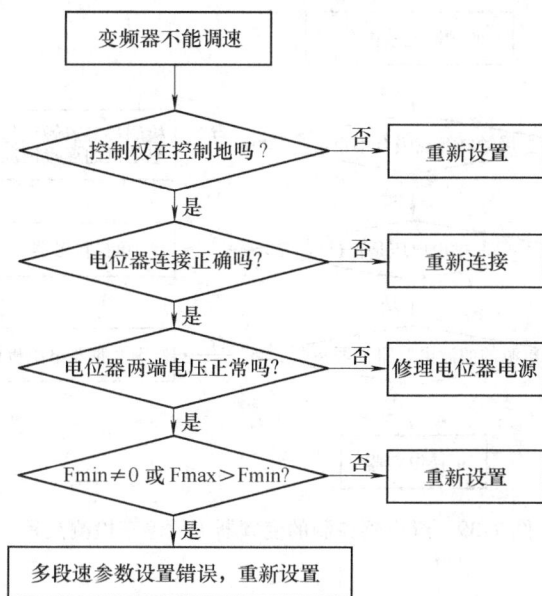

图 7-37 变频器不能调速检测流程

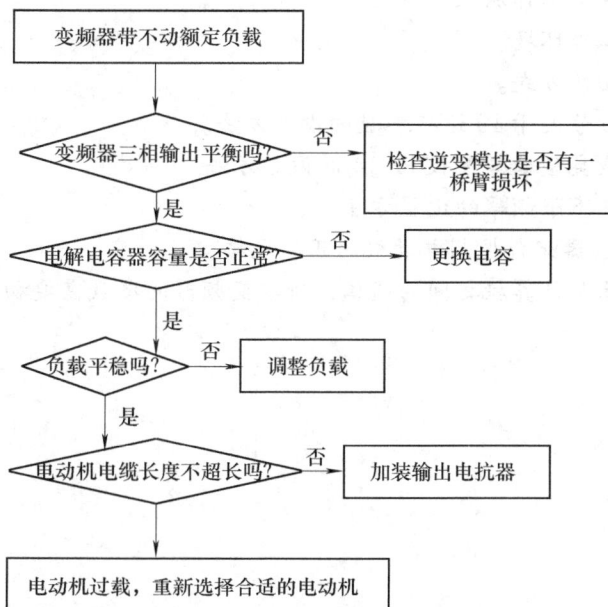

图 7-38 变频器不能带额定负载检测流程

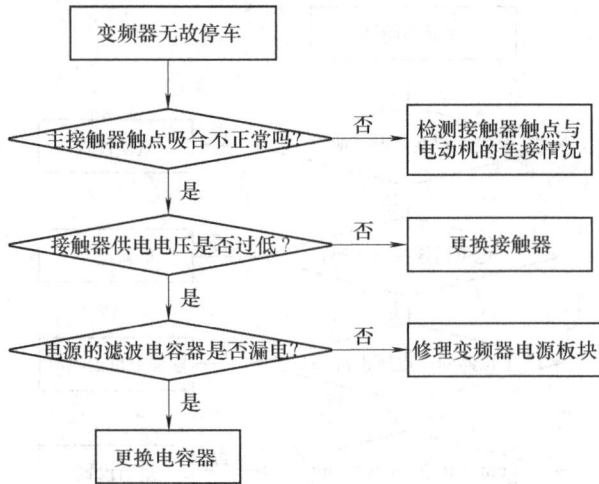

图 7-39　继电器控制的变频器无故停车检测流程

任务 7.4　西门子 G120C 变频器参数设定与应用（网络电子资源）

习　　题

1. 简述变频器的基本工作原理。
2. 简述变频器的工作环境。
3. 简述变频器的安装方式。
4. 简述变频器参数号大于 10 运行参数的设置方法。
5. 简述变频器负载类型选择参数 Pr. 14 的设置方法。
6. 简述变频器上、下限频率的设置方法。
7. 试用 PLC 与变频器组合控制电动机的正、反转。
8. 为了实现变频器与计算机之间的通信，哪些变频器的参数需要初始化设置？

参 考 文 献

[1] 巫世晶. 设备管理工程 [M]. 北京：中国电力出版社，2005.

[2] 马光全. 机电设备装配安装与维修 [M]. 北京：北京大学出版社，2008.

[3] 全国一级建造师执业资格考试用书编写委员会. 机电工程管理与实务 [M]. 北京：中国建筑工业出版社，2014.

[4] 吴先文. 机电设备维修技术 [M]. 北京：人民邮电出版社，2008.

[5] 张翠凤. 机械设润滑技术 [M]. 广州：广东高等教育出版社，2001.

[6] 高来阳. 机械设备修理学 [M]. 北京：中国铁道出版社，1996.

[7] 李葆文. 简明现代设备管理手册 [M]. 北京：机械工业出版社，2004.

[8] 邵泽波. 机电设备管理技术 [M]. 北京：化学工业出版社，2005.

[9] 贾继赏. 机械设备维修工艺 [M]. 北京：机械工业出版社，2007.

[10] 李士军. 机械维护修理与安装 [M]. 北京：化学工业出版社，2004.

[11] 何伟. 电气控制实训 [M]. 北京：高等教育出版社，2002.

[12] 徐建俊. 电动机与电气控制 [M]. 北京：清华大学出版社，2004.

[13] 张勇. 电动机拖动与控制 [M]. 北京：机械工业出版社，2001.

[14] 梁玉国. 可编程控制器实训教程 [M]. 北京：科学出版社，2009.

[15] 张万忠等. PLC 应用及维修技术 [M]. 北京：化学工业出版社，2006.

[16] 廖常初. FX 系列编程及应用 [M]. 北京：机械工业出版社，2005.

[17] 施振金. 电动机与电气控制 [M]. 北京：人民邮电出版社，2007.

[18] 薛晓明. 变频器技术及应用 [M]. 北京：北京理工大学出版社，2009.

[19] 阮友德. 电气控制与 PLC [M]. 北京：人民邮电出版社，2009.

[20] 张伟林. 电气控制与 PLC 综合应用技术 [M]. 北京：人民邮电出版社，2010.